Lambacher Schweizer 7

Mathematik für Gymnasien – G8

Lösungen

Hessen

bearbeitet von
Marina Gress

Ernst Klett Verlag
Stuttgart · Leipzig

Inhalt

I Zuordnungen

Lösungshinweise zu den Erkundungen

Seite 6

An der Obst- und Gemüsewaage

- Neben der Obstsorte und dem Datum, an dem die Ware verpackt wurde, findet man auf dem Etikett den Preis für 1kg, das Gewicht sowie den zu zahlenden Betrag. Unter dem Gewicht versteht man das Obstgewicht (ohne Verpackung oder Aufkleber).
- Bei einem Gewicht von 3,136kg ist ein Preis von 4,99€ angegeben. Preis pro Kilogramm und Datum bleiben unverändert.
- Teilt man den Betrag (2,50€) durch den Kilopreis (1,59€/Kg), so erhält man das Gewicht (1,572kg). Den Preis für 1,5kg Bananen erhält man, wenn man das Gewicht mit dem Kilopreis multipliziert (1,5kg · 1,59€/kg = 2,39€).
- individuelle Lösung

Zum Weiterdenken:
Die Waage rundet kaufmännisch. Ist die dritte Nachkommastelle eine 0, 1, 2, 3, oder 4 wird abgerundet, bei einer 5, 6, 7, 8 oder 9 wird aufgerundet.

Seite 7

Wenn ein Rechteck „die Kurve kratzt"

- individuelle Lösung, zum Beispiel:

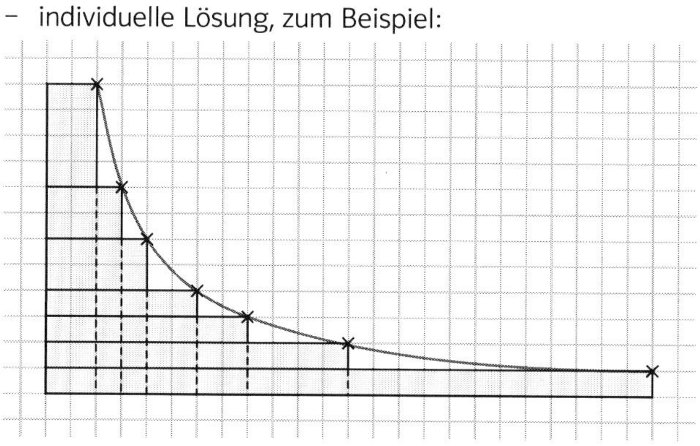

- Wenn die eine Seitenlänge ein halbes Karo lang ist, muss die andere Seite 48 Karos lang sein; bei einem Viertelkaro wäre die zweite Seite 96 Karos lang. Das Produkt beider Seitenlängen ergibt den vorgegebenen Flächeninhalt von 24 Karos.
- Man erhält die zweite Seitenlänge, indem man 24 durch die erste Seitenlänge teilt: $b = \frac{24}{a}$ (a: erste Seitenlänge, b: zweite Seitenlänge).
- bei 36 Kästchen: $b = \frac{36}{a}$ bei 20 Kästchen: $b = \frac{20}{a}$ (a: erste Seitenlänge, b: zweite Seitenlänge).

Wenn der Flächeninhalt variiert, verschiebt sich die Kurve nach oben oder unten. Je größer der Flächeninhalt, desto höher verläuft die Kurve.

Nach Diagrammen laufen (Spiel für 3 bis 4 Personen)

Spiel

1 Zuordnungen

Seite 8

Impuls

Aus dem Gespräch der Kinder ergibt sich für die Strecke:
Preis einer Kinderfahrkarte: 15,40€;
Preis einer Jugendlichen-/Erwachsenenkarte: 23,10€.
Die Mutter von Luisa nutzt vermutlich ein spezielles Angebot (z.B. Wochenendticket) oder nimmt als Teil einer speziellen Gruppe eine andere Ermäßigung in Anspruch.

Seite 9

1 individuelle Lösung

2 individuelle Lösung
Die Veranschaulichung ist zum Beispiel mit einem Säulendiagramm möglich.

3 individuelle Lösung

Seite 10

5 a) 8€ = 9,6CHF
25€ = 30CHF
7,50€ = 9CHF
b) individuelle Lösung, zum Beispiel:
15CHF = 12,45€
200CHF = 166€
Da 1CHF den Wert von 0,83€ hat, multipliziert man den entsprechenden Betrag in Schweizer Franken mit 0,83, um den Wert in Euro zu erhalten.

6 a) Durch die dreizeilige Tabelle sind die Zuordnungen *Fußlänge (in cm) → deutsche Größe; Fußlänge (in cm) → englische Größe* und *deutsche Größe → englische Größe* dargestellt. Dabei kann die Zuordnungsrichtung in allen drei Fällen auch umgekehrt werden.
b) Der englischen Größe 9 ist eine Fußlänge von 28,4cm bis 28,8cm zugeordnet. Ebenso lässt sich die deutsche Größe 43 zuordnen.
c) Der Fußlänge 27cm entsprechen die Schuhgrößen 7 (englisch) bzw. 41 (deutsch).
d) individuelle Lösung

7 a) 12 hat die Teiler 1, 2, 3, 4, 6 und 12.
16 hat die Teiler 1, 2, 4, 8 und 16.
19 hat die Teiler 1 und 19.
b)

natürliche Zahl	2	3	4	5	6	7	8	9	10	11	12	13
Anzahl der Teiler	2	2	3	2	4	2	4	3	4	2	6	2

natürliche Zahl	14	15	16	17	18	19	20	21	22	23	24	25
Anzahl der Teiler	4	4	5	2	6	2	6	4	4	2	8	3

c) 4; 9; 25 (das sind gerade die Quadrate von Primzahlen).

8 a) Haus: · · · · · – · · – · · ·
Morse: – – – – – · – · · · · ·
b) MATHE IST GEHEIMNISVOLL

2 Graphen und Zuordnungen

Seite 11

Impuls
Aus dem Fahrtenschreiber kann man zum Beispiel ablesen, mit welcher Höchstgeschwindigkeit Marios Vater gefahren ist (80 km/h – vermutlich die für den Lkw maximal erlaubte Geschwindigkeit), wie oft er bremsen musste, wie lange er im Stau gestanden haben muss etc.

Seite 12

1 a)

Uhrzeit	6	7	8	9	10	11	12	13
Abweichung des Wasserstandes (in cm)	−8	−10	−3	8	19	27	29	27

Uhrzeit	14	15	16	17	18	19	20	21	22
Abweichung des Wasserstandes (in cm)	22	12	8	5	5	5	2	−2	−6

b) Um 13:30 Uhr war der Wasserstand etwa 25 cm höher als der langjährige Mittelwert.
c) Der niedrigste Wasserstand war etwa um 7:00 Uhr erreicht, der höchste Wasserstand etwa um 12:00 Uhr.
d) Der Wasserstand lag etwa zwischen 9:15 Uhr und 15:30 Uhr mehr als 10 cm über dem mittleren Wert.
e) Der Wasserstand ist zwischen 7:00 Uhr und 12:00 Uhr gestiegen und zwischen 6:00 Uhr und 7:00 Uhr sowie zwischen 12:00 Uhr und 17:00 Uhr, außerdem zwischen 19:15 Uhr und 22:00 Uhr gefallen.

2 a)

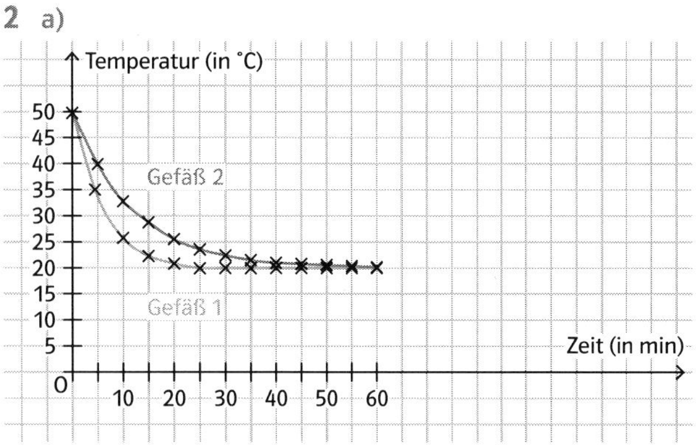

Hier ist es sinnvoll, die Punkte zu verbinden, da das Wasser über die Zeit kontinuierlich abkühlt.
b) Nach 22 Minuten beträgt die Temperatur des Wassers im ersten Gefäß etwa 21 °C und im zweiten Gefäß etwa 25 °C.
c) Da die Temperatur im zweiten Gefäß langsamer abnimmt, könnte es zum Beispiel besser isoliert sein, es könnte sich aber auch um eine größere Wassermenge handeln als in Gefäß 1.
d) Die Umgebungstemperatur wird vermutlich etwa 20 °C betragen.

Seite 13

3 Da es zwischen den Messwerten auch Zwischenwerte gegeben hat, ist die Verbindung der Punkte sinnvoll. Im Graphen (2) wurden die Punkte allerdings nur gerade verbunden; das ist unrealistisch, da das Auto die Geschwindigkeit nicht „plötzlich" wechseln kann. Der Graph (3) stellt die Zuordnung daher am besten dar.

4 a) Um 21:00 Uhr betrug der Wasserverbrauch ungefähr 0,3 m^3/min, um 19:15 Uhr etwa 0,7 m^3/min.
b) Das Spiel begann vermutlich um 19:30 Uhr, Halbzeit wäre dann von 20:15 Uhr bis 20:30 Uhr. Da der Wasserverbrauch nach der regulären Spielzeit um 21:15 Uhr stark angestiegen ist, wird es vermutlich keine Verlängerung gegeben haben.
c) mögliche Graphen:

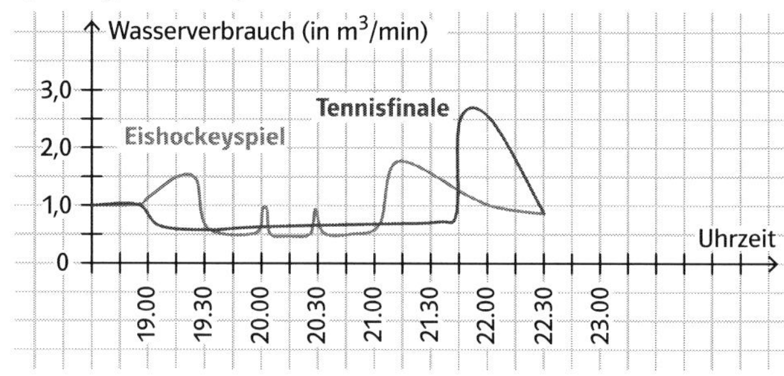

5 a)

Fläche (in m^2)	1	2	3	4	5	6	7	8	9	10
Gewicht (in g)	80	160	240	320	400	480	560	640	720	800

b)

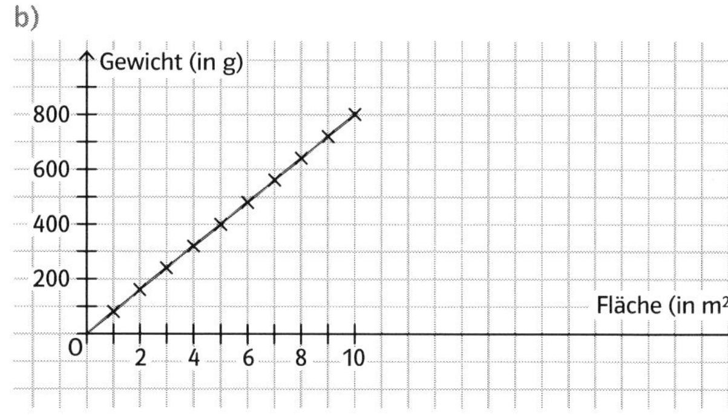

Es ist sinnvoll, die Punkte zu verbinden, da auch alle Zwischenwerte existieren.
c) $100 \cdot 21\,cm \cdot 29{,}7\,cm = 62\,370\,cm^2 = 6{,}237\,m^2$.
Rechnerisch ergibt sich ein Gewicht von 498,96 g.
Aus der Skizze kann man nur gerundete Werte entnehmen: bei 6,25 m^2 könnte man z. B. rund 500 g ablesen.

7 Lässt man die Kugel im höchsten Punkt los, so beschleunigt sie zunächst, bremst nach der Mulde etwas ab, um dann im letzten Abschnitt der Bahn wieder zu beschleunigen. Zur Zuordnung *Zeit → Geschwindigkeit* gehört Graph (3).

Seite 14

8 a) individuelle Lösung
b) Unabhängig von der Wahl der Versuchsbedingungen (Flussstärke des Wasserhahns, Größe des Gefäßes, Zeitabstände für die Messung) ist zu erwarten, dass sich zumindest näherungsweise eine Gerade durch den Koordinatenursprung als Graph ergibt, wenn die Gefäßwände senkrecht zur Bodenfläche verlaufen. Bei anderen Gefäßformen ist es eine Kurve oder eine „gezackte" Linie, die durch den Ursprung geht (vgl. auch Aufgabe 9 dieser Lerneinheit).

9 Graph a) gehört zu Gefäß (3), weil hier die Füllhöhe wegen des immer größer werdenden Querschnitts des Gefäßes immer langsamer zunimmt. Graph b) gehört zu Gefäß (2), weil hier der Querschnitt des Gefäßes zunächst gleich bleibt und damit auch die Füllhöhe gleichmäßig zunimmt. Sobald sich das Gefäß verengt, bekommt der Graph einen Knick, die Füllhöhe nimmt dann wieder gleichmäßig zu, aber schneller als zuvor. Graph c) gehört zu Gefäß (4), weil hier die Füllhöhe zunächst immer schneller zunimmt, solange sich der Querschnitt des Gefäßes verkleinert. Dann bleibt der Querschnitt gleich, somit nimmt die Füllhöhe gleichmäßig zu. Graph d) gehört zu Gefäß (1), weil hier der Querschnitt des Gefäßes gleich bleibt und somit die Füllhöhe gleichmäßig zunimmt.

10 a) individuelle Lösung, zum Beispiel:
roter Weg:
Auf der Landstraße von Dorf A nach Dorf B kann man 100 km/h fahren. Kurz vor Dorf B muss man auf Ortsgeschwindigkeit (50 km/h) abbremsen. Nach Passieren von Dorf B kann man auf einem kurzen Stück wieder beschleunigen, um dann rechtzeitig vor den Kurven abzubremsen. Nach den Serpentinen kann man das letzte Teilstück bis Dorf E wieder 100 km/h fahren.

blauer Weg:
Auf der Landstraße von Dorf A nach Dorf D kann man 100 km/h fahren. Kurz vor Dorf D muss man auf Ortsgeschwindigkeit (50 km/h) abbremsen. Nach Passieren von Dorf D kann man auf der Landstraße nach Dorf E wieder auf 100 km/h beschleunigen.

gelber Weg:
Auf der Landstraße von Dorf A nach Dorf C gibt es wegen der Steigung ein Tempolimit von 70 km/h. Vor Dorf C muss man auf 30 km/h abbremsen, weil man durch ein Wohngebiet fährt. Auf der Landstraße von Dorf C nach Dorf D kann man wieder auf 100 km/h beschleunigen. In Dorf D gibt es eine Ampel, bei der man kurzfristig zum Stehen kommt. Auf dem letzten Teilstück von Dorf D nach Dorf E darf man wieder 100 km/h fahren.
b) individuelle Lösung
Die hier gezeichneten Graphen entsprechen den Beschreibungen aus Teilaufgabe a).

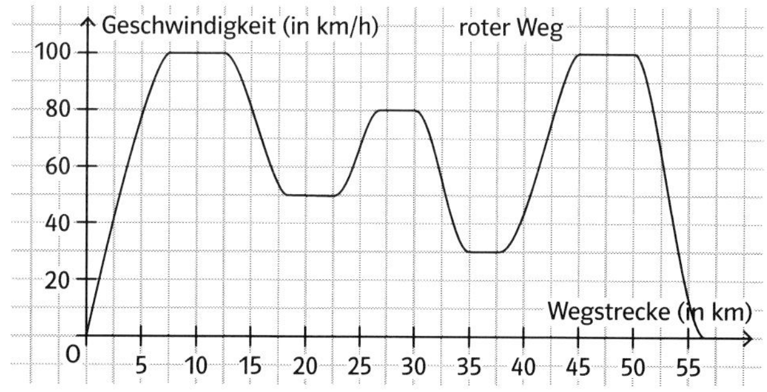

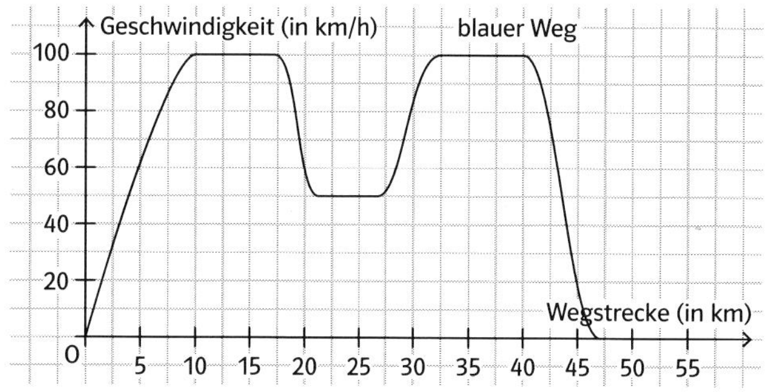

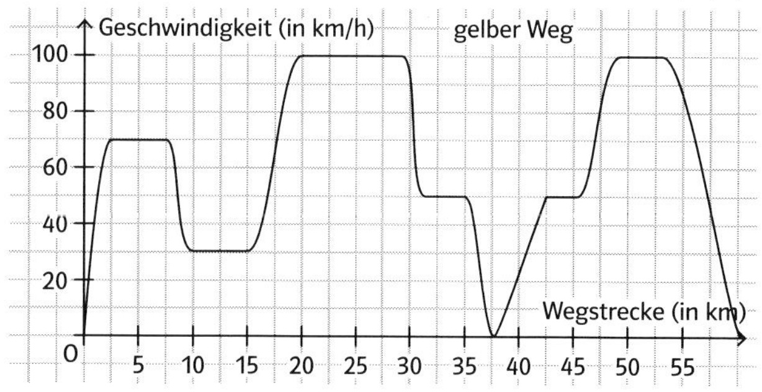

11 individuelle Lösung

12 individuelle Lösung

3 Gesetzmäßigkeiten bei Zuordnungen

Seite 15

Impuls
Peter und Sabine erhalten beide am Anfang je 5 € und in der 12. Klasse je 33 €.
Sabines Eltern erhöhen das monatliche Taschengeld um 4 € jedes Schuljahr.
Bei Peter ist bei den Erhöhungen kein eindeutiges Muster zu erkennen.

Seite 16

1 a) Fig. 1: $A = 3 \cdot s^2$; Fig. 2: $A = 2\,\text{cm} \cdot s$
b) Fig. 1:

s (in cm)	1	2	3	4	5
A (in cm²)	3	12	27	48	75

Fig. 2:

s (in cm)	1	2	3	4	5
A (in cm²)	2	4	6	8	10

c) individuelle Lösung

2 a) $A = k^3$

b)

k (in cm)	0,5	1	2	3	4
V (in cm^3)	0,125	1	8	27	64

c) Bei einer Kantenlänge von etwa 2,71 cm beträgt das Volumen des Würfels etwa 20 cm^3.

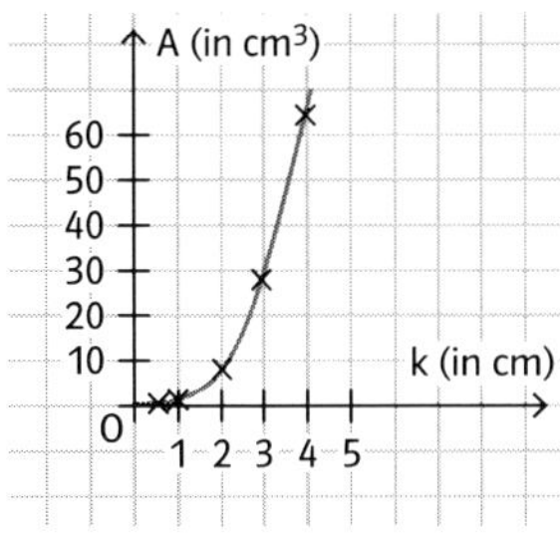

d) Olivers Aussage ist falsch. Wenn man die Kantenlänge eines Würfels verdoppelt, wird das Volumen des Würfels achtmal so groß.

3 a)

l (in cm)	150	155	160	165	170	175	180	185	190	195
g (in kg)	50	55	60	65	70	75	80	85	90	95

b) $g = l - 100$
Für Menschen deren Körpergröße unter einem Meter ist, kann die Formel nicht gelten.
c) Der Body-Mass-Index (BMI) ist eine Maßzahl für die Bewertung des Körpergewichts eines Menschen: Er berechnet sich mit der Formel
$\text{BMI} = \frac{\text{Körpergewicht}}{(\text{Körpergröße})^2}$.
Ein 20-jähriger Erwachsene mit einem „Normalgewicht" hat einen BMI von 20.

4 a) $s = \frac{v}{10} \cdot \frac{v}{10} = \left(\frac{v}{10}\right)^2$

b)

v (in km/h)	20	30	50	100
s (in m)	4	9	25	100

Entsprechend dem Graphen müsste ein Bremsweg in einer 30er-Zone höchsten 9 m lang sein, in einer geschlossenen Ortschaft höchstens 25 m und auf einer Landstraße höchstens 100 m lang sein.

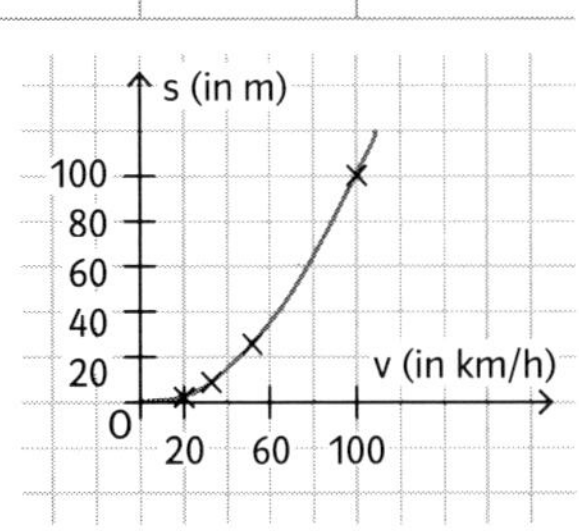

c) Da der Bremsweg mit 12 m länger als der in b) bestimmte Bremsweg für 30 km/h ist, muss der Fahrer zu schnell gefahren sein. Am Graphen lässt sich ablesen, dass der Fahrer mindestens mit einer Geschwindigkeit von 34 km/h gefahren sein dürfte.

5 a) Der y-Wert lässt sich mit der Formel $y = 6 \cdot x$ berechnen:

x	0	1	2	3	4	5
y	0	6	12	18	24	30

b) Der y-Wert lässt sich mit der Formel $y = x^2$ berechnen:

x	1	2	3	4	5	9
y	1	4	9	16	25	81

Seite 17

8 a) $y = 3x$

x	−2	−1	0	0,5	5	10
y	−6	−3	0	1,5	15	30

b) $y = x^3$

x	−2	−1	0	0,5	5	10
y	−8	−1	0	0,125	125	1000

c) $y = \frac{1}{x}$

x	−2	−1	0	0,5	5	10
y	−0,5	−1	–	2	0,2	0,1

d) $y = \frac{1}{x^2}$

x	−2	−1	0	0,5	5	10
y	0,25	1	–	4	0,04	0,01

9 a) Der Umfang U ist das 4-Fache der Kantenlänge q: $U = 4 \cdot q$.
b) Der Oberflächeninhalt O eines Würfels ergibt sich aus 6 Quadraten mit der Kantenlänge w: $O = 6 \cdot w^2$.
c) Der Winkel β ist Nebenwinkel von α, d.h. $\beta = 180° - \alpha$.

10 a)

Länge a (in cm)	3	4	2	1	10
Breite b (in cm)	2	1,5	3	6	0,6

b)

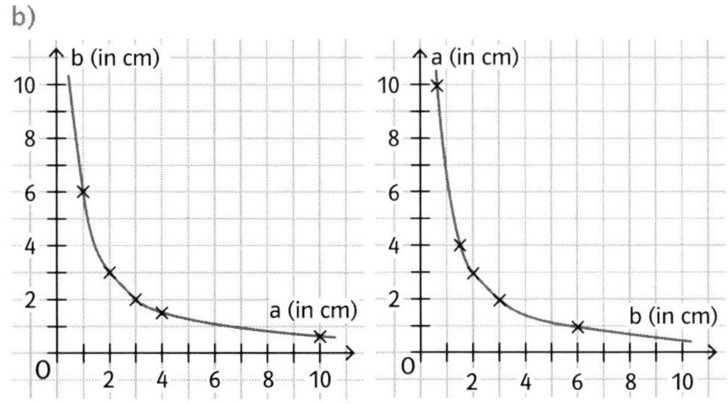

Die Graphen der Zuordnungen $a \to b$ und $b \to a$ sind identisch.
c) $U = 2 \cdot (a + b)$
Zum Beispiel für $a = 2$ cm, $b = 3$ cm: $U = 10$ cm
Es ergibt sich die Tabelle:

Seite a (in cm)	3	4	2	1	10
Umfang U (in cm)	10	11	10	14	21,2

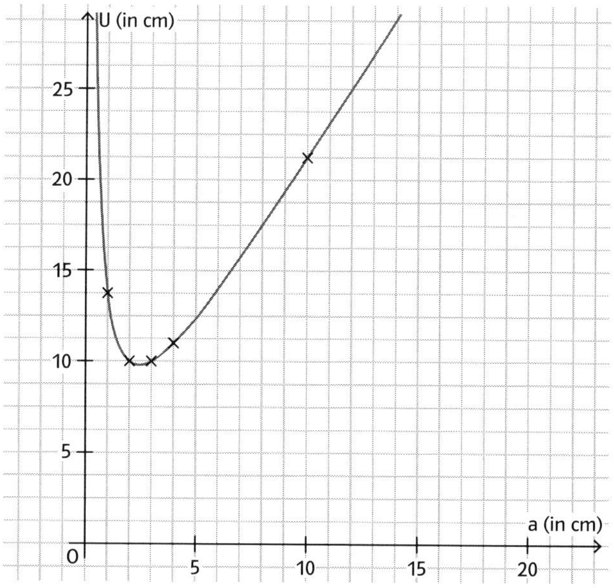

4 Proportionale Zuordnungen

Seite 18

Impuls

Die elektronische Waage berechnet als erstes das Gewicht des Obstes.
Als zweites braucht sie die Information, was 100 g oder 1 kg dieser Obstsorte kosten.
Daraus berechnet sie den Preis für die jeweilige Menge des gekauften Obstes.
(Die Äpfel kosten pro Kilo: 1,97 €.)

Seite 20

1 a) Ja, weil jedes Blatt die gleiche Dicke hat.
b) Nein, denn die doppelte Wassermenge bringt sicher nicht den doppelten Ertrag.
c) Ja, da der Umfang immer das Vierfache der Seitenlänge ist.
d) Nein, da z. B. $2^2 = 4$ (das 2-fache) und $4^2 = 16$ (das 4-fache) ist.

2 a) steigend, aber nicht proportional
b) proportional (unter der Annahme gleichbleibender Geschwindigkeit)
c) proportional
d) keines von beiden
e) steigend, aber nicht proportional

3 individuelle Lösung, zum Beispiel:
proportionale Zuordnungen:
- *Anzahl gleichartiger Würfel → Gewicht dieser Würfel (in g)*
- *Gewicht von Tomaten (in kg) → Preis der Tomaten (in €)*

nicht-proportionale Zuordnungen:
- *Anzahl der absolvierten Schuljahre → Menge des Wissens*
- *Anzahl der Sänger in einem Chor → Lautstärke*

4 a) 900-g-Packung: 331 ct : 900 g ≈ 0,37 ct/g
3-kg-Packung: 699 ct : 3000 g ≈ 0,23 ct/g
4,5-kg-Packung: 949 ct : 4500 g ≈ 0,21 ct/g
b) 29 ct : 150 g ≈ 0,19 ct/g; 39 ct : 250 g ≈ 0,16 ct/g
nicht proportional
c) Bei größeren Verpackungen wird, bezogen auf den Inhalt, Verpackung gespart. Rabatt bei Abnahme größerer Mengen.

5 a) gleichbleibende Zuflussmenge, gleichbleibende Querschnittsfläche der Tonne, solange die Tonne noch nicht voll ist
b) gleichbleibende Schrittlänge
c) gleichbleibende Geschwindigkeit und gleichbleibende Steigung der Strecke
d) wenn kein Rabatt gewährt wird, für alle Personen derselbe Fahrpreis gilt und für jede Person eine Fahrkarte gekauft wird (keine Gruppenkarten)

6 Figur (2)

7 a)

Anzahl	1	2	3	4	5
Preis (in €)	0,24	0,48	0,72	0,96	1,20

Anzahl	6	7	8	9	10
Preis (in €)	1,44	1,68	1,92	2,16	2,40

b) Proportionalitätsfaktor: 0,24
Deutung als Preis von 0,24 € je Bild

8 a) Ja, denn es gilt $y = 7 \cdot x$.
b) Nein, denn für die ersten 5 Zahlenpaare gilt $y = 12 \cdot x$. Für das letzte Paar gilt das nicht.
c) Nein, denn es gilt $y = \frac{1}{6} \cdot x$, außer für $y = 14$ und $x = 72$.
d) Ja, denn es gilt $y = \frac{1}{4} \cdot x$.

Seite 21

9 a)

x	0	1	2	3	5	7
y	**0**	**2**	**4**	6	**10**	**14**

b)

x	2	5	10	15	20	**30**
y	**1,2**	**3**	6	**9**	**12**	18

c)

x	3	6	**9**	12	**15**	**30**
y	7	**14**	21	**28**	35	70

d)

x	0	1	2	**5**	20	100
y	**0**	**0,8**	1,6	4,0	**16,0**	**80,0**

10

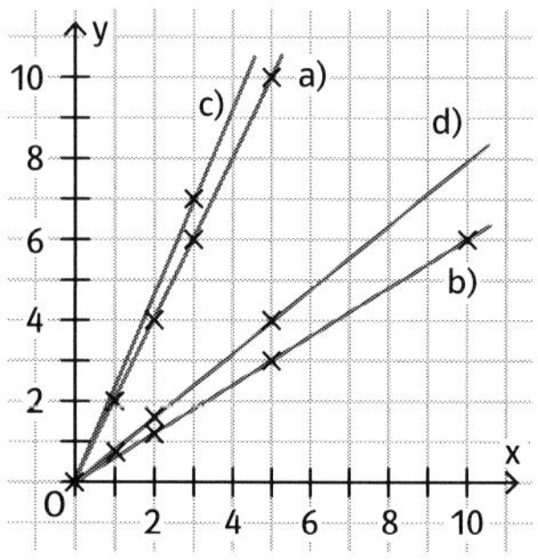

Die Graphen zu den Zuordnungen aus Aufgabe 9 sind Geraden, die alle durch den Ursprung des Koordinatensystems verlaufen. Die Geraden verlaufen unterschiedlich steil: Der Graph zu 9 c) ist am steilsten an, der zu 9 b) am wenigsten steil.

13 a)

(1)

Zeit (in s)	Volumen (in l)
10	5
8	**4**
25	**12,5**

(2)

Gewicht (in kg)	Preis (in €)
0,5	0,75
0,8	**1,20**
1,5	**2,25**

(3)

Länge (in m)	Gewicht (in kg)
2	**1,8**
3,5	**3,15**
5	4,5

(4)

Zeit (in min)	Strecke (in km)
30	**12**
120	48
125	**50**

b) (1)

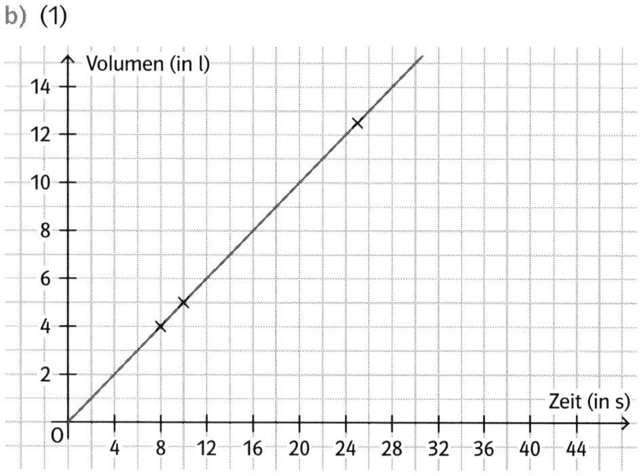

(2)

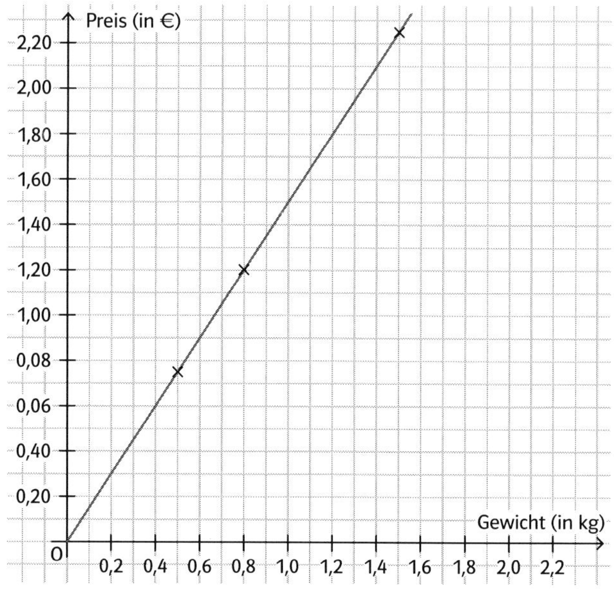

(3)

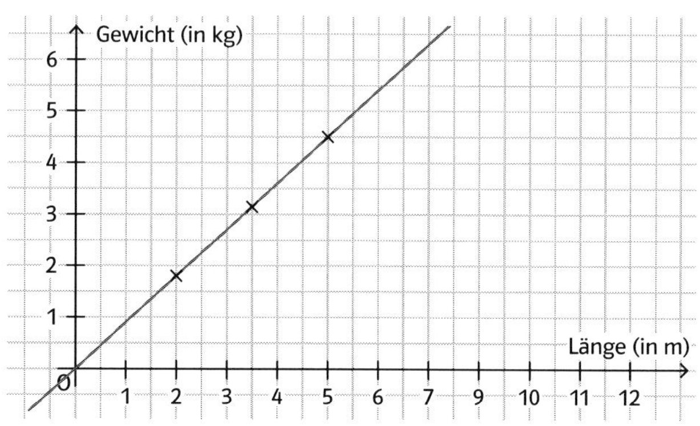

(4)

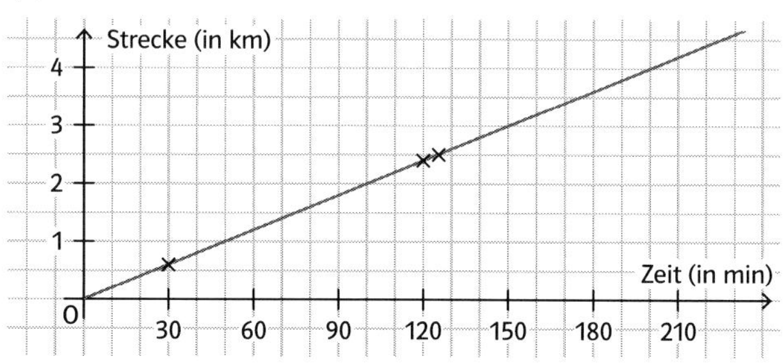

Beispiele für weitere Wertepaare:

(1) (20 | 10); (24 | 12); (16 | 8)

(2) (0,6 | 0,9); (1,0 | 1,5); (1,2 | 1,8)

(3) (3 | 2,7); (4 | 3,6); (1 | 0,9)

(4) (50 | 20); (100 | 40); (150 | 60)

c) individuelle Lösung, zum Beispiel:

(1) *Zeit, die Wasser braucht, um aus einem Becken abzufließen (in s) → Wassermenge, die in dieser Zeit abfließt (in l)*

(2) *Gewicht einer Obstsorte (in kg) → Preis (in €)*

(3) *Länge eines Holzbalkens (in m) → Gewicht des Balkens (in kg)*

(4) *Zeit (in min) → in dieser Zeit zurückgelegte Strecke (in km)*

d) (1) Zuordnung *Zeit (in s) → Volumen (in l)*;
Proportionalitätsfaktor: 0,5; Deutung als 0,5 l je s
(2) Zuordnung *Gewicht (in kg) → Preis (in €)*;
Proportionalitätsfaktor: 1,5; Deutung als 1,50 € je kg
(3) Zuordnung *Länge (in m) → Gewicht (in kg)*;
Proportionalitätsfaktor: 0,9; Deutung als 0,9 kg je m
(4) Zuordnung *Zeit (in min) → Strecke (in km)*;
Proportionalitätsfaktor: 0,4; Deutung als 0,4 km je min

14 a) Für die Quotienten $\frac{\text{Ausdehnung}}{\text{Gewicht}}$ erhält man:

$\frac{2,5}{10} = 0,25$; $\frac{3,7}{15} \approx 0,247$; $\frac{6,3}{25} = 0,252$; $\frac{10,1}{40} = 0,2525$;

$\frac{13,7}{55} \approx 0,249$; $\frac{14,8}{60} \approx 0,247$; $\frac{16,3}{65} \approx 0,251$

Alle Quotienten sind annähernd gleich. „Annähernd" bedeutet in diesem Zusammenhang, dass die meisten Quotienten nicht genau 0,25 betragen, sondern nur nahe bei 0,25 liegen.

b)

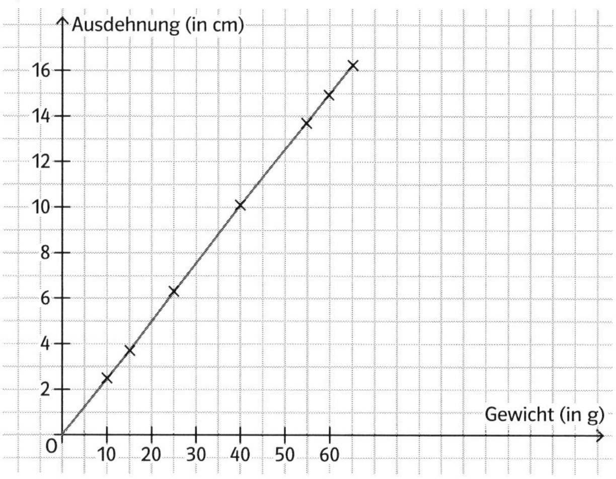

c) Aus der grafischen Darstellung kann man ablesen, dass bei 30 g eine Ausdehnung von etwa 7,5 cm zu erwarten ist. Bei 3000 g ergäbe sich eine Ausdehnung von 750 cm, wenn man proportionale Verhältnisse voraussetzt.
Der Proportionalitätsbereich ist jedoch begrenzt, da die Feder nicht beliebig weit ausgedehnt werden kann.

5 Antiproportionale Zuordnungen

Seite 22

Impuls
Wenn man davon ausgeht, dass alle Beteiligten gleich schnell arbeiten und für eine Person für das Verteilen eine Stunde (60 Minuten) braucht, dann beträgt die Gesamtarbeitszeit 60 Minuten. Also brauchen zwei Personen insgesamt eine halbe Stunde (2 · 30 min = 60 min) und drei Personen 20 Minuten (3 · 20 min = 60 min) Daher werden die Kinder vermutlich nicht in 15 Minuten fertig sein (oder die Anfangsvoraussetzung stimmt nicht, zum Beispiel weil die hinzugekommenen Kinder viel schneller als das erste Kind arbeiten).

Seite 23

1 a) Die Zuordnung *Dicke der Brotscheiben (in cm) → Anzahl der Brotscheiben* ist antiproportional, da bei einer Verdopplung der Dicke einer Brotscheibe die Anzahl der Brotscheiben halbiert wird.
b) Die Zuordnung *zurückgelegte Strecke (in km) → verbleibende Strecke (in km)* ist nicht antiproportional. Auf der Hälfte der Strecke sind zurückgelegte und verbleibende Strecke gleich groß. Am Ende der Wanderung hat sich demgegenüber die zurückgelegte Strecke verdoppelt, die verbleibende Strecke aber nicht halbiert.
c) Die Zuordnung *Schrittlänge (in cm) → Anzahl der Schritte* ist (bei einer für die gesamte Wanderung konstanten Schrittlänge) antiproportional, da bei einer Verdoppelung der Schrittlänge die Anzahl der Schritte halbiert wird.
d) Die Zuordnung *Gewicht der Kugel (in g) → Wurfweite (in m)* ist nicht antiproportional. Wäre die Zuordnung antiproportional, so wäre es auch möglich eine entsprechend kleine Kugel mehrere Kilometer weit zu werfen.
e) Die Zuordnung *Seitenlänge a des Rechtecks (in cm) → Seitenlänge b des Rechtecks (in cm)* ist (bei gegebenem Flächeninhalt des Rechtecks) antiproportional, da das Produkt der Seitenlängen $a \cdot b$ für alle Wertepaare gleich groß ist (gleich 1 dm²).

2 a) Da die Wertepaare der ersten Zuordnung produktgleich sind (1 · 48 = 2 · 24 = 3 · 16 = 4 · 12 = 6 · 8 = 8 · 6), gehört die Tabelle zu einer antiproportionalen Zuordnung.
b) Die Wertepaare der zweiten Zuordnung sind nicht produktgleich (2 · 2,5 = 5 und 20 · 0,3 = 6), die zweite Zuordnung kann also nicht antiproportional sein.

Seite 24

3 a) Gleiche Leistung der Stanzmaschinen
b) Gleiche Arbeitsleistung der Arbeiter, jeder kann ungehindert arbeiten
c) Aus jeder Leitung fließt pro Minute gleich viel Wasser (also z. B. kein Druckabfall).

4 a)
(1)

x	4	6	8	12	16	24
y	**30**	**20**	15	**10**	**7,5**	**5**

(2)

x	3	4	6	8	24	60
y	$\mathbf{\frac{40}{3}}$	**10**	$\frac{20}{3}$	**5**	$\mathbf{\frac{5}{3}}$	$\mathbf{\frac{2}{3}}$

b) (1) $y = \frac{120}{x}$ (2) $y = \frac{40}{x}$

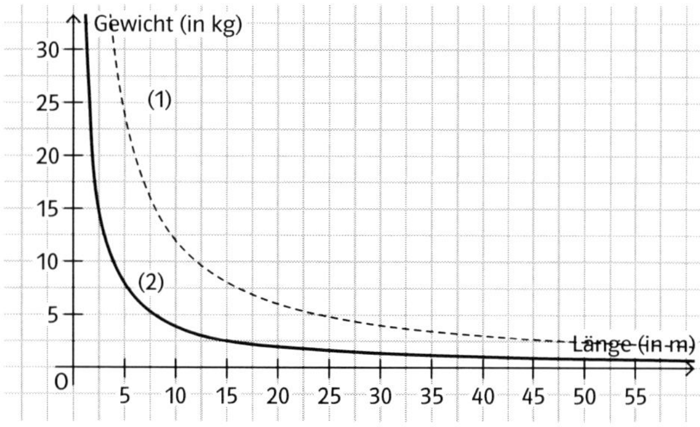

5 a)

a (in cm)	0,5	1	2	3	4	5	6	8	10	12
b (in cm)	24	12	6	4	3	2,4	2	1,5	1,2	1

b) $b = \frac{12}{a}$

c)

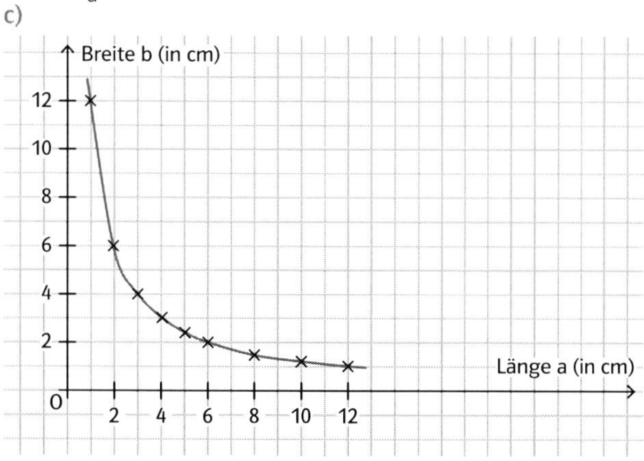

Weitere Wertepaare (gerundet): (7 | 1,7), (9 | 1,3), (11 | 1,1)

6 a)

Teilnehmerzahl	10	15	20	25
Kostenanteil (in €)	14,70	9,80	7,35	5,88

Teilnehmerzahl	30	35	40
Kostenanteil (in €)	4,90	4,20	3,675

Damit kein Defizit entsteht, sollte der Kostenanteil bei 40 Teilnehmern 3,68 betragen. Dann hat man 20 ct zu viel kassiert.

b) 147 : 8 = 18,375

Es müssen mindestens 19 Teilnehmer sein, damit der Kostenanteil je Teilnehmer nicht über 8 € liegt.

9 individuelle Lösung

Seite 25

10 a) Ein Strauß mit 15 (20; 25; 30) Rosen kostet 18,75 € (25,00 €; 31,25 €; 37,50 €). Die Zuordnung *Anzahl der Rosen → Preis des Straußes* ist proportional.

b) Wenn sich 15 (20; 25; 30) Personen zu gleichen Teilen an den Kosten beteiligen, muss jeder 2,00 € (1,50 €; 1,20 €; 1,00 €) bezahlen. Die Zuordnung *Anzahl der Personen → Kosten pro Person* ist antiproportional.

11 a) Die Zuordnung ist proportional mit dem Proportionalitätsfaktor 1,4. Begründung: Für alle Wertepaare ergibt der Quotient aus y-Wert und x-Wert 1,4.
Gleichung: $y = 1{,}4 \cdot x$

b) Die Zuordnung ist weder proportional noch antiproportional. Begründung: Die Wertepaare sind weder produkt- noch quotientengleich.

c) Die Zuordnung ist antiproportional.
Begründung: Für alle Wertepaare ergibt das Produkt aus x-Wert und y-Wert 180.
Gleichung: $y = \frac{180}{x}$

d) Die Zuordnung ist weder proportional noch antiproportional. Mögliche Begründung: Bei einer proportionalen Zuordnung muss dem x-Wert 0 auch der y-Wert 0 zugewiesen werden. Dies ist hier nicht der Fall. Bei einer antiproportionalen Zuordnung kann 0 nicht als x-Wert auftauchen.

12 a)

Benzinpreis in € pro l	0,9	0,95	1	1,05	1,1	1,15
Tankmenge in l	83,33	78,95	75,00	71,43	68,18	65,22

Benzinpreis in € pro l	1,2	1,25	1,3	1,35	1,4	1,45
Tankmenge in l	62,50	60,00	57,69	55,56	53,75	51,72

Benzinpreis in € pro l	1,5	1,55	1,6	1,65
Tankmenge in l	50,00	48,39	46,88	45,45

b) Ja, denn das Produkt aus Preis und Tankmenge ergibt stets 75 €. Die zugehörige Gleichung lautet: $y = \frac{75}{x}$

13 a)

x-Wert	1	1,5	2	3	4	6	8	12
y-Wert	6	4	3	2	1,5	1	0,75	0,5

b) individuelle Lösung

14 a) Roter Graph: $y \approx 2{,}1$; blauer Graph: $y \approx 1{,}6$; grüner Graph: $y \approx 1$

b) Berechnete y-Werte:

	y-Wert für x = 2	y-Wert für x = 3	y-Wert für x = 4	y-Wert für x = 5	y-Wert für x = 6
roter Graph	1,05	0,7	0,525	0,42	0,35
blauer Graph	0,8	≈ 0,53	0,4	0,32	≈ 0,27
grüner Graph	0,5	≈ 0,33	0,25	0,2	≈ 0,17

abgelesene y-Werte:

	y-Wert für x = 2	y-Wert für x = 3	y-Wert für x = 4	y-Wert für x = 5	y-Wert für x = 6
roter Graph	1	0,7	0,5	0,4	0,3
blauer Graph	0,75	0,5	0,4	0,3	0,25
grüner Graph	0,5	0,3	0,25	0,2	0,15

Vergleicht man die abgelesenen y-Werte mit den berechneten, so stellt man fest, dass sie fast übereinstimmen. Es gibt nur kleine Abweichungen. Beispielweise wird für $x = 2$ beim roten Graphen $y = 1{,}05$ berechnet und $y = 1$ abgelesen. Solche Abweichungen sind im Rahmen der Ablesegenauigkeit vertretbar. Alle drei Graphen gehören zu antiproportionalen Zuordnungen.

6 Dreisatzrechnung bei proportionaler Zuordnung

Seite 26

Impuls
Der Meister hat tatsächlich Recht. Bei der Großpackung kostet ein Nagel ziemlich genau 1 Cent.
Bei gleichem Preis würde eine kleine Packung 7,50 € kosten. Sie kostet aber nur 6,99 €. Das ist deutlich weniger. Kauft der Auszubildende 3 kleinere Packungen, so zahlt er insgesamt 20,97 € (also 0,98 € mehr als bei der Großpackung) und erhält dafür 750 · 3 = 2250 Nägel (also 250 Nägel mehr).
Damit macht er ein gutes Geschäft, denn der Preis für 250 Nägel in der Großpackung beträgt:
250 · 0,9995 ct = 249,875 ct ≈ 2,50 €.

Seite 27

1 a)

	h	km	
:3	3	210	:3
·8	1	**70**	·8
	8	**560**	

mögliche Zuordnung, z. B.: *benötigte Zeit (in h) → zurückgelegte Strecke (in km)*

b)

	g	Anzahl	
:5	250	350	:5
·12	**50**	**070**	·12
	600	**840**	

mögliche Zuordnung, z. B.: *gemessenes Gewicht der Packungen (in g) → Anzahl der Packungen*

c)

	m	min	
:15	150	240	:15
·3	**10**	16	·3
	30	48	

mögliche Zuordnung, z. B.: *von einer Schildkröte zurückgelegte Strecke (in m) → dafür benötigte Zeit (in min)*

2 a) 2400 g Mehl b) ca. 32,66 €
c) 2,73 € d) 450 ml
e) 490 m^2 f) 62,5 ml

3 a) $1\frac{2}{3}$ kg ≈ 1670 g b) 1,8 kg
c) 600 g Gelierzucker, 900 g Kirschen

4 a) 350 g Schafskäse kosten 4,20 €. (400 g Butterkäse kosten 3,40 €, 200 g Camenbert kosten 4,40 €.)
b) Für 4,59 € erhält man 540 g Butterkäse.

5 Kinofilme: Nein, denn ein doppelt so langer Film kostet nicht doppelt so viel Eintritt.
Kartoffeln: Ja, denn doppelt so viele Kartoffeln reichen für doppelt so viele Portionen.
Konzert: Nein, denn die Konzertdauer ändert sich nicht, wenn sich die Anzahl der Musiker ändert.
Meerschweinchen: Nein, denn bei mehr Tieren reicht das Futter nicht länger.
Schinkenwurst: Ja, denn für die doppelte Menge zahlt man auch doppelt so viel.

Seite 28

6 a) Die Zuordnung *Anzahl der Heftklammern → Gewicht* ist proportional. 80 Heftklammern wiegen 4 g.
b) Die Zuordnung ist nicht proportional.
Aus einem doppelt so großen Fenster wird man vermutlich ebenfalls 300 m weit sehen können.
c) Die Zuordnung *Gewicht → Anzahl der Bonbons* ist näherungsweise proportional, wenn die Bonbons gleich groß sind. Eine 400-g-Packung wird vermutlich 96 Bonbons enthalten.
d) Die Zuordnung ist nicht proportional. Vermutlich werden sie zu viert genauso lang brauchen wie zu dritt.
e) Die Zuordnung *Gewicht → Kalorien* ist proportional. 125 g enthalten 543,75 Kalorien

7 a) Alle Brezeln müssen gleich viel kosten.
b) Familie Glück muss mit ihrem Auto etwa gleich schnell fahren.
c) Der Grundstückspreis muss für jeden Quadratmeter gleich groß sein.
d) Lara muss während des 5000-m-Laufes gleich schnell laufen.

8 Birnen: 6,39 €
Bananen: 1,59 €
Kirschen: 0,641 kg
Äpfel: Nicht eindeutig
Mögliche Werte: Gewicht: 2,000 kg; Preis: 2,58 €

10 a) 1,50 € b) 8 Minuten

Seite 29

11 500 m: 0:36,34 min;
1500 m: 1:49,02 min;
5000 m: 6:03,4 min
Die Unterschiede können dadurch erklärt werden, dass unterschiedlich lange Strecken von den Sportlern unterschiedlich angegangen werden. Zudem wurden die Weltrekorde vermutlich von verschiedenen Sportlerinnen aufgestellt, sodass man auch von (kleineren) Unterschieden im Können ausgehen kann.
Der größte Unterschied zeigt sich beim 5000-m-Lauf, da die Zuordnung *Länge der Strecke → Zeit* mathematisch gesehen nicht proportional ist. Das sehr schnelle Tempo einer Kurzstrecke kann bei einer längeren Strecke nicht mehr eingehalten werden.

12 Tammo hat in der Mitte der Rechnung die Zahl, welche die benötigte Farbe für 1 m^2 Wandfläche angibt, von 0,164 285… auf 0,2 gerundet. Da diese Zahl im weiteren Verlauf mit 196 multipliziert wird, vervielfältigt sich auch die Ungenauigkeit – im Ergebnis auf einige Liter Farbe.
Yvonne hat das Zwischenergebnis nicht angegeben, sondern das Endergebnis direkt in einer Rechnung ausgerechnet. Dadurch wird der Rundungsfehler vermieden und das Ergebnis ist richtig. Hätte Tammo sein Zwischenergebnis nicht so stark gerundet, wäre sein Ergebnis besser geworden.

13 a)

Land	USA	China	Japan	Russland
Höhe (in cm)	10	3,9	2,5	1,3

Land	Deutschland	Italien	Spanien	Niederlande
Höhe (in cm)	1,2	0,9	0,85	0,5

b) Verbrauch Saudi-Arabien: etwa 70,2 Millionen Tonnen

c)

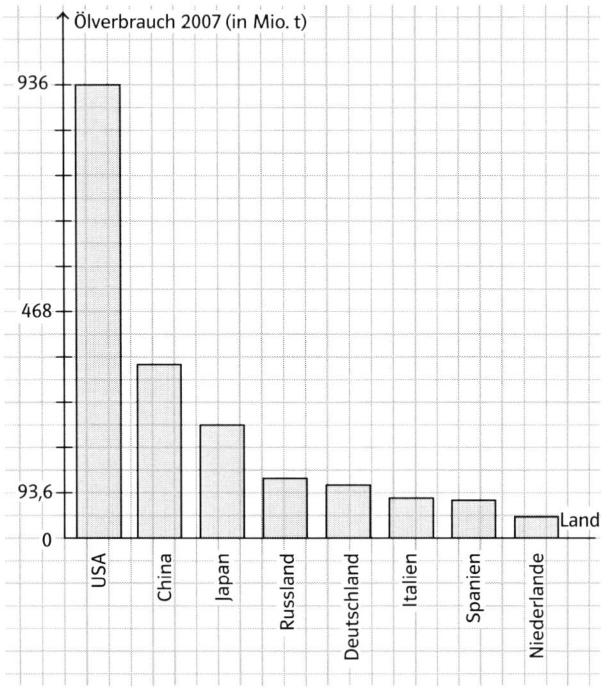

14 a)

Frucht	Erdbeere	Kiwi	Orange	Banane	Apfel
Gewicht (in g)	125	≈ 80	150	750	≈ 940

b) 614 g Bananen. Wenn man annimmt, dass eine Banane ohne Schale etwas 100 g wiegt, muss man noch ungefähr 6 Bananen essen.

15 Die Kerze wird in 3 Stunden 7,5 cm kleiner, also in einer Stunde 2,5 cm. In den 2 ersten Brennstunden hat sich somit um 5 cm verkürzt. Sie war daher 26 cm lang.

16 Das Lösungsverfahren für Dreisatzaufgaben ist nicht anwendbar. Beispiel:

1. Größe	0	10	20	30	40
2. Größe	8	10	12	14	16

Es gibt aber einen Sonderfall, bei dem das Lösungsverfahren anwendbar ist:

1. Größe	0	10	20	30	40
2. Größe	0	2	4	6	8

7 Dreisatzrechnung bei antiproportionalen Zuordnungen

Seite 30

Impuls

Die Strecke ist $4 \cdot 75 = 300$ km lang.
Wenn Biker-Rolf in einer Stunde 200 km fährt, braucht er für die Strecke tatsächlich 1,5 h.

Seite 31

1 a)

	l	Anzahl	
	0,7	30	
:7	0,1	210	·7
·15	1,5	14	:15

mögliche Zuordnung, z. B.: *Fassungsvermögen des Behälters (in l) → Anzahl der benötigten Behälter*

b)

	h	$\frac{km}{h}$	
	$2\frac{1}{2}$	120	
:5	$\frac{1}{2}$	600	·5
·8	4	75	:8

mögliche Zuordnung, z. B.: *für eine Strecke benötigte Fahrzeit (in h) → Geschwindigkeit (in km/h)*

c) z. B.:

	Anzahl	Tage	
	9	49	
·7	63	7	:7
:3	21	21	·3

mögliche Zuordnung, z. B.: *Anzahl der Arbeiter → für ein bestimmtes Bauvorhaben benötigte Zeit (in Tagen)*

Seite 32

2 a) 3 Gramm b) 160 Tage
c) 8 Stunden d) 435 Seiten
e) 56 Tage f) 480 Flaschen

3 a) Die Zuordnung *Dicke der Ordner → Anzahl der Ordner* ist antiproportional, da bei einer Verdopplung der Dicke eines Ordners die Anzahl der Ordner halbiert wird. Der Dreisatz für antiproportionale Zuordnungen lässt sich also anwenden.
Bei einer Breite der Ordner von je 4 cm passen in das Regal 10 Stück hinein.
b) Die Zuordnung *Anzahl der Mathematikbücher → Gesamtgewicht der Mathematikbücher* ist proportional, da sich bei einer Verdopplung der Anzahl der Mathematikbücher das Gesamtgewicht auch verdoppelt. Der Dreisatz für proportionale Zuordnungen lässt sich also anwenden.
25 Mathematikbücher würden 20 kg wiegen.
c) Die Zuordnung *Füllmenge eines Glases → Anzahl der Gläser* ist antiproportional, da bei Gläsern mit doppelter Füllmenge nur halb so viele Gläser benötigt werden.
Bei einer Füllmenge von 0,25 l pro Glas könnte man 12,5 Gläser füllen.
d) Lara würde mit ihrer Clique etwa drei Minuten benötigen, um die Chipstüte leer zu essen. Wie lange ihre Klasse bzw. die gesamte Schule hierfür benötigen würde, lässt sich nicht berechnen. Man kann das Modell der antiprotionalen Zuordnung hier nicht mehr sinnvoll anwen-

den; denn man kann nicht davon ausgehen, dass immer weniger Zeit benötigt wird, je mehr Leute sich das der Chips-Tüte beteiligen.
e) Die 15 Musiker würden auch 30 Minuten für das Musikstück benötigen.

4 Eine Portion wäre 882 g schwer gewesen.

5 benötigte Arbeitszeit: $2 \cdot 50\,h = 100\,h$
In der Theorie hat Jana recht: 50 Maler würden $100 : 50 = 2\,h$ brauchen.
Die Situation ist aber unrealistisch. Auch wenn man 50 gleich schnell arbeitende Maler hätte, müsste die Arbeit so verteilt werden können, dass die Maler parallel und ohne sich gegenseitig zu behindern arbeiten.

Seite 33

7 Frau Lieblich vermutet eine antiproportionale Zuordnung.

Tage bis zum Fest	6	3	1
Anzahl Kunden	40	80	240

Die Befürchtung ist eher unbegründet. Unmittelbar vor dem Fest haben die meisten Menschen die Geschenke bereits gekauft. Der Kundenansturm nimmt deshalb nicht zu, sondern ab.

8 Stefan nimmt an, dass die Zuordnung *Personenzahl → Pilzmenge* proportional ist. Das ist aber unwahrscheinlich, denn dann müssten alle gleich viel Glück haben oder die Pilze überall gleich verteilt sein.
Tom nimmt an, dass Zuordnung *Personenzahl → Zeitdauer, um 1,6 kg Pilze zu sammeln* antipropotional ist. Das ist aus den oben genannten Gründen ebenfalls unwahrscheinlich.

9 a) Kai rechnet, als sei der Verbrauch antiproportional zur Geschwindigkeit.

Geschwindigkeit (in $\frac{km}{h}$)	50	100	150	120	20
Verbrauch je 100 km (in l)	15	7,5	5	6,25	37,5

b) individuelle Lösung z. B. Vater Schleicher: „Je schneller ich fahre, desto höher ist der Verbrauch." Kai: „Das stimmt doch nicht. Eben hast du gesagt, dass bei doppelter Geschwindigkeit nur halb so viel Benzin verbraucht wird! Was soll ich glauben?" …

10 Der Zaun hätte 12 Fertigteile.

11 Bei drei Pfosten gibt es vier Abstände. Bei fünf Pfosten sind es sechs Abstände. Die Zuordnung *Anzahl der Abstände → Breite der Abstände* ist antiproportional. Ergebnis: 60 cm.

12 a) Bei 348 Personen reicht der Vorrat noch für 12 Tage. Bei 426 Personen reicht er dann für nicht ganz 10 Tage.
b) Bei 12 restlichen Tagen könnte man 348 Personen versorgen. Bei 8 restlichen Tagen reicht der Vorrat für 522 Personen. Man könnte also 174 Personen an Bord nehmen.

13 a) Für 12 Affen reicht der Vorrat 30 Tage.
b) Nach 10 Tagen würde der Vorrat für die 12 Affen noch 20 Tage reichen. Für die 15 Affen, die es ab diesem Zeitpunkt gibt, reicht der Vorrat noch 16 Tage. Also insgesamt reicht der Vorrat für $10 + 16 = 26$ Tage.

Vertiefen und Vernetzen

Seite 34

1 a) Der Holzbestand beträgt nach etwa 25, 41, 51 und 53 Jahren 300 m³; der Holzbestand beträgt nach etwa 50, 63, 76 und 84 Jahren 400 m³; der Holzbestand beträgt nach etwa 24, 26, 38 und 52 Jahren 275 m³.
b) Das erste Mal wurde der Wald nach 25 Jahren durchforstet, das zweite Mal nach 50 Jahren und das dritte Mal nach 75 Jahren. Insgesamt wurden bei den Durchforstungen etwa 400 m³ Holz geschlagen.

2 a)

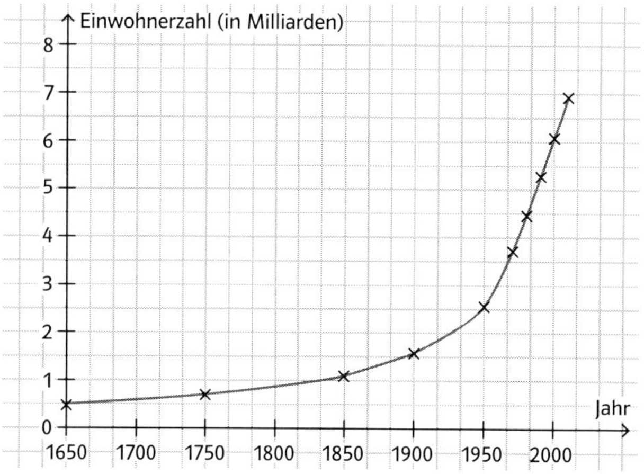

b) Im Jahr 1800 haben ca. 900 Millionen Menschen auf der Erde gelebt.
c) Die Schätzung könnte etwas zu niedrig sein. Begründung: Von 2000 bis 2010 ist die Einwohnerzahl innerhalb von zehn Jahren um 855 Millionen gestiegen. Ein gleichbleibendes Wachstum vorausgesetzt, gäbe es im Jahr 2050 bereits
$6\,079\,000\,000 + 5 \cdot 855\,000\,000 = 10\,354\,000\,000$ Einwohner.
In den Jahren seit 1650 war das Wachstum aber nicht gleichbleibend, sondern ist jährlich gestiegen. Die tatsächliche Einwohnerzahl im Jahr 2050 könnte also noch über 10,354 Milliarden liegen.

3 Da das Auto in der Kurve abbremsen muss, gehört Graph (3) zur Zuordnung *Zeit → Geschwindigkeit.*

4 a) Da keine weiteren Angaben gemacht werden, kann für die Zuordnung *Uhrzeit → Temperatur* keine Gesetzmäßigkeit angegeben werden.
b) Die Zuordnung Anzahl von *Brötchen → Preis* ist proportional.

c) Für die Zuordnung *Alter eines Kindes → Körpergröße* gilt: Je älter das Kind ist, desto größer ist es in der Regel. Allerdings ist die Zuordnung nicht proportional.
d) Die Zuordnung *Anzahl der Arbeiter → Arbeitszeit* ist in den meisten Fällen antiproportional.

5 a)

Zeit (in h)	0	1	2	3	4	5	6
Höhe (in m)	0	2,5	5	4	3	5,5	8

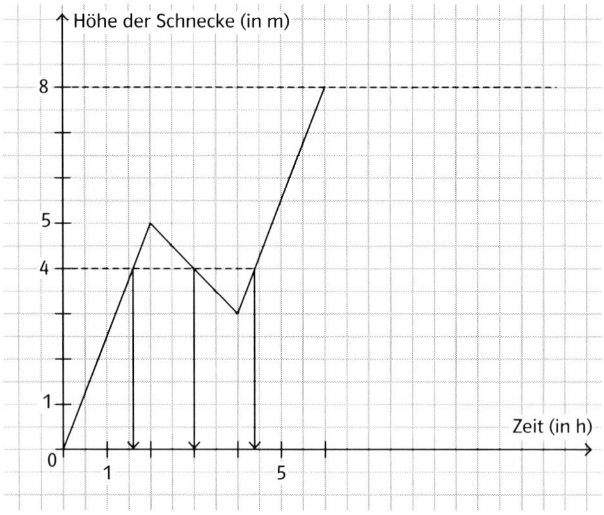

b) Die Schnecke ist nach 6 h oben angekommen.
c) Nach 1,6 h = 1 h 36 min, nach 3 h und schließlich nach 4,4 h = 4 h 24 min befindet sich die Schnecke in einer Höhe von 4 m, der Hälfte der Gesamthöhe (Werte durch Ablesen ermittelt).

6

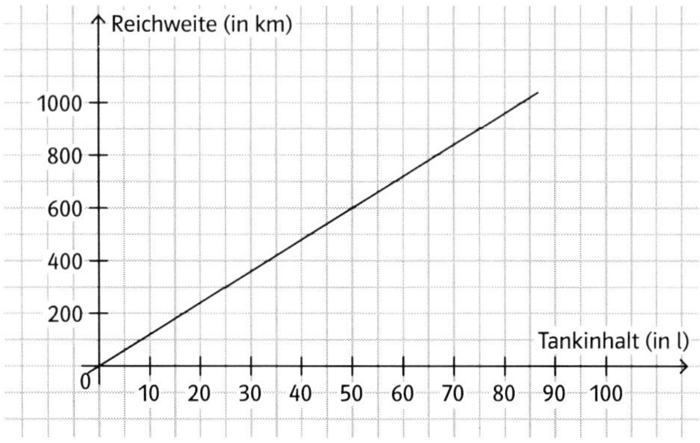

Mögliche Wertepaare:
(5 | 60), (10 | 120), (20 | 240), (30 | 360), (40 | 480)
Wenn Herr Wassenberg energiesparender fährt, würde die Gerade etwas weniger stark ansteigen.

Seite 35

7 Beim 2. Mal werden 96 Nüsse aufgeteilt. Jedes Kind bekommt jetzt 24 Nüsse.

8 a) Ein Bagger schafft pro Tag 60 cm³. Drei Bagger schaffen pro Tag 180 cm³. Für 900 cm³ sind also 5 Tage notwendig.
b) Ein Bagger würde für 1200 m³ Erde 24 Tage brauchen, also für 2000 m³ 40 Tage. Es müssen 5 Bagger eingesetzt werden.

9 a) Kältester Tag: 3.1.
Wärmster Tag: 12.1. und 13.1.
b) Näherungslösung (in Stunden):
$(0{,}3 + 4{,}6 + 0{,}7 + 0{,}4 + 3{,}0 + 4{,}5 + 2{,}8 + 0{,}6 + 0{,}3 + 0{,}3 + 1{,}2 + 6{,}6 + 5{,}9 + 4{,}0 + 1{,}7 + 5{,}2 + 5{,}4) : 31 \approx 1{,}5$
Im Durchschnitt gab es also 1,5 h Sonne pro Tag.
c) individuelle Lösung
Beispiele: Durchschnittliche Niederschlagsmenge in der ersten / letzten Januarwoche, größte Differenz zwischen Tagesminimum und -maximum der Temperatur, Vergleich der gesamten Niederschlagsmenge in der ersten und der letzten Januarwoche, Anzahl der niederschlagsfreien Tage.
d) individuelle Lösung

10 a) Das Gefäß wird nach etwa 21,4 min überlaufen.
b) Wenn aus dem Wasserhahn die dreifache Wassermenge in gleicher Zeit tropft, würde das Gefäß nach etwa 7,1 min überlaufen.
c) Das Gefäß würde nach 10,7 min überlaufen.

11 a)

Winkelgröße (in Grad)	10	20	30	45	60
Länge des Balkens (in m)	6,1	6,4	6,9	8,5	12,0

b)

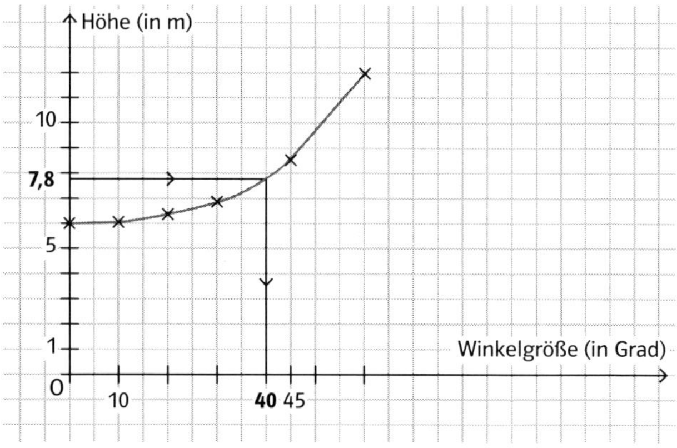

Da jeder Anstellwinkel zwischen 0° und 60° möglich ist, ist es sinnvoll, die Punkte zu verbinden.
Der 7,8 m lange Balken schließt mit der Mauer einen Winkel von ca. 40° ein.
c) Der Balken wird immer länger, bei 90° wäre er unendlich lang, das geht nicht.

Exkursion: Uhren

Seite 36

1 Wenn die Sonnenuhr richtig ausgerichtet ist, überstreicht der Schatten des Stabes jede Stunde einen Winkel von 360° : 24 = 15°. Die Messung kann natürlich nur vorgenommen werden, wenn die Sonne scheint.

2 Der Kompass ist dazu da, das Zifferblatt einzunorden, also den Himmelsrichtungen entsprechend auszurichten. Als Orientierung dient dabei, dass die Sonne um 12 Uhr genau im Süden steht.

Seite 37

3 a) Aus einer Flasche tropft eine Flüssigkeit in ein Gefäß mit einer Skala. An der Füllhöhe im unteren Gefäß kann man die Zeit ablesen. Der Zeit wird der Flüssigkeitsstand im Gefäß zugeordnet.
b) In einem Glasgefäß rieselt feiner Sand von dem oberen Teil durch eine Verengung in den unteren Teil. Der Zeit wird die Höhe des Sandes in einem der Gefäßteile zugeordnet.
c) Da die Kerze gleichmäßig abbrennt, lässt sich an der angebrachten Skala die Zeit ablesen. Der Zeit wird die Höhe der Kerze zugeordnet.

4 individuelle Lösung

5 a)

Zeit (in min)	10	20	30	40	50	60
Ölverbrauch (in cm^3)	4,5	9	13,5	18	22,5	27

Zeit (in min)	70	80	90	100	110	120
Ölverbrauch (in cm^3)	31,5	36	40,5	45	49,5	54

Insgesamt befinden sich $3\,cm \cdot 3\,cm \cdot 6\,cm = 54\,cm^3$ Öl im Gefäß. Nach 120 min ist die Ölmenge vollständig verbraucht.
b) Bei $9\,cm^2$ Grundfläche sinkt der Ölspiegel in 40 min um 2 cm (vgl. Teilaufgabe a)), in 10 min also um 0,5 cm = 5 mm. Die Zuordnung *Höhendifferenz je 10 min (in mm)* → *Grundfläche (in cm^2)* ist antiproportional.

Höhendifferenz je 10 min (in mm)	1	2	5	10
Grundflächeninhalt (in cm^2)	45	22,5	9	4,5

Je kleiner der Grundflächeninhalt ist, desto genauer kann die Zeit abgelesen werden, da die Höhendifferenz dann größer ist. Von den aufgeführten Möglichkeiten ist bei einer $4,5\,cm^2$ großen Grundfläche die genaueste Ablesung möglich.
c) Zunächst muss überlegt werden, wie groß die Kantenlänge der Grundfläche ist. Der Flächeninhalt eines Quadrats der Kantenlänge a beträgt $a \cdot a$. Man sucht also eine Zahl, die mit sich selbst multipliziert 4,5 ergibt. Wegen $2 \cdot 2 = 4$ und $3 \cdot 3 = 9$ könnte man es mit 2,5 versuchen: $2,5 \cdot 2,5 = 6,25$. Die gesuchte Zahl muss also kleiner als 2,5 sein. Durch Probieren findet man heraus, dass 2,1 gut passt: $2,1 \cdot 2,1 = 4,41$. Die Kantenlänge der Grundfläche beträgt also etwa 2,1 cm.
Über die Höhe der Öluhr und des Ölstandes zu Beginn ist nichts gesagt. Es wird für die Zeichnung eine Höhe der Öluhr von 7 cm und des Ölstandes zu Beginn von 6 cm angenommen. Die folgende Zeichnung ist im Maßstab 1:2 erstellt.

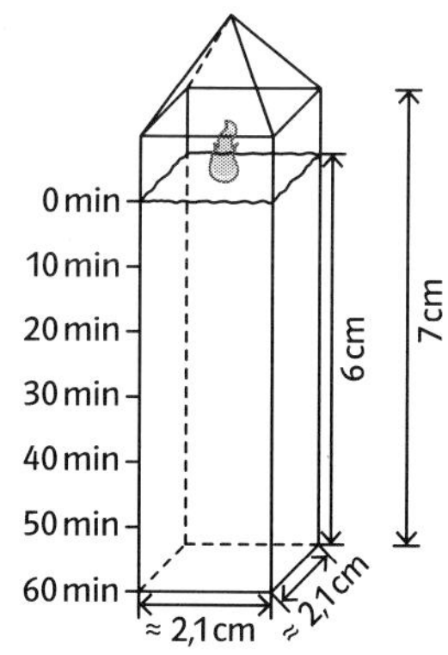

6 a)

Brenndauer (in h)	0	0,5	1	1,5	2	2,5	3	$3\frac{1}{3}$
Abbrand (in cm)	0	3	6	9	12	15	18	20

b)

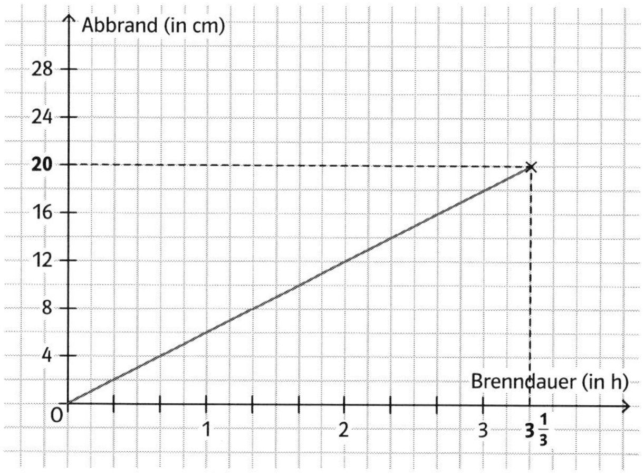

Es handelt sich um eine proportionale Zuordnung.
c) Nach 1,5 Stunden = 90 Minuten wird die Kerze 9 cm, nach 40 Minuten 4 cm abgebrannt sein.
d) Nach 3 Stunden und 20 Minuten ist die Kerze vollständig abgebrannt.

II Winkel, Dreieck und Vierecke

Lösungshinweise zu den Erkundungen

Seite 42

Winkelbeziehungen erforschen
Mit dieser Erkundung kann man sämtliche zentralen Inhalte aus Lerneinheit 1 und 2 (außer den mathematischen Fachbegriffen) selbstständig erarbeiten.

Seite 43

Flächeninhalte von Vielecken
Das blaue Dreieck lässt sich in zwei rechtwinklige Dreiecke zerlegen. Die Schnittkante h verläuft z. B. von der rechten Ecke zur linken Seite und zelegt diese in zwei Teile: Teil 1 ist 1 Kästchenlänge lang, Teil 2 ist 11 Kästchenlängen lang.
So erhält man zwei halbe Rechtecke mit dem Flächeninhalt „$\frac{1}{2} \cdot h \cdot 1$ Kästchenlänge" bzw. „$\frac{1}{2} \cdot h \cdot 11$ Kästchenlängen". Zusammen haben sie den Flächeninhalt „$\frac{1}{2}$ Länge der linken Dreiecksseite · Länge der Schnittkante".
Das gelbe Drachenviereck lässt sich entlang der Diagonalen in vier Dreiecke zerlegen. Diese lassen sich wieder zu einem Rechteck zusammensetzen. Als Flächeninhalt erhält man: „Länge der langen Diagonale · $\frac{1}{2}$ · Länge der kurzen Diagonale".
Das orangene Trapez ist symetrisch. Man kann es entlang der Symmetrieachse zerschneiden und so neu zusammenlegen, dass ein Rechteck entsteht. Dieses Rechteck hat den Flächeninhalt „$\left(\frac{1}{2}\right.$ · lange Parallele + $\frac{1}{2}$ · kurze Parallele$\left.\right)$ · Abstand der Parallelen".
Beim grünen Parallelogramm kann man z. B. ein rechtwinkliges Dreieck so abschneiden, dass die Schnittkante genau dem Abstand der Parallelen entspricht. Dieses Dreieck lässt sich auf der anderen Seite so anlegen, dass man ein Rechteck mit den Kanten „Länge einer Parallelen" und „Abstand der Parallelen" erhält.

1 Winkel an Geradenkreuzungen

Seite 44

Impuls
Die entstehenden Winkel sind aufgrund von parallelen Balken oftmals gleich groß (bzw. ihre Summe beträgt 180°).

Seite 45

1 Paare von Scheitelwinkeln:
α und δ; $(\beta + \gamma)$ und ε
Paare von Nebenwinkeln:
α und ε; ε und δ; $(\beta + \gamma)$ und δ bzw. β und $(\gamma + \delta)$;
α und $(\beta + \gamma)$ bzw. $(a + \beta)$ und γ

2 Mögliche Lösung:
a) γ und der gegebene Winkel sind Scheitelwinkel und daher gleich groß. Also gilt: $\gamma = 35°$.
β und γ sind Nebenwinkel und ergänzen sich somit zu 180°. Also gilt: $\beta = 180° - \gamma = 145°$.
α und β sind Scheitelwinkel und sind daher gleich groß. Also gilt: $\alpha = 145°$.
b) α und der gegebene 80°-Winkel (links) sind Scheitelwinkel. Daher gilt: $\alpha = 80°$.
β und α sind Nebenwinkel, also gilt $\beta = 180 - \alpha = 100°$.
γ und β sind Scheitelwinkel. Daher gilt: $\gamma = \alpha = 100°$
β' und der gegebene 80°-Winkel (rechts) sind Scheitelwinkel. Daher gilt: $\beta' = 80°$.
α' und β' sind Nebenwinkel. Daher gilt:
$\alpha' = 180° - \beta' = 100°$.
γ' und α' sind Scheitelwinkel, somit gilt: $\gamma' = \alpha' = 100°$
c) α und der gegebene 70°-Winkel sind Nebenwinkel. Also gilt: $\alpha = 180° - 70° = 110°$.
γ und α sind Scheitelwinkel. Also gilt: $\gamma = \alpha = 110°$
α, β und der gegebene 30°-Winkel ergänzen sich zu 180°. Somit gilt: $\beta = 180° - \alpha - 30° = 40°$.

Seite 46

3 a) (1)

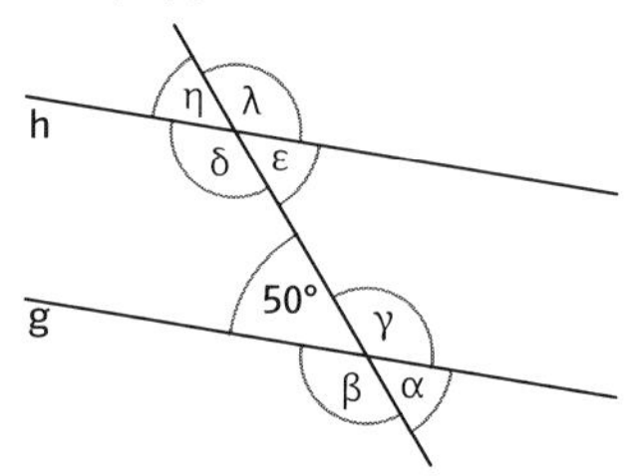

$\alpha = 50°$ (Scheitelwinkel)
$\beta = 180° - \alpha = 130°$ (Nebenwinkel)
$\gamma = \beta = 130°$ (Scheitelwinkel)
$\delta = \beta = 130°$ (Stufenwinkel)
$\lambda = \delta = 130°$ (Scheitelwinkel)
$\varepsilon = \alpha = 50°$ (Stufenwinkel)
$\eta = \varepsilon = 50°$ (Scheitelwinkel)
(2)

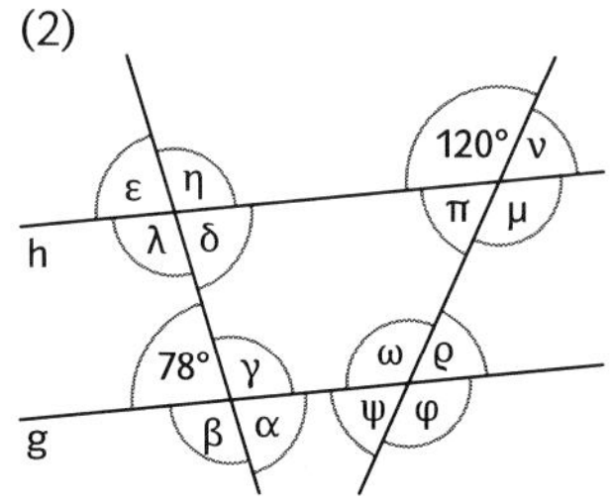

$\alpha = 78°$ (Scheitelwinkel)
$\beta = 180° - \alpha = 102°$ (Nebenwinkel)
$\gamma = \beta = 102°$ (Scheitelwinkel)
$\delta = \alpha = 78°$ (Stufenwinkel)
$\varepsilon = \delta = 78°$ (Scheitelwinkel)
$\lambda = \beta = 102°$ (Stufenwinkel)
$\eta = \lambda = 102°$ (Scheitelwinkel)
$\mu = 120°$ (Scheitelwinkel)
$\nu = 180° - \mu = 60°$ (Nebenwinkel)
$\pi = \nu = 60°$ (Scheitelwinkel)
$\varphi = \mu = 120°$ (Stufenwinkel)
$\omega = \varphi = 120°$ (Scheitelwinkel)
$\varrho = \nu = 60°$ (Stufenwinkel)
$\psi = \varrho = 60°$ (Scheitelwinkel)

(3)

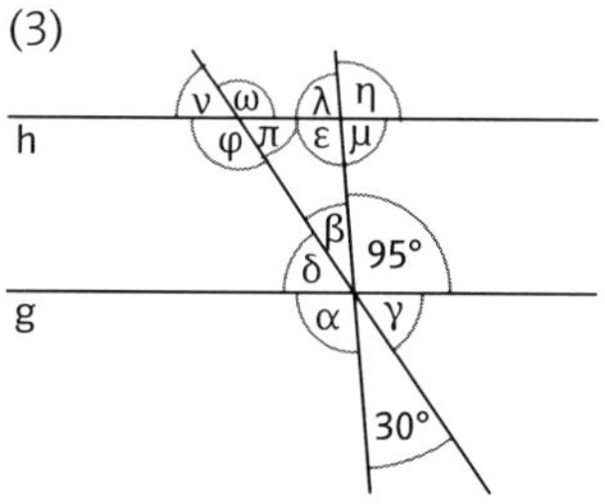

$\alpha = 95°$ (Scheitelwinkel)
$\beta = 30°$ (Scheitelwinkel)
$\gamma = 180° - 95° - 30° = 55°$ (Nebenwinkel)
$\delta = \gamma = 55°$ (Scheitelwinkel)
$\varepsilon = \alpha = 95°$ (Stufenwinkel)
$\eta = \varepsilon = 95°$ (Scheitelwinkel)
$\mu = 180° - \varepsilon = 85°$ (Nebenwinkel)
$\lambda = \mu = 85°$ (Scheitelwinkel)
$\pi = \gamma = 55°$ (Stufenwinkel)
$\nu = \pi = 55°$ (Scheitelwinkel)
$\varphi = 180° - \pi = 125°$ (Nebenwinkel)
$\omega = \varphi = 125°$ (Scheitelwinkel)
b) individuelle Lösung

4 a) Der Nebenwinkel des 109° großen Winkels ist 71°. Dieser Winkel ist Stufenwinkel zu beiden 70° großen Winkeln. Deshalb sind weder g und h noch die anderen beiden Geraden parallel.
b) Die Winkel 56,4° und 57° sind Wechselwinkel. Deshalb sind die Geraden g und h nicht parallel.
c) individuelle Lösung

5 a) $\gamma = \alpha = 32°$ (Stufenwinkel)
$\beta = 90° + \alpha'$ mit α' Stufenwinkel (wenn man die zweite Horizontale von unten nach links verlängert)
$\Rightarrow \beta = 122°$; $\delta = 122°$ (analog)
b) $\beta = 90° + \alpha$ (s. a))
$\Rightarrow \alpha = \beta - 90° = 27°$; $\gamma = \alpha = 27°$
$\delta = 90° + \gamma$ (bzw. $\delta = \beta$) $\Rightarrow \delta = 117°$

8 a) Alle vier Winkel am Schnittpunkt sind 90° groß.

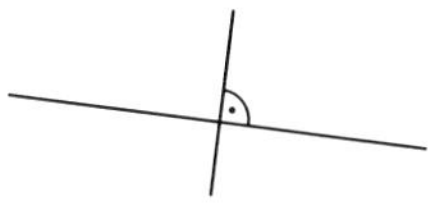

b) Der größere Winkel ist 97,5° groß, sein Nebenwinkel 82,5°.

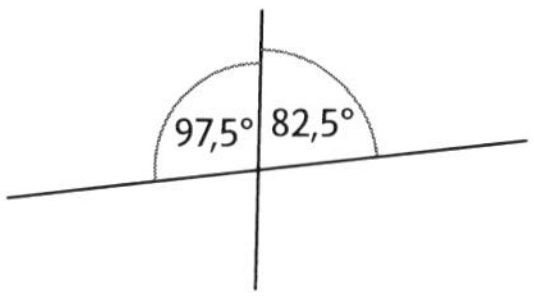

c) Der Winkel α und sein Nebenwinkel β zusammen ergeben 180°. Wenn α viermal so groß wie β ist, dann ist α vier Fünftel von 180°:
$\alpha = \frac{4}{5} \cdot 180° = 144°$; $\beta = 36°$.

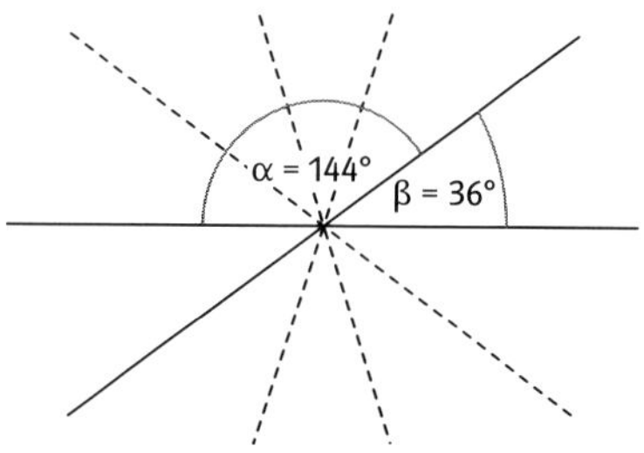

d) Der Scheitelwinkel α hat einen Anteil am gestreckten Winkel und der Nebenwinkel β hat drei Anteile davon. Deshalb gilt $\alpha = 180° : 4 = 45°$; der Nebenwinkel beträgt 135°.

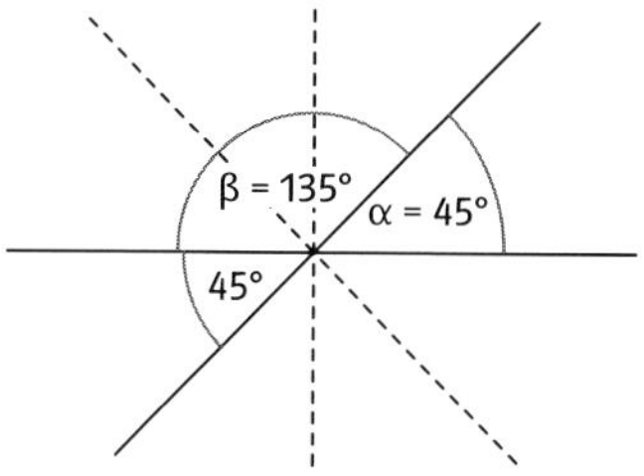

Seite 47

9 Auch α′ ist ein Nebenwinkel zu β. Daher gilt $\beta = 180° - \alpha'$. Da aber auch gilt $\beta = 180° - \alpha$, muss $\alpha = \alpha'$ gelten.

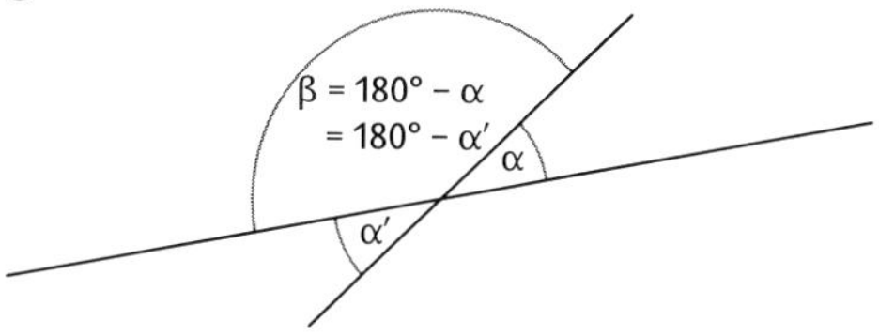

10 a) $\frac{\beta}{2}$ ist Nebenwinkel zu γ, also gilt
$\frac{\beta}{2} = 180° - 108° = 72°$.
Damit gilt $\beta = 144°$. α ist als Nebenwinkel zu β 36° groß.
b) Die beiden Winkelhalbierenden schließen den Winkel $\frac{\alpha}{2} + \frac{\beta}{2} = 18° + 72° = 90°$ ein.

11 a) Die Aussage ist wahr, denn die Winkelhalbierende des Winkels α ist auch die Winkelhalbierende des zugehörigen Scheitelwinkels von α.
b) Die Aussage ist falsch, denn die Winkelhalbierenden der beiden Nebenwinkel von α fallen zusammen.
c) Die Aussage ist wahr. Der Winkel α bildet mit seinem Nebenwinkel β zusammen einen 180°-Winkel. Die zugehörigen Winkelhalbierenden halbieren jeweils die Winkelgröße von α und β. Deshalb bilden die Winkelhalbierenden zueinander einen Winkel von 90°.

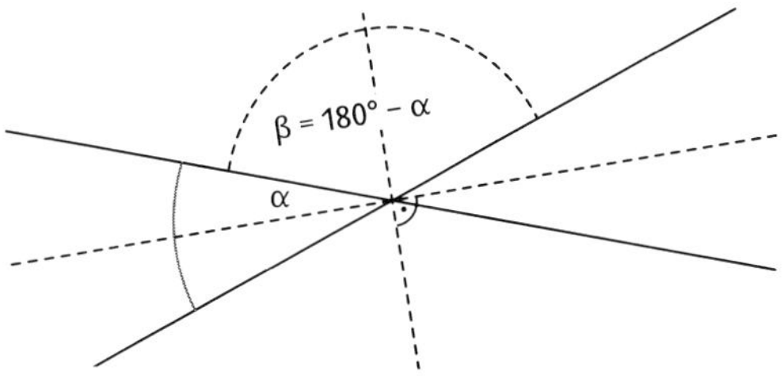

12 a) Falsch. Mann kann den Winkel α ändern (Gerade drehen), ohne dabei γ zu verändern.
b) Falsch. Die beiden Winkel sind Nebenwinkel. Sie sind zusammen 180° groß. Das bedeutet aber nicht, dass jeder der beiden Winkel 90° groß sein muss.
c) Wahr. Die Winkel sind Nebenwinkel.
d) Falsch. Wenn man die rechte rote Gerade dreht, wird μ größer, ε ändert sich nicht.
e) Falsch. In der Skizze sieht man, dass γ ein stumpfer Winkel ist und $(\varepsilon + \eta)$ ist ebenfalls stumpf.
f) Wahr. $(\varepsilon + \eta)$ und γ sind Stufenwinkel.

13 a)

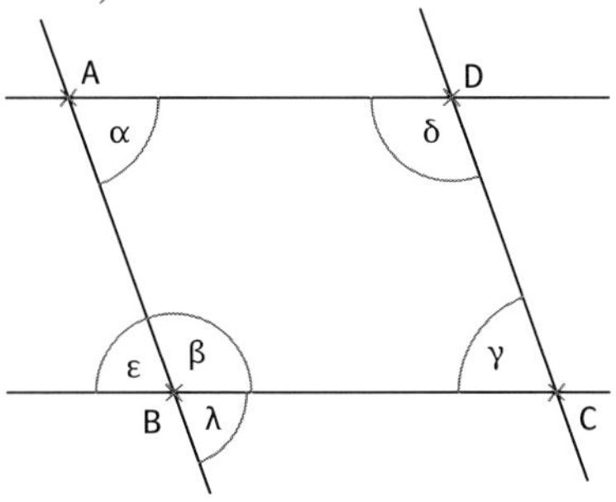

α ist Stufenwinkel zu λ, λ ist Scheitelwinkel zu ε und ε ist Stufenwinkel zu γ. Das bedeutet $\alpha = \gamma$.
δ ist Stufenwinkel zum Nebenwinkel von γ, der Nebenwinkel von γ ist Stufenwinkel zum Scheitelwinkel von β. Damit ist $\delta = \beta$.
b) (1) ist sicher kein Parallelogramm. Der Nebenwinkel des 65° großen Winkels ist 115° groß. Er ist ein Stufenwinkel zum 114° großen Winkel.
(2) könnte ein Parallelogramm sein. Der Winkel rechts unten ist Nebenwinkel des 80° großen Winkels, also 100° groß. Die anderen beiden Winkel sind Stufen- bzw. Wechselwinkel zum 80°-Winkel. Wenn sie beide auch 80° groß sind, dann sind die Seiten paarweise parallel. Andernfalls ist (2) kein Parallelogramm.
(3) ist sicher kein Parallelogramm. Die beiden gegebenen Winkel sind Stufenwinkel.
(4) könnte ein Parallelogramm sein. Begründung wie (2).

14 a) Voraussetzungen:
1. Winkelpaar ist Wechselwinkelpaar;
2. Wechselwinkelpaar liegt an geschnittenen Parallelen;
Behauptung: Winkel des Winkelpaares haben die gleiche Größe;
b) z.B.: Wenn Wechselwinkel gleich groß sind, dann liegen sie an geschnittenen Parallelen. (wahr)
c) Wenn Stufenwinkel an geschnittenen Parallelen liegen, dann sind sie gleich groß.
Umkehrung:
1. Möglichkeit: Wenn zwei (gleich große) Winkel an geschnittenen Parallelen liegen, dann sind es Stufenwinkel. (falsch, können z.B. auch Wechselwinkel sein)
2. Möglichkeit: Wenn Stufenwinkel (an zwei geschnittenen Geraden) gleich groß sind, dann liegen sie an geschnittenen Parallelen (bzw. sind die geschnittenen Geraden parallel zueinander). (wahr)
d) individuelle Lösung, z.B.: Wenn ich unter der Dusche stehe, dann werde ich nass. (wahr)
Wenn ich nass werde, dann stehe ich unter der Dusche. (falsch)

Seite 48

15 a) Fig. 1 zeigt eine Zeichnung des Sachverhalts im Maßstab 1:10 (verkleinert). Die Gewichtsscheibe bewegt sich dabei auf einem Kreis um D mit Radius 10 cm in einem Winkelbereich von 10° hin und her. Den Gewichtsscheiben entsprechen Kreise mit einem Radius von 0,5 cm. Man zeichnet nun die Winkelhalbierende w des 10°-Winkels und bestimmt den Schnittpunkt M mit dem Kreis um D. Dann zeichnet man die Lotgerade durch die Mittelpunkte der Gewichtsscheiben auf die Winkelhalbierende w und bestimmt ihre Schnittpunkte E und F mit den kleinen Kreisen.
Der Abstand der Punkte E und F beträgt 2,74 cm.
Deshalb muss der Pendelkasten mindestens 27,4 cm breit sein.
b) Wenn der Pendelkasten 30 cm breit ist, muss man mit zwei Parallelen im Abstand von 1,5 cm beginnen und die Konstruktion aus Teilaufgabe a) „rückwärts" ausführen (Ergebnis s. Fig. 2). Das Pendel kann dann um 5,7° um den Aufhängepunkt schwingen.

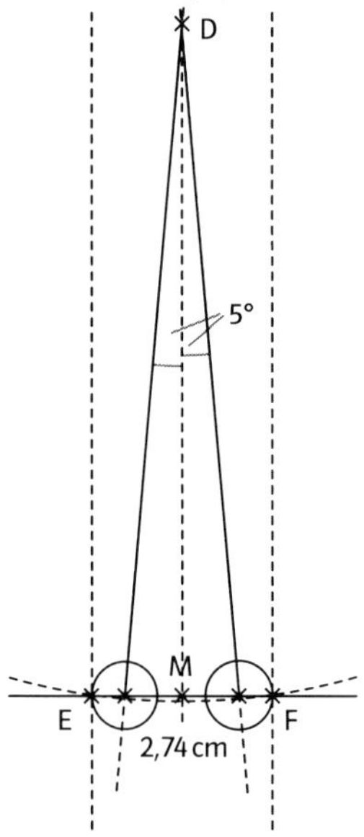

Fig. 1

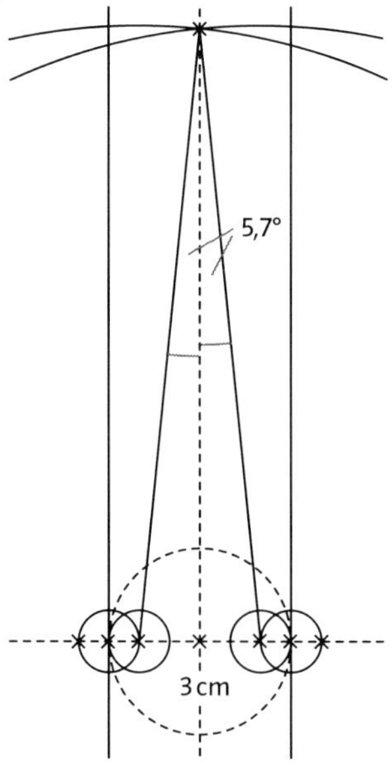

Fig. 2

16 a) Die Abbildung zeigt einen Ausschnitt der Allee im Maßstab 1:100 (verkleinert).

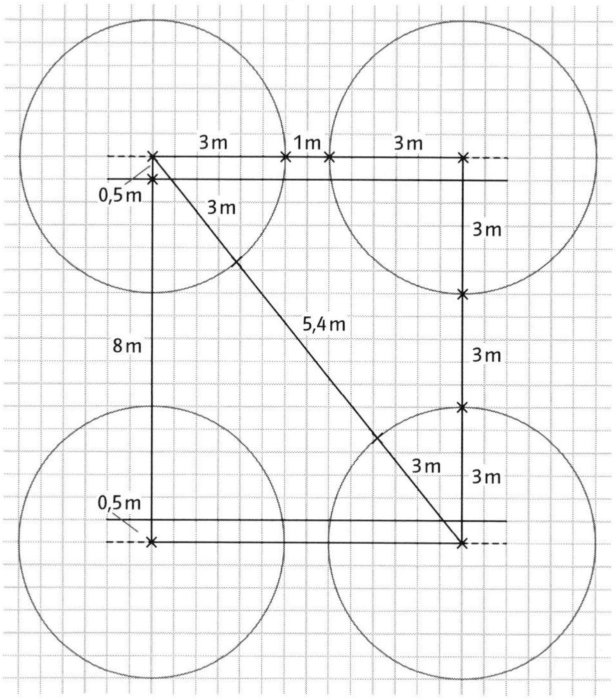

Man erkennt, dass der Sicherheitsabstand 1m auf den Verbindungslinien zwischen zwei Pflanzpunkten, die auf der gleichen Straßenseite liegen, eingehalten werden muss. Dann können die Bäume im Abstand von 7m gepflanzt werden.

b) Die Rechnung 150m:7m ergibt die Zahl 21,43. Es gibt also 21 Abschnitte à 7m. Das heißt, man kann auf jeder Seite 22 Bäume pflanzen. Die Ausbreitungsfläche der Bäume an den Rändern ragt dann jedoch über die 150m hinaus. Will man das vermeiden, dann kann man auf jeder Seite nur 21 Bäume pflanzen. Im ersten Fall betragen die Kosten $44 \cdot (80€ + 60€) = 6160€$. Im zweiten Fall $42 \cdot (80€ + 60€) = 5880€$.

17 a) Es wird angenommen, dass die Angel einen Drehpunkt D hat. Ergebnisse siehe Abbildung.

b) Die Hilfsgeraden bilden mit der Angelschnur einen rechten Winkel. Der Winkel zwischen der Hilfsgeraden und der Angelschnur ist ein Wechselwinkel zum 30°-Winkel bzw. 50°-Winkel.

Also gilt $30° + \beta = 90°$ und $50° + \beta' = 90°$. Ergebnis $\beta = 60°$ und $\beta' = 40°$.

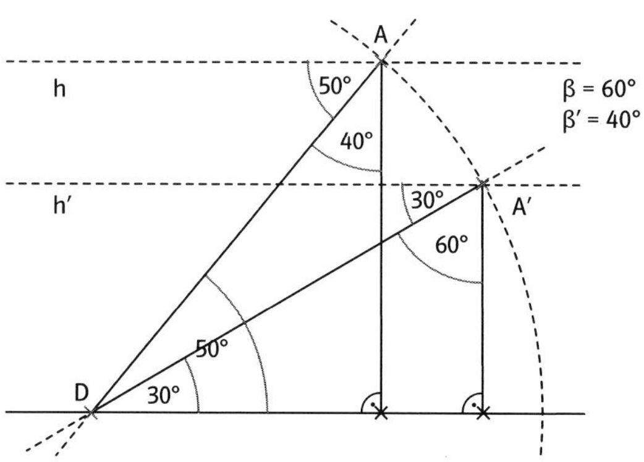

2 Winkelsummen

Seite 49

Impuls

Wenn man die Ecken abreißt, dann mit den Spitzen zusammen aneinander legt, sodass je zwei Winkelseiten aneinander liegen (vgl. rechtes Bild), dann ergibt sich der gestreckte Winkel von 180°.

Seite 50

1 a) $\gamma = 89°$

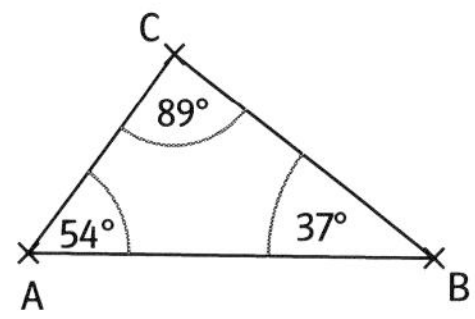

b) $\alpha = 80°$

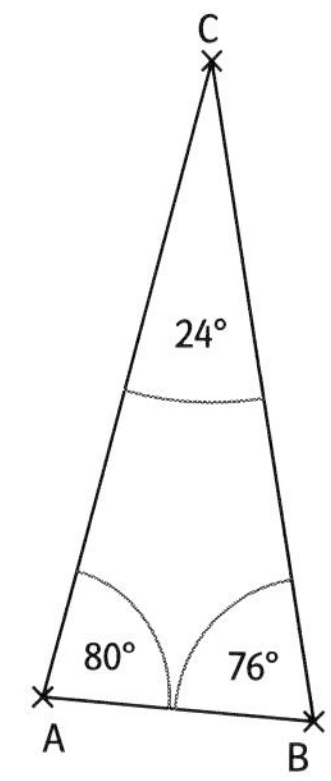

c) $\beta = 147°$

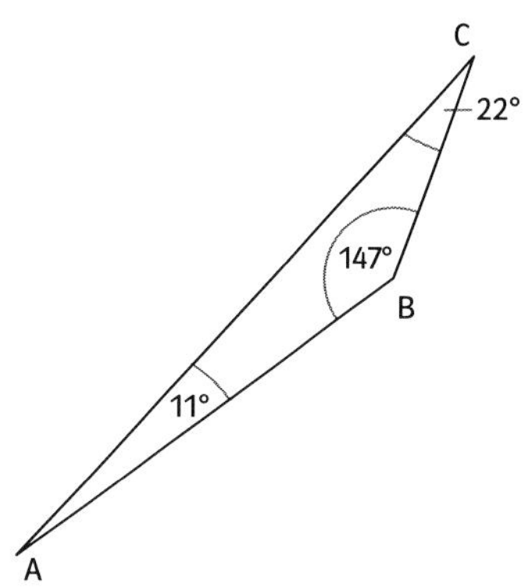

d) $\gamma = 90°$

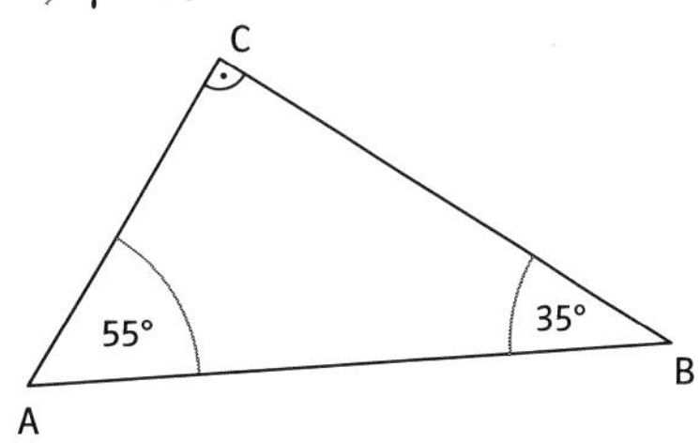

2 Die drei ursprünglichen Dreiecke hatten die folgenden Winkel:

Dreieck 1: $106° + 44° + 30° = 180°$;

Dreieck 2: $90° + 66° + 24° = 180°$;

Dreieck 3: $84° + 60° + 36° = 180°$.

3 a) Winkelsumme: 45° + 80° + 55° = 180°

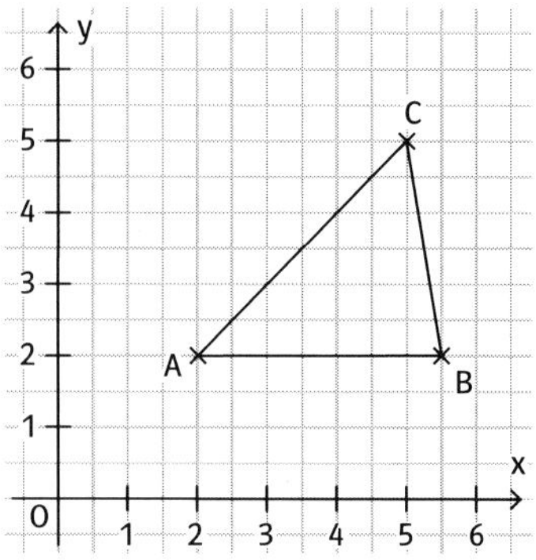

b) Winkelsumme: 60° + 55° + 65° = 180°

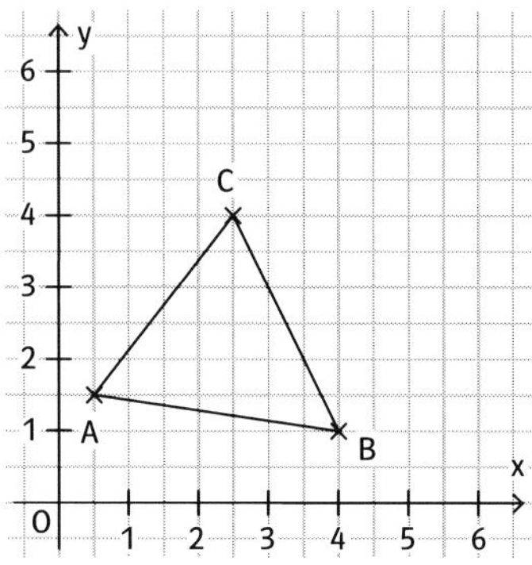

c) Winkelsumme: 122° + 31° + 27° = 180°

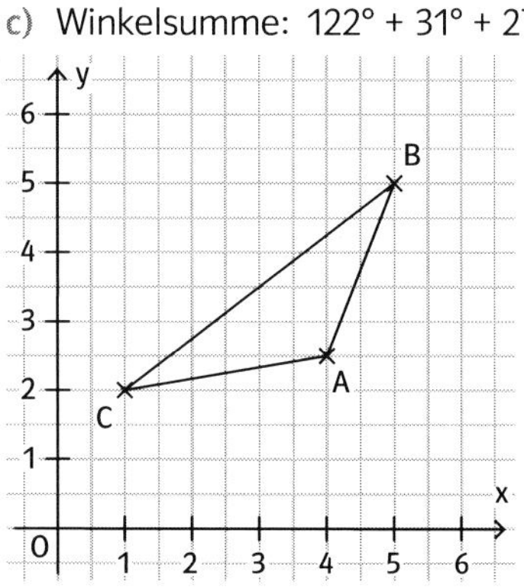

4 Mindestens zwei spitze Winkel. Wenn es nur einen spitzen Winkel gibt, dann ist die Summe der anderen beiden Winkel schon größer als 180°.
Höchstens einen rechten Winkel. Bei zwei rechten Winkeln bleibt für den dritten Winkel noch 0° übrig.

5 a) $\delta = 130°$ b) $\alpha = 130°$
c) $\beta = 148{,}8°$ d) $\beta = \gamma = \delta = 100°$

6 a)

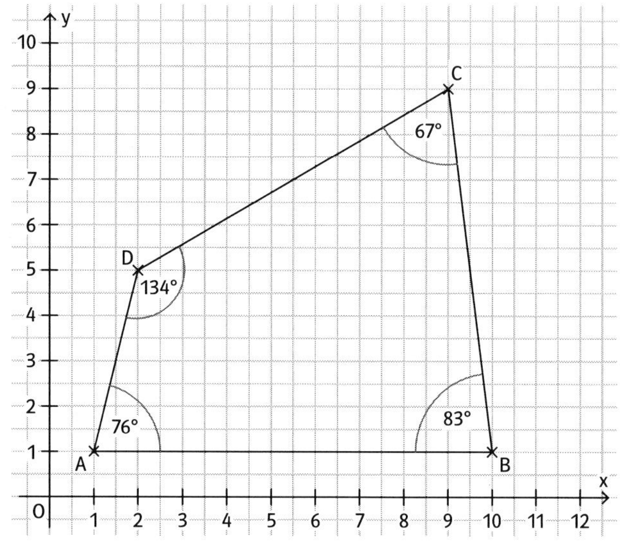

Winkelsumme: 76° + 83° + 67° + 134° = 360°

b)

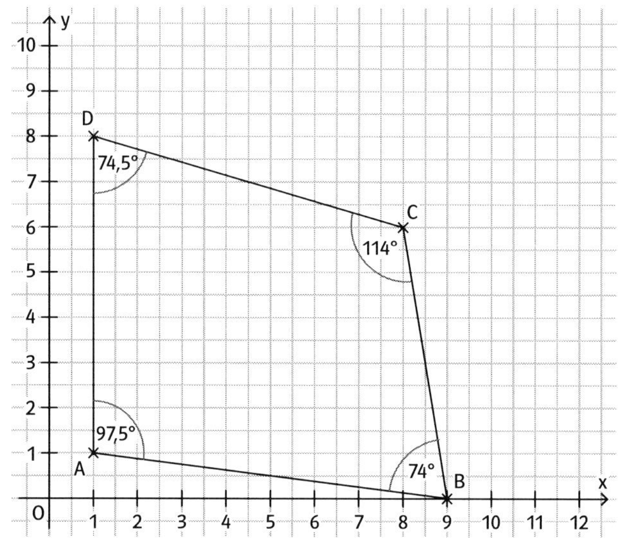

Winkelsumme: 97,5° + 74° + 114° + 74,5° = 360°

7 a) $\beta = \gamma = 67{,}5°$

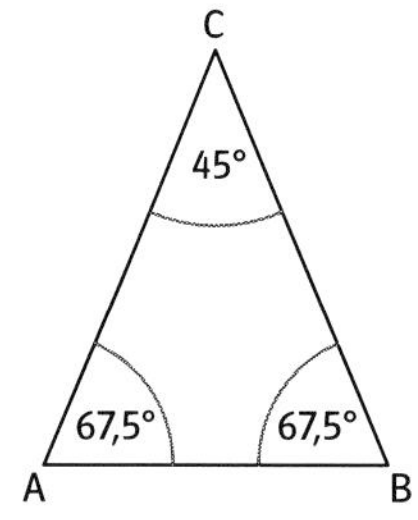

b) $\beta = \gamma = 45°$

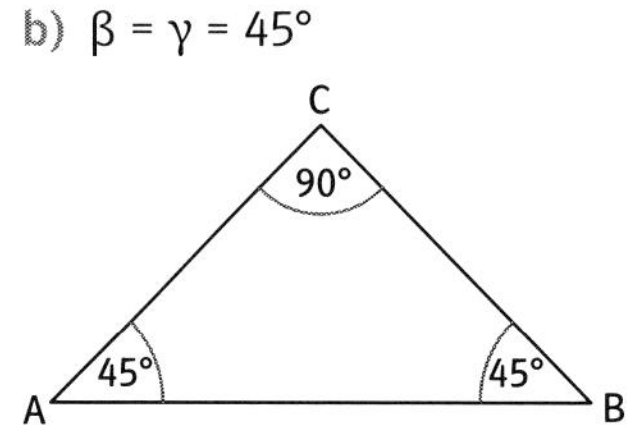

c) $\gamma = 110°$

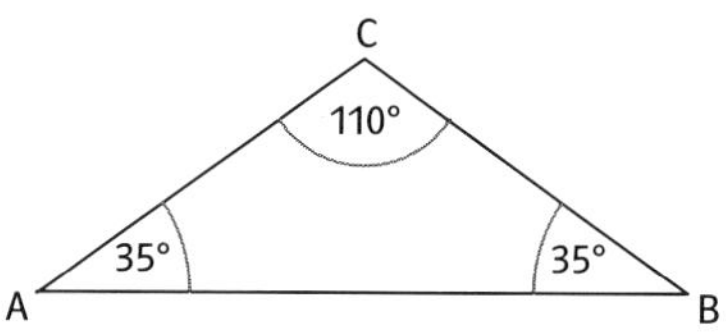

d) $\beta = 70°$

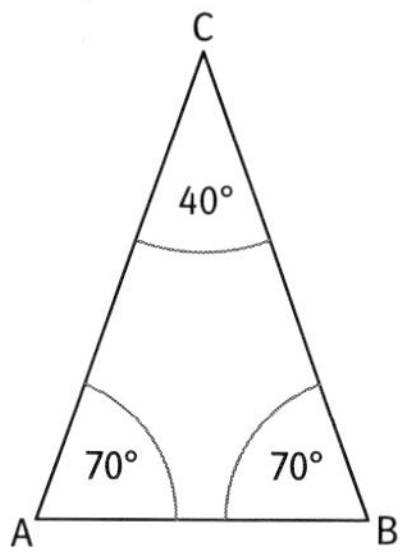

8 In einem gleichseitigen Dreieck gibt es drei Symmetrieachsen. Zwei Winkel, die nebeneinander liegen, sind deshalb immer gleich groß. Deshalb sind alle drei Winkel gleich. Aus dem Winkelsummensatz folgt dann, dass jeder die Größe 60° haben muss.

9 a) Konstruktionsbeschreibung:
1. Zeichne die Strecke $c = \overline{AB}$ der Länge 6 cm.
2. Trage an c in A den Winkel $\alpha = 90°$ an und in B den Winkel $\beta = 45°$.
3. Der Schnittpunkt der beiden freien Schenkel ist C.

Für γ gilt $\gamma = 180° - (90° + 45°) = 45°$ (Winkelsummensatz).
(Deshalb ist das Dreieck ABC gleichschenklig.)

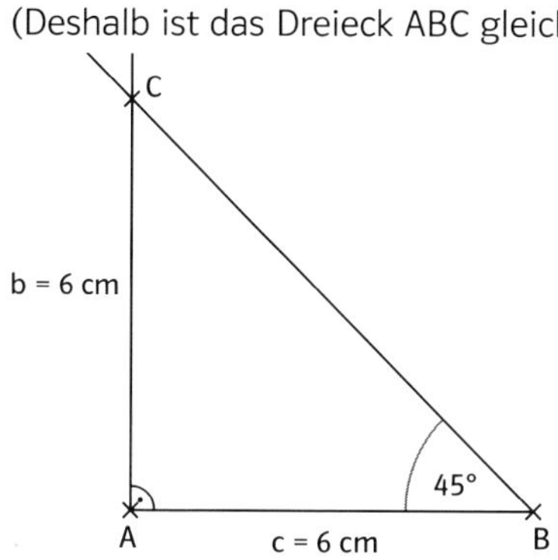

b) Konstruktionsbeschreibung:
1. Zeichne den Winkel γ der Größe 50° mit dem Scheitel C.
2. Trage auf den Schenkeln von γ die Strecken $a = \overline{BC}$ und $b = \overline{AC}$ mit gleicher Länge 5 cm ab.

Aus dem Winkelsummensatz folgt
$\alpha + \beta = (180° - \gamma) = 130°$.
Weil b und a gleich lang sind, ist das Dreieck gleichschenklig mit Basis c. Folglich sind α und β gleich groß und es gilt $\alpha = \beta = 65°$. (Das Dreieck ist gleichschenklig.)

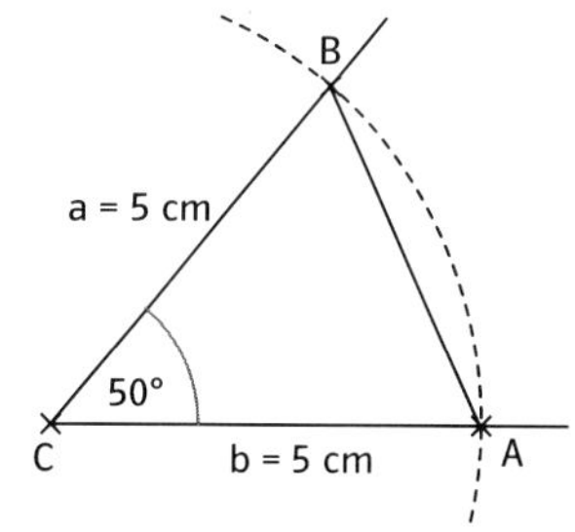

c) Alle drei Winkel sind gleich groß. Deshalb gilt $\alpha = \beta = \gamma = 60°$.
Konstruktionsbeschreibung:
1. Zeichne die Strecke $c = \overline{AB}$ mit der Länge 5 cm.
2. Trage an c in A bzw. B die 60°-Winkel α bzw. β an.
3. Beschrifte den Schnittpunkt der freien Schenkel mit C.

(Weil alle Winkel und Seiten gleich groß sind, ist das Dreieck gleichseitig.)

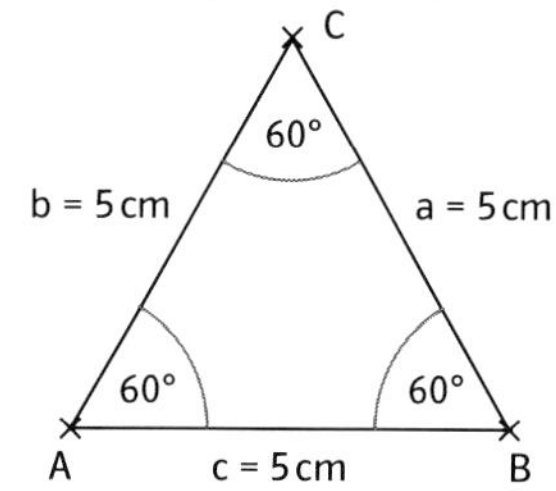

d) Konstruktionsbeschreibung:
1. Zeichne die Strecke $c = \overline{AB}$ mit der Länge 6 cm.
2. Trage an c in B den Winkel $\beta = 50°$ ab.
3. Zeichne um A einen Kreis mit Radius 6 cm.
4. Der Kreis hat mit dem freien Schenkel von β die Schnittpunkte B und C.

Weil die Strecken c und b gleich lang sind, ist das Dreieck ABC gleichschenklig. Der Punkt A ist die Spitze des Dreiecks. Deshalb gilt $\beta = \gamma = 50°$ und $\alpha = 80°$.

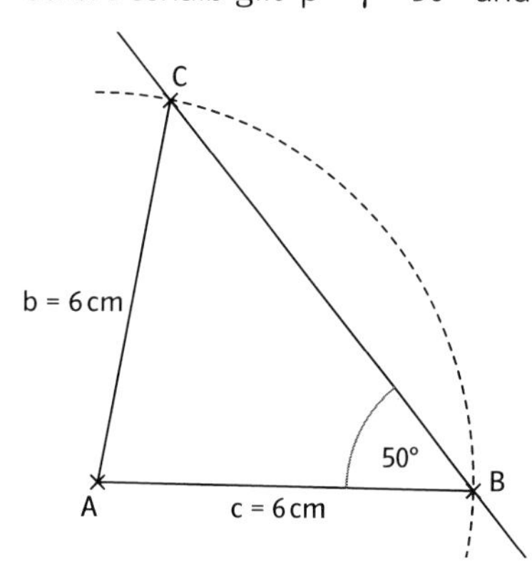

Seite 51

10 a) $\delta = 69°$ (Scheitelwinkel)
$\gamma = 180° - 30° - 69° = 81°$ (Winkelsumme im Dreieck)
$\varepsilon = 30°$ (Stufenwinkel an parallelen Geraden)
$\alpha = \varepsilon = 30°$ (Scheitelwinkel)
$\beta = \gamma = 81°$ (Stufenwinkel)

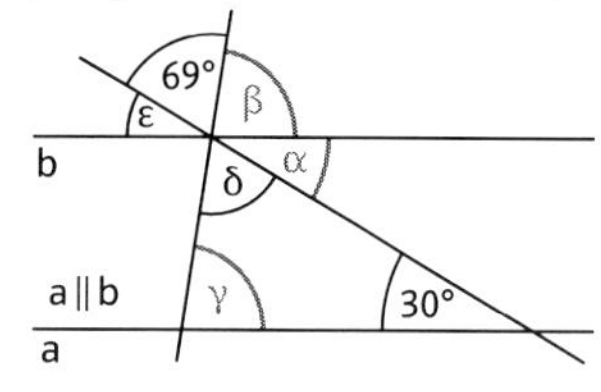

b) $\gamma = 180° - 54° - 54° = 72°$ (Winkelsumme im Dreieck)
$\beta' = 77°$ (Stufenwinkel an parallelen Geraden)
$\beta = 77°$ (Scheitelwinkel)
$\alpha = 180° - 54° - 77° = 49°$ (Winkelsumme im Dreieck)

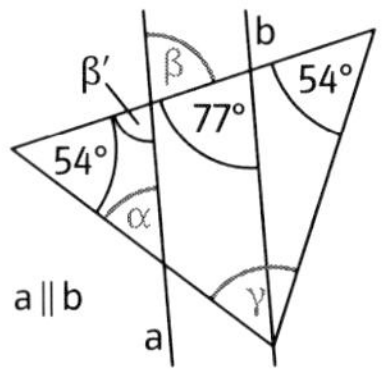

c) $\delta = 116°$ (Scheitelwinkel)
$\varepsilon = 112°$ (Scheitelwinkel)
$\beta = 360° - 39° - 112° - 116° = 93°$
(Winkelsumme im Viereck)
$\lambda = 180° - 112° = 68°$ (Nebenwinkel)
$\eta = 180° - 116° = 64°$ (Nebenwinkel)
$\eta' = \lambda' = 180° - 93° = 87°$ (Nebenwinkel)
$\alpha = 180° - 64° - 87° = 29°$ (Winkelsumme im Dreieck)
$\gamma' = 180° - 68° - 87° = 25°$ (Winkelsumme im Dreieck)
$\gamma = 180° - 25° = 155°$ (Nebenwinkel)

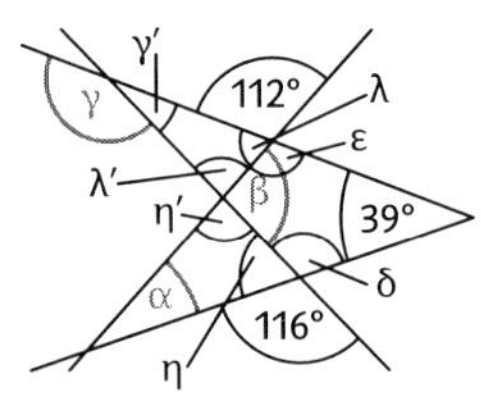

11 a) $\gamma = 96°$; $\delta = 60°$
b) $\beta = 100°$; $\gamma = 50°$

12 a) $\gamma = 71°$ (gleichschenkliges Dreieck mit Spitze bei A)
b) $\alpha = 90°$ (rechtwinkliges Dreieck)
c) Es gilt $\alpha + \gamma = 204°$. Die Summe zweier Winkel muss kleiner sein als 180°. Ein Dreieck mit diesen Angaben gibt es nicht.
d) $\alpha = 60°$ (gleichseitiges Dreieck)
e) $\gamma = 120°$ (gleichschenkliges und stumpfwinkliges Dreieck mit Spitze bei C)
f) $\alpha = \beta = 45°$ (rechtwinkliges, gleichschenkliges Dreieck mit Spitze bei C)
g) Mit $\alpha = 56°$ und $\alpha = \beta = \gamma$ müsste gelten
$\alpha + \beta + \gamma = 168°$, was nach dem Winkelsummensatz nicht sein kann. Ein Dreieck mit diesen Eigenschaften existiert nicht.
h) Es gilt $\alpha + \gamma = 180°$. Deshalb müsste $\beta = 0°$ sein. Ein solches Dreieck gibt es nicht.

15

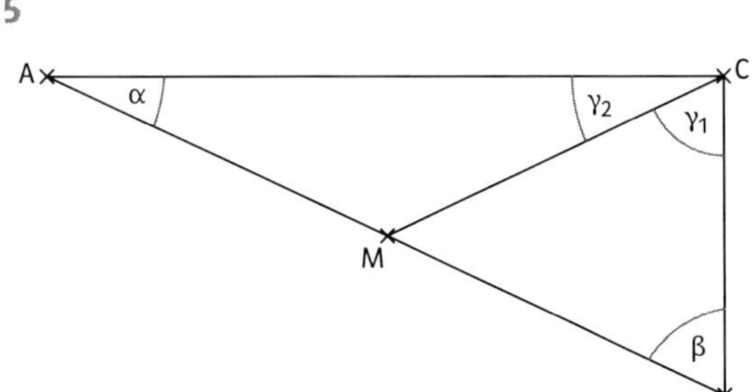

a) Da M Mittelpunkt der Strecke $\overline{AB}$ ist, gilt $\overline{AM} = \overline{MB}$.
$\overline{MC} = \frac{1}{2} \cdot \overline{AB}$, damit gilt: $\overline{AM} = \overline{MB} = \overline{MC}$.

Die Dreiecke AMC und BCM sind also beide gleichschenklig.
Damit gilt: $\gamma_1 = \beta$ und $\gamma_2 = \alpha$.
Außerdem ist $\gamma = \gamma_1 + \gamma_2 \Rightarrow \gamma = \alpha + \beta$
$\alpha + \beta + \gamma = 180°$ (Winkelsummensatz im Dreieck ABC)
$\Rightarrow 2 \cdot (\alpha + \beta) = 180° \Rightarrow \alpha + \beta = 90°$
Somit ist $\gamma = \alpha + \beta = 90°$ und $\alpha = 90° - 68{,}5° = 21{,}5°$.
b) In Teilaufgabe a) wurde gezeigt, dass $\alpha + \beta = 90°$ sein muss und zwar unabhängig von der Größe des Winkels β.
Daraus folgt $\gamma = 90°$.
Also liegt bei γ immer ein rechter Winkel vor.

16 Die Dreiecke haben die gleiche Form. Das Dreieck A'B'C' ist eine Vergrößerung des Dreiecks ABC. Wenn man die Dreiecke wie in der Zeichnung anordnet, sind die Seiten $\overline{BC}$ und $\overline{B'C'}$ parallel; denn die Winkel an den Ecken C und C' sind Stufenwinkel und damit gleich groß.

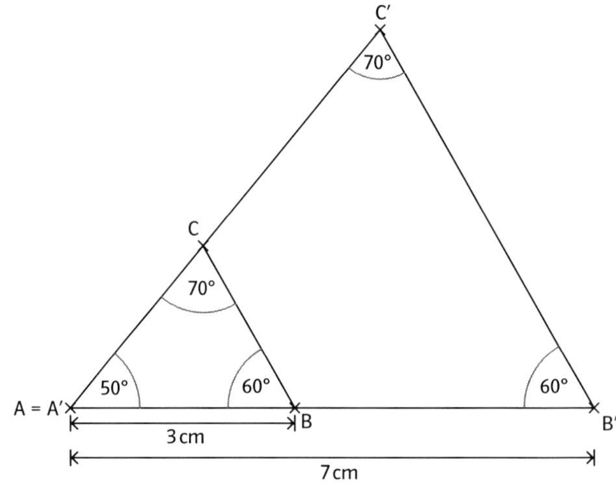

17 a) $\beta = 180° - 50° = 130°$;
$\delta = 360° - 70° - 130° - 60° = 100°$
b) $\gamma = 180° - 60° = 120°$; $\delta = 360° - 110° - 58° - 120° = 72°$
c) $\alpha = 180° - 100° = 80°$; $\gamma = 180° - 80° = 100°$;
$\delta = 360° - 80° - 105° - 100° = 75°$
d) $\alpha = 140°$; $\beta = 180° - 130° = 50°$; $\gamma = 180° - 70° = 110°$;
$\delta = 360° - 140° - 50° - 110° = 60°$

Seite 52

18 a) Dieses Viereck ist achsensymmetrisch. Die Symmetrieachse verläuft durch die Mittelpunkte der Strecken $\overline{AB}$ und $\overline{CD}$. (Auf Seite 56 des Schülerbuches lernt man, dass dieses Viereck gleichschenkliges Trapez heißt.) Durch die Achsensymmetrie weiß man, dass $\beta = 45°$ und $\gamma = \delta$
gelten muss. Mit dem Winkelsummensatz im Viereck kann man berechnen:
$\gamma = \delta = (360° - 45° - 45°) : 2 = 135°$.
b) Es handelt sich bei diesem Viereck um die gleiche Vierecksart wie in Teilaufgabe a). Also gilt $\delta = 100°$ und
$\alpha = \beta = (360° - 100° - 100°) : 2 = 80°$.
c) Dieses Viereck ist ein Parallelogramm. Gegenüberliegende Winkel haben die gleiche Größe. Damit gilt
$\gamma = 55°$ und $\beta = \delta = (360° - 55° - 55°) : 2 = 125°$.
d) Es handelt sich bei diesem Viereck wie in Teilaufgabe c) um ein Parallelogramm. Folglich gilt $\alpha = 105°$ und
$\beta = \delta = (360° - 105° - 105°) : 2 = 75°$.

e) Dieses Viereck ist achsensymmetrisch zur Symmetrieachse $\overline{AC}$. (Es handelt sich um einen Drachen.) Also gilt $\delta = 120°$. Über die Winkelsumme im Viereck lässt sich γ berechnen:
$\gamma = 360° - 120° - 40° - 120° = 80°$.
f) Es handelt sich bei diesem Viereck um die gleiche Vierecksart wie in Teilaufgabe e). Damit lässt sich folgern: $\beta = 95°$ und $\alpha = 360° - 95° - 32° - 95° = 138°$.
g) Auch bei diesem Viereck handelt es sich um die gleiche Vierecksart wie in Teilaufgabe e). Die Symmetrieachse ist hier $\overline{BD}$. Somit muss gelten:
$\alpha = \gamma = (360° - 50° - 280°) : 2 = 15°$.
h) Bei diesem Viereck handelt es sich um die gleiche Vierecksart wie in Teilaufgabe e) mit der Symmetrieachse $\overline{AC}$. Durch die Symmetrieeigenschaft weiß man, dass $\delta = 36°$ sein muss. γ kann man mithilfe der Winkelsumme im Viereck berechnen: $\gamma = 360° - 36° - 48° - 36° = 240°$.

19 a) Der Mittelpunktswinkel α beträgt $360° : 5 = 72°$. Der Innenwinkel β beträgt $180° - 72° = 108°$.
b) Konstruktionsbeschreibung:
1. Zeichne ein gleichschenkliges Dreieck ABM mit der Basis $\overline{AB} = 5\,cm$ und den Basiswinkeln 54°.
2. Zeichne einen Kreis um die Spitze M durch die Endpunkte der Basis.
3. Trage dann den Winkel an der Spitze noch viermal wiederholt an.
4. Verbinde die Schnittpunkte der freien Winkelschenkel mit dem Kreis miteinander.

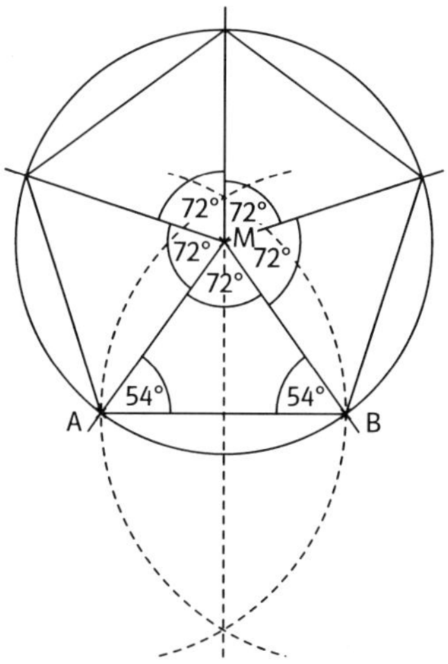

c) Konstruktionsbeschreibung:
1. Zeichne einen Kreis mit Radius 6 cm und Mittelpunkt M.
2. Zeichne im Punkt M einen Winkel der Größe 72° und bestimme die Schnittpunkte der Schenkel mit dem Kreis. Trage die Basis des Dreiecks noch viermal auf dem Kreis ab.

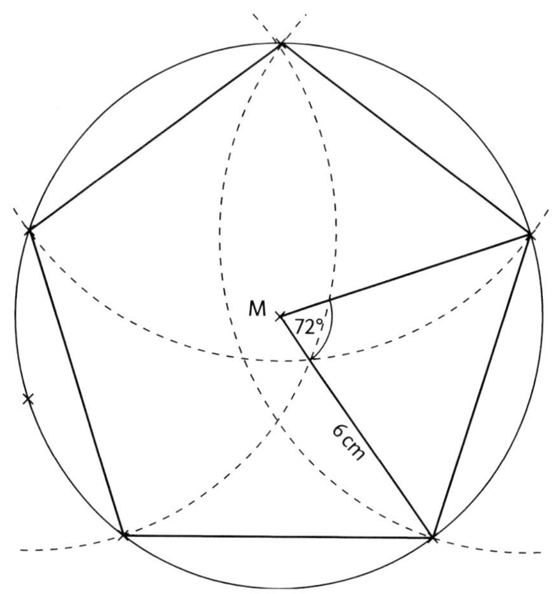

d) Ein Sechseck hat den Mittelpunktswinkel $\alpha = 60°$.
Ein Achteck hat den Mittelpunktswinkel $\alpha = 45°$.
Ein 12-Eck hat den Mittelpunktswinkel $\alpha = 30°$.
Die Zeichnung erstellt man wie in Aufgabenteil c).
e) Mittelpunktswinkel beim n-Eck: $\alpha = 360° : n$
Innenwinkel $\beta = 2 \cdot (180° - \alpha) : 2$ oder
$\beta = 180° - \alpha = 180° - \frac{360°}{n}$

20 a) Ein Fünfeck kann man mit zwei Verbindungsstrecken von einem Punkt aus in drei Dreiecke unterteilen. Deshalb ist die Winkelsumme im 5-Eck 3-mal 180°, also 540° groß. Mit den gleichen Überlegungen erhält man im Sechseck die Winkelsumme 4-mal $180° = 720°$.
b) In dem Term $180° \cdot (n - 2)$ bedeutet n die Anzahl der Ecken eines Vielecks.
c) Zieht man von einer Ecke eines n-Ecks die Verbindungsstrecken zu den anderen Punkten, so entstehen insgesamt n − 2 Dreiecke, die das Vieleck zusammensetzen.

21 Leon hat die Verbindungsstrecken nicht alle vom gleichen Ausgangspunkt aus gezogen. Dadurch ergeben sich Überschneidungen. Nicht alle Winkel der Dreiecke sind auch Winkel des Fünfecks. α, β, γ und δ wurden fälschlicherweise in die Winkelsumme des Fünfecks mit einberechnet. (Man kann Leons Rechnung korrigieren, indem man α, β, γ und δ wieder von seinem Ergebnis abzieht: $900° - \alpha - \beta - \gamma - \delta = 900° - 360° = 540°$.)

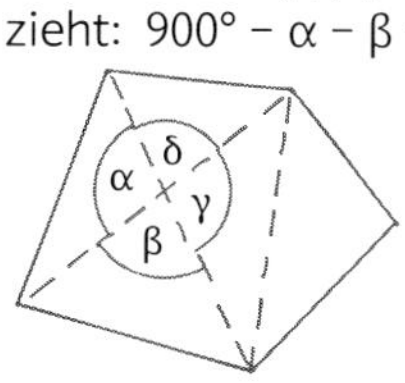

22 Bei dem Vieleck handelt es sich um ein Zehneck. Aus Aufgabe 24 c) wissen wir, dass die Winkelsumme darin $180° \cdot (10 - 2) = 1440°$ beträgt. Also hat jeder Innenwinkel die Größe 144°. α ist als Nebenwinkel eines dieser Innenwinkel $180° - 144° = 36°$ groß.

23 (Aus Aufgabe 20 weiß man, dass man die Winkelsumme in einem Vieleck mit n Ecken durch den Term 180° · (n – 2) berechnen kann.) Bei einem regelmäßigen Vieleck mit n Ecken berechnet man die Größe eines Innenwinkels mit dem Term 180° · (n – 2) : n, da alle Winkel gleich groß sind.

Anzahl der Ecken		Winkelsumme (in Grad)	Größe eines Innenwinkels in einem regelmäßigen n-Eck (in Grad)
n	n – 2	180° · (n – 2)	180° · (n – 2) : n
3	1	180	60
4	2	360	90
5	3	540	108
6	4	720	120
7	5	900	128,57
8	6	1080	135
9	7	1260	140
10	8	1440	144

a) acht Ecken
b) Nein.
Begründung: In der Tabelle kann man ablesen, dass die Innenwinkel eines regelmäßigen Vielecks mit zunehmender Eckenanzahl immer größer werden. In einem regelmäßigen Viereck sind die Innenwinkel 90° (< 100°) und in einem regelmäßigen Fünfeck sind sie bereits 108° groß (> 100°).

24 Sieben Ecken

3 Flächeninhalt von Parallelogramm und Dreieck

Seite 53

Impuls
Alle Figuren bestehen aus der gleichen Anzahl von Kästchen, nämlich 24 Kästchen; sie haben also den gleichen Flächeninhalt.
Beim der zweiten und dritten Figur kann man am leichtesten die Kästchen zählen, indem man den oberen (bzw. unteren) Teil der Figur wegschneidet und damit, die gegenüberliegende „Lücke" auffüllt.
Bei der vierten Figur füllen beide Dreiecke oben und unten die Lücke in der Mitte auf.

Seite 54

1 a) $4\,cm \cdot 6\,cm = 24\,cm^2$
b) $28\,mm \cdot 25\,mm = 700\,mm^2 = 7\,cm^2$
c) $20\,cm \cdot 4\,cm = 80\,cm^2$

2 (1): $30\,mm \cdot 12\,mm = 360\,mm^2 = 3{,}6\,cm^2$
blau: $60\,mm \cdot 5\,mm = 300\,mm^2 = 3\,cm^2$
(2): $20\,mm \cdot 15\,mm = 300\,mm^2 = 3\,cm^2$
(3): $25\,mm \cdot 5\,mm = 125\,mm^2$
(4): $20\,mm \cdot 15\,mm = 300\,mm^2 = 3\,cm^2$

3 a) $12\,cm^2$ b) $385\,mm^2$ c) $25\,dm^2$

4 (1): $(25\,mm \cdot 20\,mm) : 2 = 250\,mm^2$
(2): $(36\,mm \cdot 13\,mm) : 2 = 234\,mm^2$
(3): $(50\,mm \cdot 8\,mm) : 2 = 200\,mm^2$
(4): $(36\,mm \cdot 18\,mm) : 2 = 324\,mm^2$

5 a) Im Parallelogramm braucht man die Angaben 3,0 cm; 4,0 cm und 6,9 cm nicht.
b) Im Dreieck braucht man die Angaben 2,5 cm und 3,2 cm nicht.

Seite 55

6 (1): $24\,mm \cdot 15\,mm = 360\,mm^2$
(2): $22\,mm \cdot 20\,mm = 440\,mm^2$
(3): $(41\,mm \cdot 25\,mm) : 2 = 512{,}5\,mm^2$
(4): $(26\,mm \cdot 13\,mm) : 2 = 169\,mm^2$

7 a) $680\,m^2$
b) Indem man von der oberen rechten Spitze eine zur unteren Seite senkrechte Gerade zieht. Links entsteht ein Quadrat mit $400\,m^2$ Fläche.

8 Beispiele:

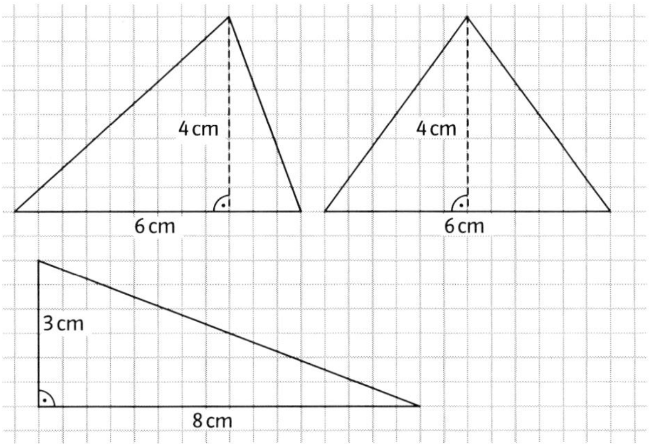

9 Das braune Dreieck hat den größeren Flächeninhalt. ($154\,mm^2$ ein Vergleich zu $150\,mm^2$)

10

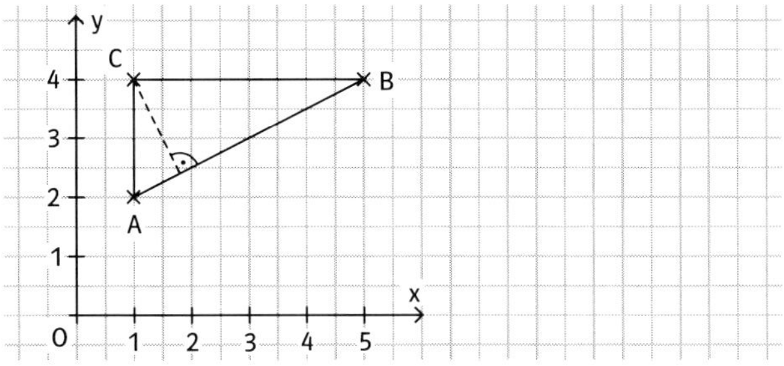

a) Grundseite: ≈ 45 mm; Höhe: ≈ 18 mm
Flächeninhalt: ≈ $(45\,mm \cdot 18\,mm) : 2 = 405\,mm^2$
b) Längen der beiden orthogonalen Seiten: 2 cm; 4 cm
Flächeninhalt: $(2\,cm \cdot 4\,cm) : 2 = 4\,cm^2$

11 Höhe: $72\,cm : 12 = 6\,cm$

12

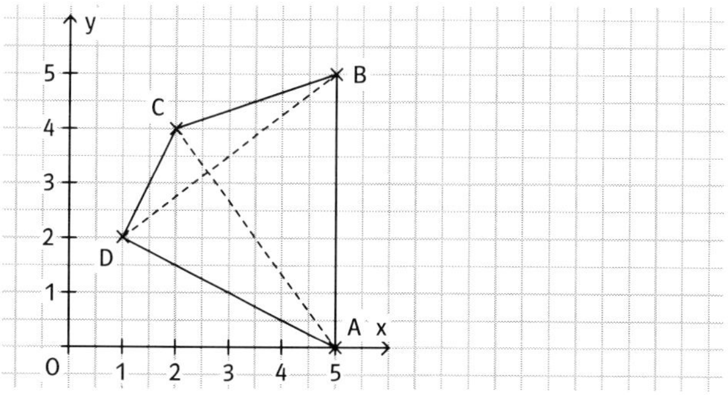

a) Zerlege in die Dreiecke ABC und ACD.
Flächeninhalt: $(50\,mm \cdot 30\,mm):2 + (50\,mm \cdot 20\,mm):2$
$= 750\,mm^2 + 500\,mm^2 = 1250\,mm^2$
b) Zerlege in die Dreiecke ABD und BCD.
Flächeninhalt: $(50\,mm \cdot 40\,mm):2 + (50\,mm \cdot 10\,mm):2$
$= 1250\,mm^2$

14 a) Richtig b) Richtig
c) Falsch (z. B. Kreis)

Seite 56

15 $A_{\text{verlorene Wiese}}$
$= A_{\text{Straße1}} + A_{\text{Straße2}} - A_{\text{Kreuzung}}$
$= 17{,}5\,m \cdot 250\,m + 16{,}5\,m \cdot 140\,m - 16{,}5\,m \cdot 17{,}5\,m$
$= 6396{,}25\,m^2$
Es gehen ca. $6396\,m^2$ Wiese verloren.

16 $A = 5{,}7\,m \cdot 4{,}5\,m + \frac{1}{2} \cdot 5{,}7\,m \cdot 3{,}2\,m = 34{,}77\,m^2$
$34{,}77 : 6 = 5{,}795$
Man benötigt etwa 5,8 Liter Farbe.

17 $(7\,cm \cdot 5\,cm) - (4\,cm \cdot 3\,cm):2 - (3\,cm \cdot 2\,cm):2$
$- (4\,cm \cdot 3\,cm):2 - (3\,cm \cdot 2\,cm):2 = 17\,cm^2$

18 a) wird verdoppelt
b)

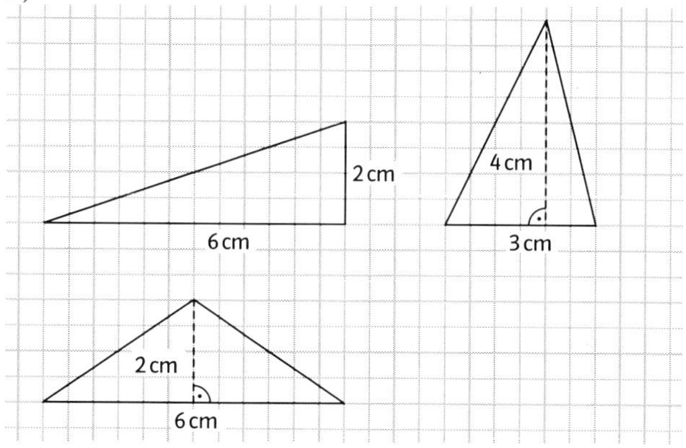

19 Spiel

4 Flächeninhalt eines Trapez

Seite 57

Impuls
Das Gaffelsegel ist viereckig und hat zwei gegenüberliegende parallele Seiten. Die zwei anderen Seiten sind weder parallel zueinander noch gleich lang.
An diesem Bild kann diskutiert werden, wie man die Fläche der Segel berechnen könnte.

Seite 58

1 a) $A = 46{,}69\,cm^2$ b) $A = 344{,}4\,cm^2$
c) $A = 85{,}12\,dm^2$ d) $A = 31{,}5\,dm^2$

2 a) $A = 10\,cm^2$ (40 Kästchen)
b) $A = 5{,}25\,cm^2$ (21 Kästchen)
c) $A = 5\,cm^2$ (20 Kästchen)

3 a)

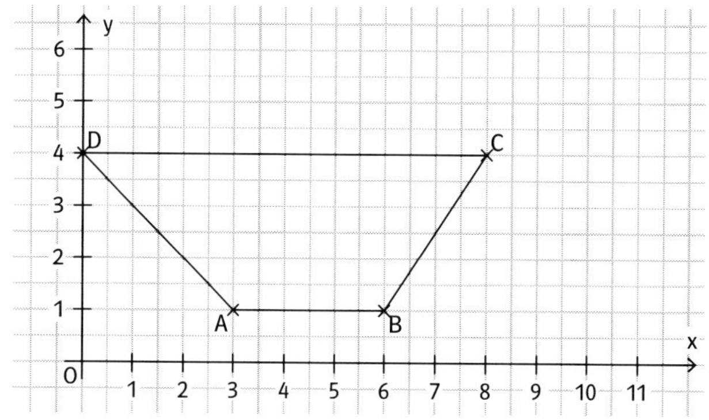

b) $a = 3\,cm$; $c = 8\,cm$; $h = 3\,cm$;
$A = \frac{1}{2} \cdot (3\,cm + 8\,cm) \cdot 3\,cm = 16{,}5\,cm^2$

4 Benötigte Formeln:
$A = \frac{1}{2}(a + c) \cdot h = m \cdot h$ bzw. $h = \frac{A}{m}$ und $m = \frac{A}{h}$;
$m = \frac{1}{2}(a + c)$ bzw. $a = 2m - c$ und $c = 2m - a$

	a)	b)	c)	d)
a	13 cm	60 cm	5 m	4 m
c	12 cm	6 dm = 60 cm	3 m	**4 m**
m	**12,5 cm**	**60 cm**	**4 m**	**4 m**
h	7 cm	12 cm	**5 m**	6 m
A	**87,5 cm²**	**720 cm²**	20 m²	24 m²

	e)	f)	g)	h)
a	**165 cm**	20 cm	4,6 cm	**0,2 m**
c	35 cm	**20 cm**	**19,4 cm**	100 cm = 1 m
m	**1 m = 100 cm**	**0,2 m = 20 cm**	120 mm = 12 cm	6 dm = 0,6 m
h	1 m	1,2 m	6 cm	**50 m**
A	1 m²	0,24 m²	**72 cm2**	30 m²

(Die Trapeze in b), d) und f) sind Parallelogramme, weil die Seiten a und c gleich lang sind).

5 a) Die Dreiecke △AEM und △MDH sowie △FBN und △NGC sind paarweise kongruent, denn die einander entsprechenden Winkel und Seiten stimmen überein.
Die Vierecke ABCD und EFGH stimmen in der gemeinsamen weißen Fläche (Sechseck EFNCDME) und in den gleichfarbigen Dreiecken überein. Sie haben deshalb den gleichen Flächeninhalt.
b) m hat die gleiche Länge wie $\overline{EF}$.
$A_{Trapez} = A_{Rechteck} = m \cdot h$

Seite 59

6 a)

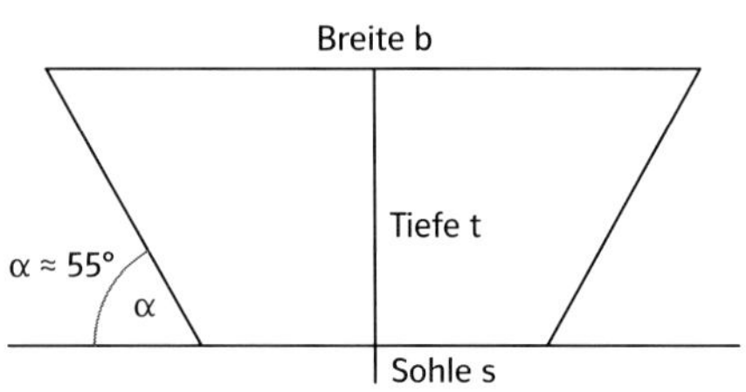

b) $A = \frac{1}{2} \cdot (b + s) \cdot t = \frac{1}{2} \cdot (6{,}0\,m + 2{,}5\,m) \cdot 2{,}4\,m = 10{,}2\,m^2$

9 a) Maßstab 1:2 (verkleinert)

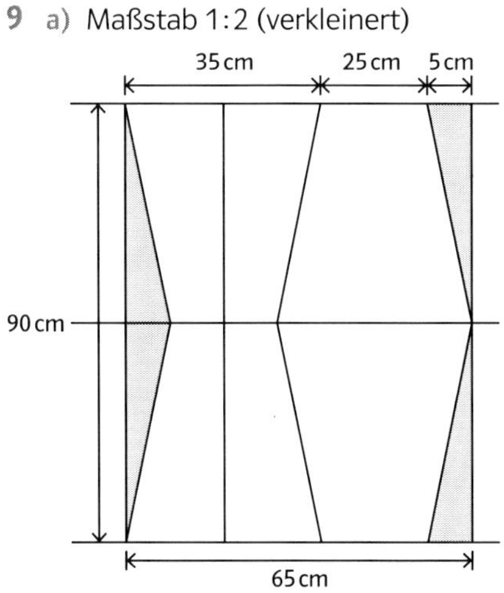

b) Rechteck:
$A_{Rechteck} = 60\,cm \cdot 90\,cm = 5850\,cm^2$
$A_{Trapez} = \frac{1}{2} \cdot (35\,cm + 25\,cm) \cdot 45\,cm = 1350\,m^2$
$4 \cdot A_{Trapez} = 5400\,cm^2$
$A_{Verschnitt} = 5850\,cm^2 - 5400\,cm^2 = 450\,cm^2$

10 a) $A_{Front} = 5{,}70\,m \cdot 1{,}80\,m = 10{,}26\,m^2$
$2 \cdot A_{Seite} = 2 \cdot \frac{1}{2} \cdot (2{,}45\,m + 1{,}80\,m) \cdot 4{,}00\,m = 17\,m^2$
$A_{Glas} = 17\,m^2 + 10{,}26\,m^2 = 27{,}26\,m^2$
b) Angebot 2: 27,26 · 110 € = 2998,60 €
Angebot 2 ist preiswerter!

11 a) $A_{Rechteck} = 13\,m \cdot 6{,}80\,m = 88{,}4\,m^2$
Die rechteckige Dachfläche ist etwa 88 m² groß.
b) $A_{Trapez} = \frac{1}{2} \cdot (7\,m + 13\,m) \cdot 6{,}80\,m = 68\,m^2$
Die trapezförmige Dachfläche ist 68 m² groß.

12 a) individuelle Lösung
Beispiele für Trapeze:

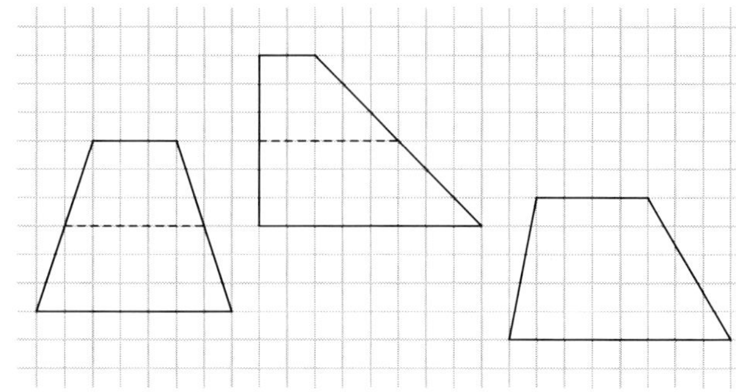

b) Da A = 36 (Kästchen) und h = 4 (Kästchen), muss m jeweils 9 Kästchen lang sein, z. B.:

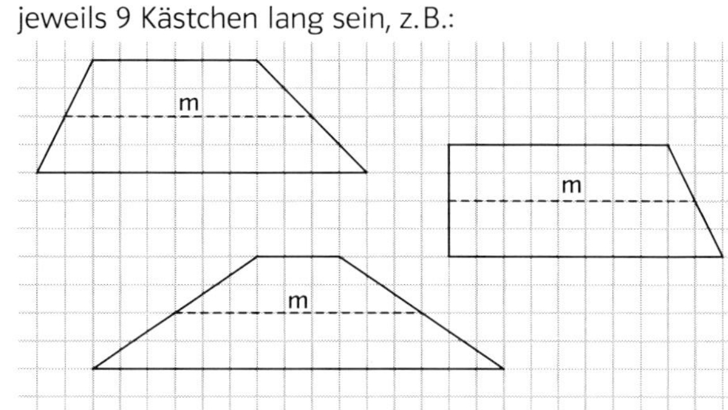

13 a) Wahr, denn zwei gegenüberliegende Seiten sind zueinander parallel.
(Da bei einem Parallelogramm alle gegenüberliegende Seiten zueinander parallel sind, kann man das Parallelogramm auf zwei unterschiedliche Weisen als Trapez betrachten).
b) Das ist richtig, im allgemeinen sind in einem Trapez nur ein Paar der gegenüberliegenden Seiten zueinander parallel und nicht beide Paare.

Vertiefen und Vernetzen

Seite 60

1 a) Aus den Sätzen über Winkel an parallelen Geraden und den Winkelsätzen im Dreieck erhält man die Winkel δ = 30°, γ = 90° und ε = 120°.

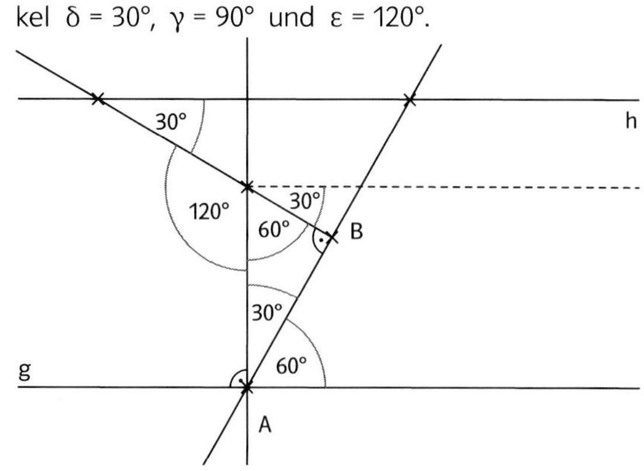

b) γ = (180° − 30°) : 2 = 75° (Winkelsumme im Dreieck)
δ = (180° − 75°) : 2 = 52,5° (Winkelsumme im Dreieck)
α = 180° − 52,5° − (180° − 75°) = 22,5° (Winkelsumme im Dreieck, Scheitelwinkel, Nebenwinkel)

2 a) Nein. Der Nebenwinkel von β ist ein Wechselwinkel zu α, also 101° groß. Damit erhält man
$\alpha + \beta = 200° \neq 180°$.
b) Ja. Hier gilt $\alpha + \beta = 180°$.
c) Nein. $\alpha + \beta = 185°$
d) Ja. $\alpha + \beta = 180°$. Da beide Winkel 90° groß sind, sind auch die anderen beiden Winkel 90° groß und damit gleich groß.

3 a) Fehlende Winkel in der Raute:
$(360° - 100°) : 2 = 130°$.
Fehlende Winkel im Drachen: $(360° - 160°) : 2 = 100°$
$\varepsilon = 130° - 100° = 30°$
b) Winkel der Raute: 120° und 60°; Winkel des Trapezes: 80° und 100°. Winkel am Punkt D: 120°; 80°; 80° und
$360° - (120 + 80° + 80°) = 80°$
Damit gilt $\varepsilon = (180° - 80°) : 2 = 50°$.

4 Mögliche Lösung:
1. Ricarda zeichnet zuerst eine Höhe des Dreiecks ein (blaue Linie).
2. Sie faltet das Dreieck entlang der Mittelsenkrechten zu der Höhe. Es entstehen drei Dreiecke. Das linke und das rechte sind jeweils gleichschenklig.
3. Sie faltet die gleichschenkligen Dreiecke entlang der Symmetrieachse.

Die Winkel des ursprünglichen Dreiecks treffen sich im Fußpunkt der Höhe. Sie ergänzen sich zu 180°, weil sie gemeinsam einen gestreckten Winkel bilden.
Ricarda hat recht. Bei einem rechtwinkligen oder stumpfwinkligen Dreieck muss sie zuerst die Höhe einzeichnen, die zur längsten Seite gehört.

5 a) $A = \frac{13{,}86\,m - 5{,}74\,m}{2} \cdot \frac{5{,}74\,m + 13{,}86\,m}{2} \cdot 2$
$+ 5{,}74\,m \cdot 13{,}86\,m \approx 159{,}1\,m^2$
Sand: $159{,}1 \cdot 0{,}2 \approx 31{,}8$
Man benötigt ca. $32\,m^3$ Sand.

b) $A = 7 \cdot \frac{5{,}74\,m + 6{,}2\,m}{2} \cdot 0{,}55\,m = 22{,}98\,m^2$
Es werden ca. $23\,m^2$ Kunststoffbelag benötigt.

Seite 61

6 $\alpha_1 = 180° - \alpha$; da α_1 und α Nebenwinkel sind.
$\beta_1 = 180° - \beta$; da β_1 und β Nebenwinkel sind.
$\gamma_1 = 180° - \gamma$; da γ_1 und γ Nebenwinkel sind.
$\alpha_1 + \beta_1 + \gamma_1 = 180° - \alpha + 180° - \beta + 180° - \gamma$
$= 540° - \alpha - \beta - \gamma = 540° - (\alpha + \beta + \gamma)$
$= 540° - 180° = 360°$
Messungen im Bild rechts:
$\alpha \approx 29°$ $\alpha_1 = 180° - \alpha \approx 151°$
$\beta \approx 82°$ $\beta_1 = 180° - \beta \approx 98°$
$\gamma \approx 69°$ $\gamma_1 = 180° - \gamma \approx 111°$
$\alpha_1 + \beta_1 + \gamma_1 = 360°$

7 a) In Fünfecken und Sechsecken beträgt die Summe der Außenwinkel stets 360°.
b) In jedem n-Eck ist die Summe der Außenwinkel 360° (unabhängig von n).
Begründung: Jeder Außenwinkel ist ein Nebenwinkel eines Innenwinkels. Bei n Ecken gilt:
Summe der Außenwinkel + Summe der Innenwinkel
$= n \cdot 180°$.
Damit erhält man:
Summe der Außenwinkel
$= n \cdot 180°$ – Summe der Innenwinkel.
Die Summe der Innenwinkel beträgt:
$180° \cdot (n - 2) = n \cdot 180° - 2 \cdot 180°$.
Daraus ergibt sich:
Summe der Außenwinkel
$= n \cdot 180° - (n \cdot 180° - 360°)$
$= n \cdot 180° - n \cdot 180° + 360° = 360°$.

8 Die Tatsache, dass man sich nach einem „Kreislauf" im Dreieck um 360° gedreht hat, erklärt zunächst, dass die Summe der Außenwinkel im Dreieck 360° sein muss, denn die Außenwinkel entsprechen an jeder Ecke der Drehung, die man macht, wenn man auf dem Dreieck läuft.

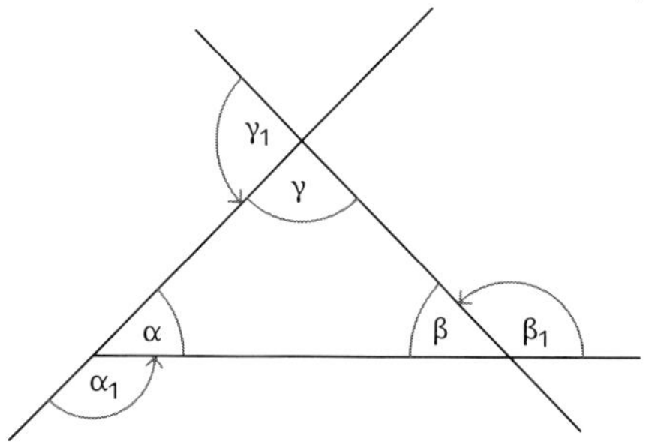

Da die Innenwinkel jeweils die Nebenwinkel der Außenwinkel sind, gilt:
$\alpha = 180° - \alpha_1$; da α_1 und α Nebenwinkel sind.
$\beta = 180° - \beta_2$; da β_1 und β Nebenwinkel sind.
$\gamma = 180° - \gamma_3$; da γ_1 und γ Nebenwinkel sind.
Für die Summe der Innenwinkel gilt demnach:
$\alpha + \beta + \gamma = 180° - \alpha_1 + 180° - \beta_1 + 180° - \gamma_1$
$= 540° - \alpha_1 - \beta_1 - \gamma_1$
$= 540° - (\alpha_1 - \beta_1 - \gamma_1)$
$= 540° - 360° = 180°$
Mithilfe der Summe für Außenwinkel kann man also den Innenwinkelsummensatz für Dreiecke beweisen.

9 a) Exact surface areas of some states:
Nevada: $286\,367\,km^2$
Utah: $219\,887\,km^2$
Arizona: $295\,276\,km^2$
Colorado: $269\,837\,km^2$
Wyoming: $253\,554\,km^2$
New Mexiko: $315\,194\,km^2$
b) individual solution
c) individual solution

10 a) Der Drachen besteht aus vier rechtwinkligen Dreiecken. Flächeninhalt:
$2 \cdot (1{,}8\,cm \cdot 2{,}4\,cm) : 2 + 2 \cdot (4{,}5\,cm \cdot 2{,}4\,cm) : 2 = 15{,}2\,cm^2$
Anderer Lösungsweg:

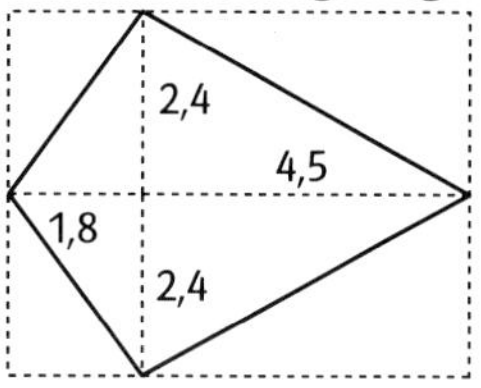

Zerschneidet man den Drachen entlang der Diagonalen, so kann man die Teile so zusammenlegen, dass ein Rechteck entsteht, dessen eine Seite eine Diagonale des Drachens ist. Die andere Seite des Rechtecks ist halb so lang wie die andere Diagonale des Drachens.
Also: $A = d_1 \cdot \frac{1}{2} \cdot d_2 = d_1 \cdot d_2 : 2$.
c)

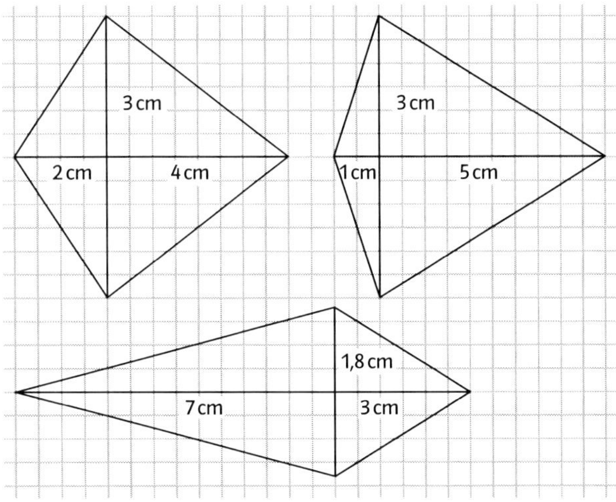

Exkursion: Parkettierungen

Seite 62

1 Bei einem gleichseitigen Dreieck ist jeder Winkel 60° groß. Legt man sechs gleichseitige Dreiecke wie in Fig. 1 im Schülerbuch um einen Eckpunkt herum zusammen, so ergibt die Summe der Winkelgrößen um den Eckpunkt herum 360°. Dadurch lässt sich die Ebene durch gleichseitige Dreiecke lückenlos parkettieren.
Spiegelt man ein beliebiges Dreieck an einem der Seitenmittelpunkte, erhält man ein Parallelogramm. Aus diesem Parallelogramm kann man durch Verschiebung Streifen erzeugen, mit denen man wiederum durch Verschiebung die Ebene parkettieren kann.

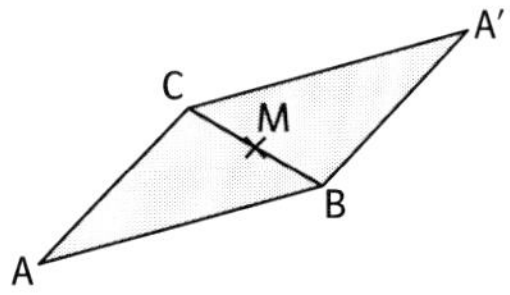

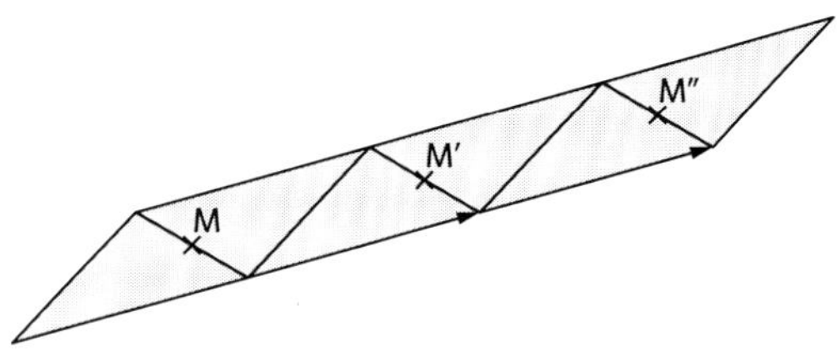

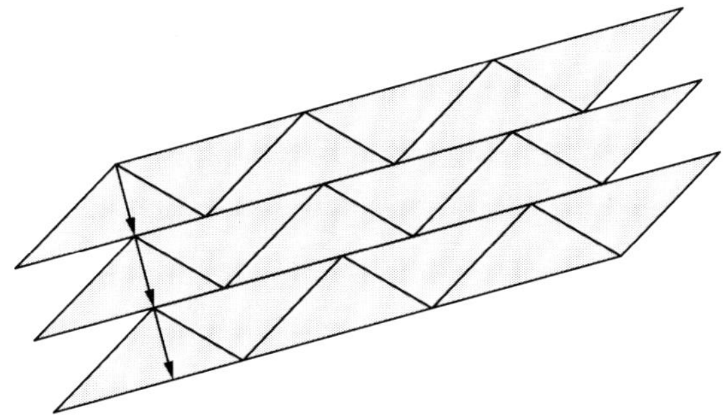

Die für Dreiecke beschriebene Methode funktioniert auch bei beliebigen Vierecken. Allerdings haben die Streifen hier in der Regel keine „glatten Ränder". An jedem Punkt P treffen vier Winkel aufeinander: α, β, γ und δ. Da die Winkelsumme im Viereck 360° beträgt, entsteht also immer ein Vollwinkel und die Ebene lässt sich mit jedem Viereck parkettieren.

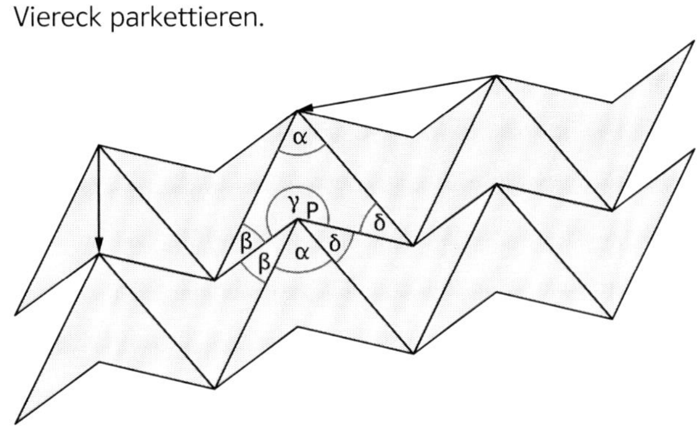

2 Bei regelmäßigen Fünfecken ist jeder Innenwinkel 108° groß. 360 ist nicht durch 108 teilbar, also gibt es keine Parkettierung mit regelmäßigen Fünfecken.

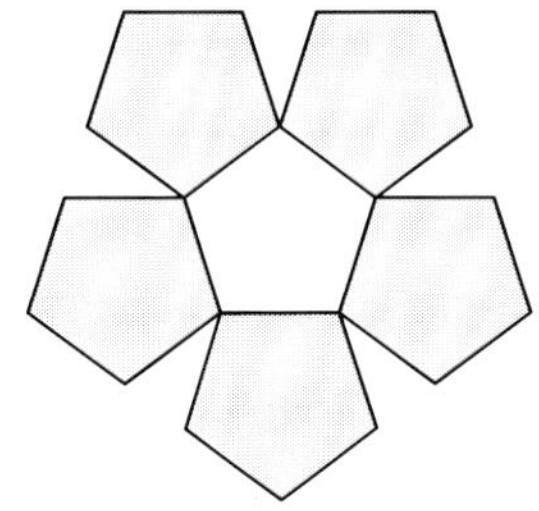

Die Innenwinkel im regelmäßigen Sechseck betragen jeweils 120°. Drei dieser Winkel bilden zusammen einen Vollwinkel. Also kann man die Ebene durch regelmäßige Sechsecke parkettieren.

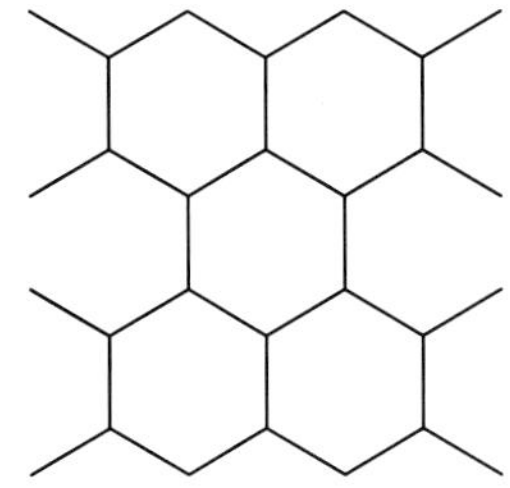

Seite 63

3 Figur oben rechts: 3.3.4.3.4
Figur unten rechts: 3.3.3.3.6
Da die Parkettierung lückenlos ist, ergibt die Summe der Winkelgrößen an jedem beliebigen Eckpunkt 360°. Dies

kann auch jeweils durch eine Rechnung festgestellt werden. Beispiele:

- Parkettierung 3.3.3.4.4:
  $60° + 60° + 60° + 90° + 90° = 360°$;
- Parkettierung 4.6.12:
  $90° + 120° + 150° = 360°$
- Parkettierung 4.8.8:
  $90° + 135° + 135° = 360°$ etc.

Die Größe der Innenwinkel im Quadrat und Sechseck sind bekannt. Um die Größe der Innenwinkel im Achteck bzw. Zwölfeck zu berechnen, berechnet man zunächst die Größe des jeweiligen Mittelpunktswinkels und dann den entsprechenden Innenwinkel über den Winkelsummensatz in einem der gleichschenkligen Mittelpunktsdreiecken.

- Mittelpunktswinkel im Achteck: $360° : 8 = 45°$
  $\Rightarrow$ Innenwinkel im Achteck: $2 \cdot [(180° - 45°) : 2] = 135°$
- Mittelpunktswinkel im Zwölfeck: $360° : 12 = 30°$
  $\Rightarrow$ Innenwinkel im Zwölfeck: $2 \cdot [(180° - 30°) : 2] = 150°$

4 individuelle Lösung

III Rationale Zahlen

Lösungshinweise zu den Erkundungen

Seite 68

Spiel: Guthaben und Schulden

- Wenn man beispielsweise drei Schuldscheine abgeben soll, aber keine hat, dann muss man zuerst drei Nullpaare aufnehmen und dann die drei Schuldscheine wieder zurücklegen. Danach hat man drei Gutscheine mehr als vorher. Das bedeutet: „drei Schuldscheine abgeben" und „drei Gutscheine nehmen" hat die gleiche Auswirkung auf den Kontostand. Anstatt drei Nullpaare aufzunehmen könnte man also gleich drei Gutscheine nehmen.
  Analog geht man vor, wenn man keine Gutscheine hat, aber beispielweise drei abgeben muss. Man nimmt dann drei Schuldscheine. Das heißt: „drei Gutscheine abgeben" bedeutet dasselbe wie „drei Schuldscheine nehmen".
- Abgeben eines Gutscheins verringert den Kontostand um einen Gutschein. Abgeben eines Schuldscheins oder Aufnehmen eines Gutscheines ist gleichwertig, erhöht also den Kontostand um einen Gutschein. Ablegen eines Nullpaares bedeutet also: „Gib einen Gutschein ab und nimm wieder einen Gutschein auf." Gibt man also von jeder Scheinsorte gleich viele ab oder nimmt man gleich viele auf, so ändert das am Kontostand nichts.
- Den Kontostand ermittelt man durch Abzählen der Gutscheine oder der Schuldscheine nachdem man alle Nullpaare abgelegt hat. Fünf Gutscheine bedeutet Kontostand + 5; drei Schuldscheine bedeutet Kontostand −3. Je mehr Gutscheine man hat, desto höher ist der Kontostand. Je mehr Schuldscheine man hat, desto niedriger ist der Kontostand.
- Gewonnen hat derjenige, der den höchsten Kontostand hat, also der mit den meisten Gutscheinen. Wenn kein Spieler am Ende des Spiels Gutscheine hat, dann hat derjenige gewonnen, der die wenigsten Schuldscheine hat.
- „nimm 5 Gutscheine auf" ist gleichbedeutend mit „gib 5 Schuldscheine ab"
- „nimm 5 Schuldscheine auf" ist gleichbedeutend mit „gib 5 Gutscheine ab"
- Gutscheine aufnehmen (abgeben) bedeutet addieren (subtrahieren) einer positiven Zahl.
- Schuldscheine aufnehmen (abgeben) bedeutet addieren (subtrahieren) einer negativen Zahl.
- Addieren (subtrahieren) einer positiven Zahl vergrößert (verkleinert) den Kontostand.
- Addieren (subtrahieren) einer negativen Zahl verkleinert (vergrößert) den Kontostand.

Seite 69

Spiel: Hin und her
Spiel

1 Negative Zahlen

Seite 70

Impuls
Der durchschnittliche Wasserstand bei Niedrigwasser (Ebbe) liegt bei −1,5 m, also 1,50 unterhalb des Meeresspiegels.

Seite 71

1 a) −27; −12; −4; +7; +19
b) −360; −190; −60; 0; +70; +240
c) −2060; −2035; −2005; −1995; −1975
d) −750; −125; +250; +625

2 a) A: $-\frac{1}{6}$; B: $\frac{1}{2}$; C: $\frac{2}{3}$; D: $\frac{5}{6}$
b) E: $-\frac{1}{8}$; F: $\frac{1}{4}$; G: $\frac{3}{8}$
c) H: $-\frac{9}{5}$; I: $-\frac{6}{5}$; J: −1; K: $-\frac{4}{5}$

3 a)

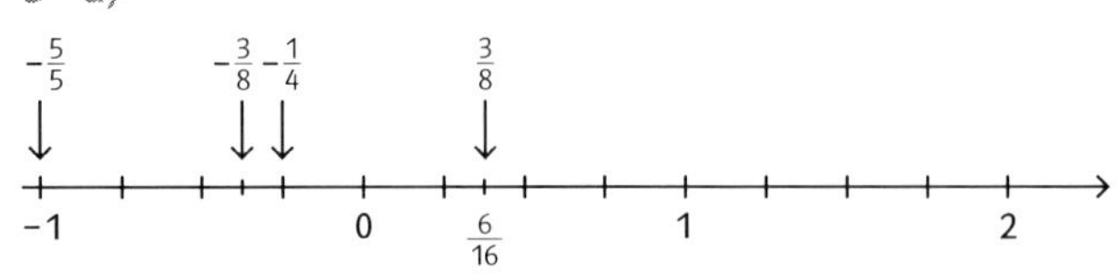

b)

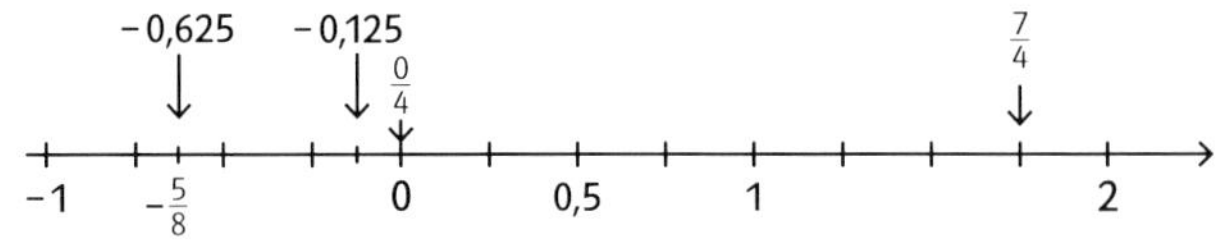

4 E: 0; U1: −1; U2: −2; U3: −3

5 a)

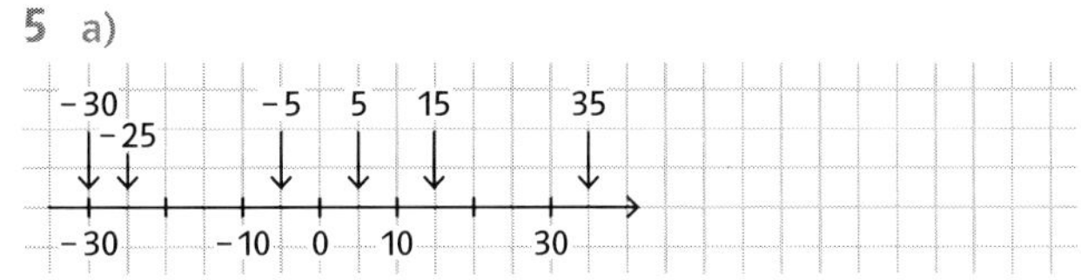

b)

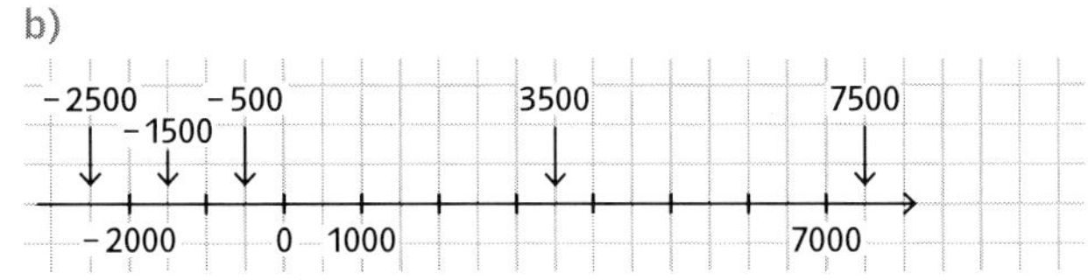

c)

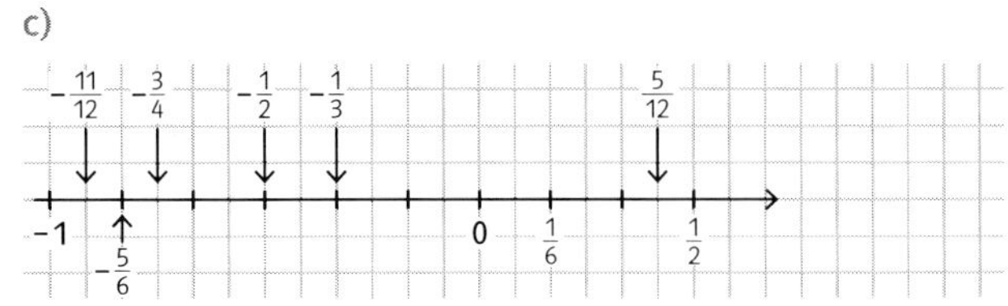

d)

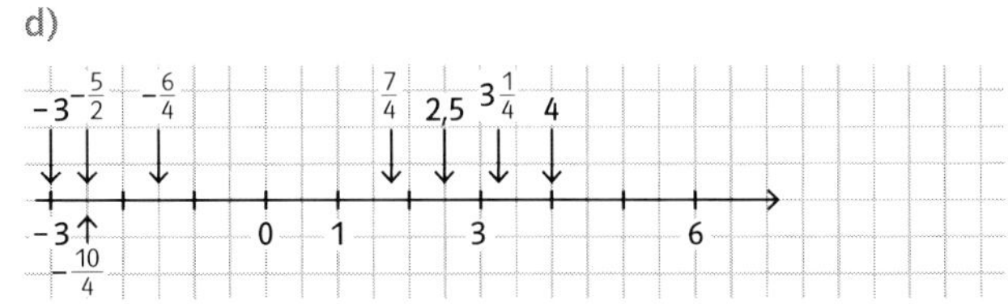

6 a) 6 b) −4 c) −2,5 d) $-\frac{3}{4}$

Seite 72

7 a) Es gibt jeweils unendlich viele solche Pärchen. Zum Beispiel:
(I) −2 und 2; −10 und 10; −50,3 und 50,3; …
(II) 3 und 5; 0 und 8; −4,5 und 12,5; …
(III) −6 und 0; −4 und −2; $-10\frac{3}{5}$ und $4\frac{3}{5}$; …
(IV) −2 und −1; −10,5 und 7,5; −1,65 und −1,35; …
(V) $\frac{2}{3}$ und 4; 0 und $4\frac{2}{3}$; −10 und $12\frac{1}{3}$; …
b) individuelle Lösung
Beim genannten Beispiel lautet die Zahl in der Mitte 0,75.
c) individuelle Lösung

10 a) 1. Mount McKinley
2. Puerto-Rico-Graben
3. Aconcagua
4. Mont Blanc
5. Kilimandscharo
6. Mount Everest
7. Sundagraben
8. Marianengraben
b) Sie muss bei den Tiefseegräben negative Zahlen verwenden und vor dem Einzeichnen runden.

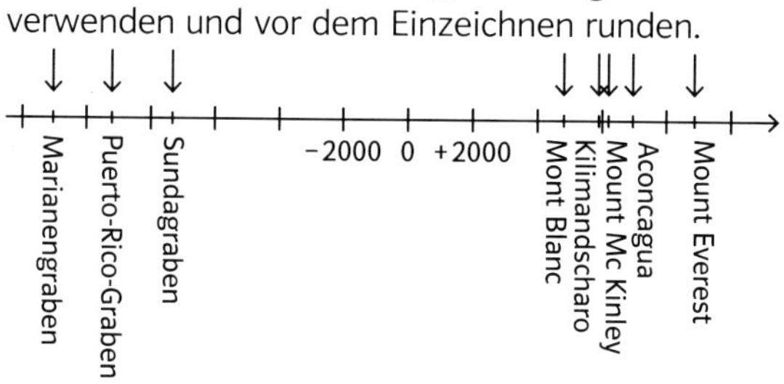

11 a) individuelle Lösung
Es liegen zum Beispiel Berlin (Europa) und Lagos (Afrika), Moskau (Europa) und Mombasa (Afrika), Peking (Asien) und Perth (Australien) oder New York (Nordamerika) und Lima (Südamerika) in der gleichen Zeitzone.
b) Während es in Deutschland 13.00 Uhr ist, ist es in San Francisco 4.00 Uhr früh. Damit wird deine Freundin aus dem Schlaf geweckt.
c) Ja, das kann sein.
Jan könnte z.B. Sonntagabend um 21 Uhr aus San Francisco anrufen. Dann wäre es in Deutschland Montagmorgen um 6 Uhr.
d) individuelle Lösung; Beispiele:
Über wie viele Zeitzonen erstreckt sich Afrika?
John lebt in Australien. Er steht um 7.00 Uhr auf und geht um 20.00 Uhr ins Bett. Wann kann man ihn von Deutschland aus anrufen, ohne ihn im Schlaf zu stören?

Seite 73

12 Fig. 1 Eckpunkte: (+3|0), (0|+3), (−3|0), (0|−6), (+3|−8), (4|−9), (4|−7)
Fig. 2 Eckpunkte: (+3|0), (+4|−1), (+4|+2), (+3|+1), (+3|+3), (0|+5), (−3|+3), (−3|+1), (−4|+2), (−4|−1), (−3|0), (−3|−4), (−1|−5), (+1|−5), (+3|−4)

13

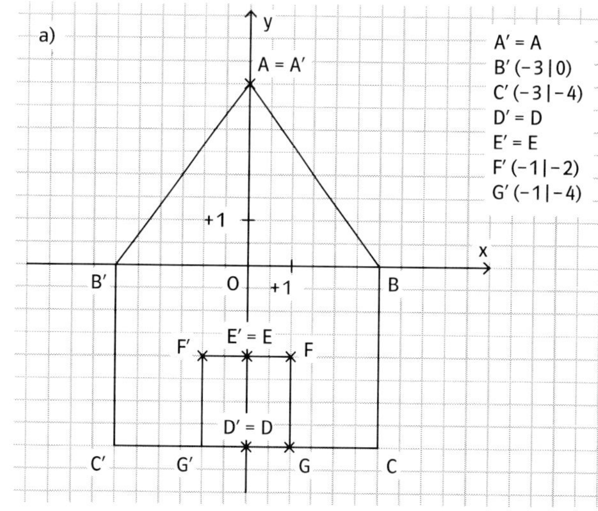

b) individuelle Lösung

14 a) P′(17|28) Die y-Koordinate wechselt das Vorzeichen, die x-Koordinate bleibt unverändert.
b) P″(−17|−28) Die x-Koordinate wechselt das Vorzeichen, die y-Koordinate bleibt unverändert.
c) P‴(−17|28) Beide Koodinaten wechseln ihr Vorzeichen.
d) P⁗(−17|−28) Die y-Koordinate bleibt unverändert, da sie ihr Vorzeichen zweimal wechselt. Die x-Koordinate wechselt ihr Vorzeichen.

15 Flächeninhalt: $(4 \cdot 6) : 2 = 12$

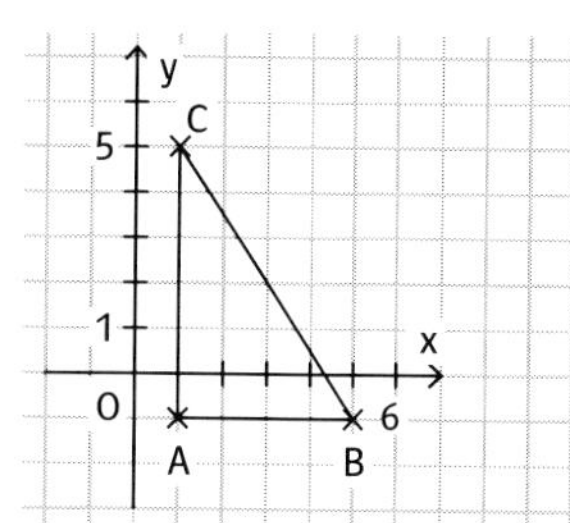

Der Flächeninhalt des Dreiecks ist 12 Karokästchen groß.

16

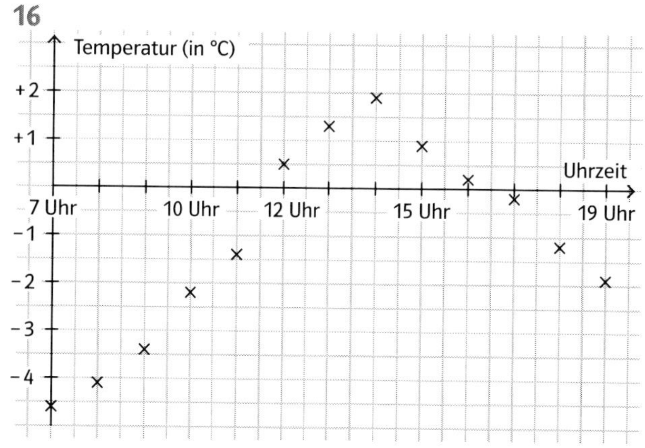

- Um 14 Uhr war es am wärmsten, um 7 Uhr am kältesten.
- Zwischen ca. 11.30 Uhr und 16 Uhr lag die Temperatur über 0 °C.
- Zwischen 11 und 12 Uhr stieg sie sehr stark an.
- Von 7 bis 14 Uhr ist sie ständig angestiegen.
- Von 14 bis 19 Uhr ist sie ständig gefallen.

2 Anordnung und Betrag rationaler Zahlen

Seite 74

Impuls
Florian kann sein Problem leicht dadurch lösen, dass er wie gewohnt die Zahlen auf einer Zahlengeraden einträgt. So entsteht automatisch eine Anordnung.

Seite 75

1 a) (1) Am Montag zeigte das Thermometer morgens −7 °C an, am Dienstag −13 °C. Am Dienstag war es kälter als am Montag.
(2) Am Ende des Monats stand auf meinem Kontoauszug: −21 €. Nun sind es 17 €. Mein derzeitiger Kontostand ist höher als am Monatsende.
(3) Auf der Karte liest man ab, dass der Ort A 13 m unter NN und der Ort B 27 m unter NN liegt.
B liegt also unterhalb von A.
(4) Peters Schnur ist 28 dm lang, Ottos Schnur ist 5 dm lang. Peters Schnur ist länger als Ottos Schnur.
(5) Ein altes Schriftstück stammt von 218 v. Chr., eine Vase von 118 v. Chr. Die Vase ist später entstanden als das Schriftstück.
(6) Ein Berg liegt 18 m über NN, ein See liegt 18 m unter NN. Der Berg liegt oberhalb des Sees.
b) individuelle Lösung

2 A: Thales von Milet, 625 v. Chr.
B: Pythagoras von Samos, 570 v. Chr.
C: Euklid, um 360 v. Chr.
D: Eratosthenes von Kyrene, 284 v. Chr.
E: Diophant von Alexandria, 250 v. Chr.
F: Al-Hwarizmi, 800 n. Chr.
G: Maria Agnesi, 1718 n. Chr.
H: Sophie Germain, 1776 n. Chr.
I: Carl Friedrich Gauß, 1777 n. Chr.
J: Richard Dedekind, 1831 n. Chr.
K: Emmy Noether, 1882 n. Chr.
L: Ruth Moufang, 1905 n. Chr.

3 individuelle Lösung, zum Beispiel:
a) $-0{,}2; -1; -100{,}34; -\frac{1}{2}; -5555{,}55$
b) $-1; -0{,}9; -0{,}5; -\frac{3}{50}; -\frac{1}{1000}$
c) $-8; -4; -100; -99; -3{,}1$

4 a) △ 6; 7; 8; 9
b) △ 0; 1; 2; 3; 4; 5; 6; 7; 8; 9
c) □ <
d) □ <
e) △ 1; 2; 3; 4; 5; 6; 7; 8; 9
f) □ >
g) □ >
h) △ 0; 1; 2; 3; 4; 5; 6; 7; 8; 9
i) □ <
j) □ >

Seite 76

7 Bei □ ist jede der angeführten Ziffern eine richtige Lösung.
a) □ 6; 7; 8; 9
b) keine Möglichkeit: Links kann nur 0, 1 oder 2 eingesetzt werden; rechts muss man mindestens 4 einsetzen.
c) □ 1; 2; 3; 4

8 Spiel

9 individuelle Lösung

10 individuelle Lösung
c) Am besten hat derjenige geschätzt, bei dem der Abstand seines Schätzwerts zum genauen Wert am kleinsten ist.

3 Addieren rationaler Zahlen

Seite 77

Impuls
Allein mit der Kenntnis der Höhendifferenzen und der Ausgangshöhe, lässt sich die Höhe jedes Standortes ermitteln:
Zwillingsgänge liegt 28 m tiefer als Blautopf Quelle, also in −28 m Tiefe. Bunker liegt 14 m tiefer als Zwillingsgänge, also in −28 m − 14 m = −42 m Tiefe.
Talhalle liegt 15 m höher als Bunker, Hochland 19 m höher als Talhalle.
Talsenke liegt 17 m tiefer als Hochland, Wolkensee liegt 25 m höher als Talsenke usw.

Seite 78

1 a) 6 b) −43 c) −3 d) −26
e) −90 f) 0 g) −19 h) −39

2 a) 16 b) $-\frac{11}{6}$ c) −31 d) $\frac{1}{9}$
e) 0 f) $\frac{11}{21}$ g) $-\frac{1}{4}$ h) $\frac{8}{81}$

3 a) −8 b) −3 c) 0 d) $-\frac{1}{8}$
e) −5,1 f) 9 g) $\frac{9}{20}$ h) $\frac{8}{3}$

4

+	$-\frac{3}{4}$	$\frac{1}{2}$	$-\frac{5}{8}$	1,5
0,25	$-\frac{1}{2}$	0,75	−0,375	1,75
$-\frac{3}{8}$	$-\frac{9}{8}$	$\frac{1}{8}$	−1	1,125

5 a) $-7 + 4 = -3$ und -3 ist keine positive Zahl;
b) $-5 + |-5| = -5 + 5 = 0 \neq 2 \cdot (-5)$;
c) $8 + (-2) = 6$ und $6 < 8$

6 a) z. B. +976 + (−235) = 741
b) z. B. +235 + (−976) = −741
c) z. B. +623 + (−597) = 26

7 a) $-111 + 222 = 111$ b) $-\frac{5}{6} + \frac{1}{3} = -\frac{1}{2}$

c) $-25 - (-23{,}45) = -1{,}55$ d) $\left|-\frac{2}{5}\right| + \left(-\frac{3}{10}\right) = \frac{1}{10}$

e) Der Abstand ist die Summe der Beträge

$|11{,}5| + -\left|\frac{7}{2}\right| = 11{,}5 + \frac{7}{2} = 15$

8 individuelle Lösung
Die Zahl mit dem größeren Betrag bestimmt jeweils das Vorzeichen.

9 a)

−101
−149 | 48
−118 | −31 | 79
−88 | −30 | −1 | 80
−23 | −65 | 35 | −36 | 116

b)

26,5
−2,8 | 29,3
−7,9 | 5,1 | 24,2
−2 | −5,9 | 11 | 23,2
1,8 | −3,8 | −2,1 | 13,1 | 10,1

Seite 79

13 a) Ein möglicher Weg:

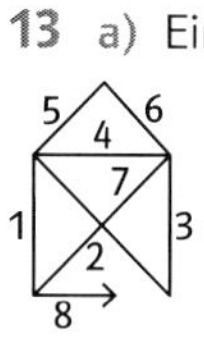

Man kann den Weg auch anders beginnen:

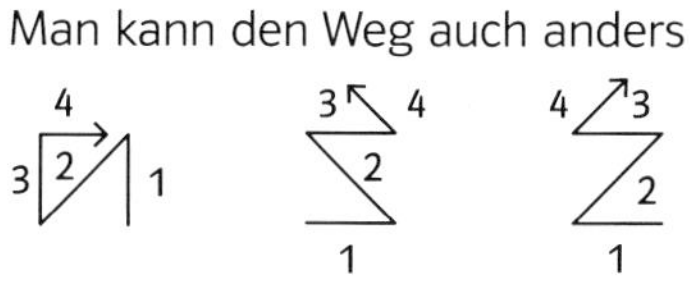

b) Trotz unterschiedlicher Wege erhält man immer
$-27 = 2 \cdot (-4 + 5 - 7 - 2) + (-11)$.
−11 hat zwei Zugänge, die restlichen Zahlen haben drei bzw. vier Zugänge. An der Zahl −11 kommt man daher nur 1-mal vorbei, an den restlichen Zahlen 2-mal.

14 Old Firehand befindet sich 49 m über NN.

15 Die Bergspitze liegt 360 m unter der Wasseroberfläche.

16 a) Wahr; bis auf die Null gibt es immer jeweils zwei Zahlen, die den gleichen Betrag haben.
Zum Beispiel: $|-3{,}5| = |3{,}5| = 3{,}5$.
b) Falsch; wenn die negative Zahl einen größeren Betrag hat, so ist das Ergebnis negativ.
Zum Beispiel: $5 + (-10) = -5$
c) Falsch; wenn die positive Zahl einen größeren Betrag hat, so ist das Ergebnis positiv.
Zum Beispiel: $-10 + 100 = 90$
d) Wahr; die Summe zweier negativen Zahlen ist stets negativ.
e) Falsch; sind beide Zahlen positiv, so ist das Ergebnis größer als jede der beiden Zahlen. Ist die eine Zahl negativ und die andere positiv, so liegt das Ergebnis zwischen beiden Zahlen. Die Behauptung stimmt nur in dem Fall, in dem beide Zahlen negativ sind.
f) Falsch, denn $|0| = 0$.
g) Wahr, denn auch bei der Addition von zwei gleichen negativen Zahlen sind die Beträge der gegebenen Zahlen wie auch des Ergebnisses positiv. Z.B.:
positive rationale Zahlen: $2{,}5 + 2{,}5 = 5$ und $|5| = 2 \cdot |2{,}5|$
negative rationale Zahlen: $-3 + (-3) = -6$ und $|-6| = 6$; $|-3| = 3$, also $|-6| = 2 \cdot |-3|$.

4 Subtrahieren rationaler Zahlen

Seite 80

Einstiegsaufgabe
Der Höhenunterschied zwischen dem höchsten und tiefsten Punkt beträgt 1232 m.

Seite 81

1 a) −11 b) −67 c) 39 d) 6
e) −32 f) $-\frac{1}{2}$ g) $\frac{21}{4}$ h) −0,6
i) 0,45 j) −1,4 k) $-\frac{3}{8}$ l) 0

2 a)

−	3	−4	1,2	−7
1,8	−1,2	5,8	0,6	8,8
−5	−8	−1	−6,2	2
−3,5	−6,5	0,5	−4,7	3,5

b)

−	$-\frac{5}{2}$	$\frac{7}{8}$	$-\frac{5}{8}$	$-\frac{3}{4}$
$\frac{3}{4}$	$3\frac{1}{4}$	$-\frac{1}{8}$	$\frac{11}{8}$	$\frac{6}{4} = \frac{3}{2}$
−2	$\frac{1}{2}$	$-\frac{23}{8}$	$-\frac{11}{8}$	$-\frac{5}{4}$
$-\frac{5}{2}$	0	$-\frac{27}{8}$	$-\frac{15}{8}$	$-\frac{7}{4}$

3

x	y	x + y	x − y	y − x	−x − y	|x| −|y|
13	−12	1	25	−25	−1	1
$-\frac{1}{3}$	$-\frac{5}{6}$	$-\frac{7}{6}$	$\frac{1}{2}$	$-\frac{1}{2}$	$\frac{7}{6}$	$-\frac{1}{2}$
−3,5	1,2	−2,3	−4,7	4,7	2,3	2,3
$\frac{4}{10}$	1,4	1,8	−1	1	−1,8	−1

4 Man denkt sich alle Terme als Summen und wendet die Vorzeichenregeln für Summen an.
a) Negativ, denn beide Zahlen sind negativ.
b) Negativ, denn −19 hat den größeren Betrag.
c) Negativ, denn beide Zahlen sind negativ.
d) Positiv, denn 1 hat den größeren Betrag.
e) Negativ, denn beide Zahlen sind negativ.
f) Positiv, denn beide Zahlen sind positiv.
g) Negativ, denn beide Zahlen sind negativ.
h) Negativ, denn beide Zahlen sind negativ.
i) Negativ, denn −9 hat den größeren Betrag.

j) Positiv, denn 117 hat den größeren Betrag.
k) Negativ, denn −1 hat den größeren Betrag.
l) Negativ, denn −3 hat den größeren Betrag.
m) Positiv, denn beide Zahlen sind positiv.
n) Negativ, denn − 1012 hat den größeren Betrag.
o) Positiv, denn beide Zahlen sind positiv.
p) Negativ, denn beide Zahlen sind negativ.

5 a) $3 - 9 = -6$
b) $\left|-\frac{3}{4}\right| - \left(-\frac{1}{8}\right) = \frac{7}{8}$
c) $|-22 - (-44)| = 22$

Seite 82

8 a) $15 - (9) = 6$
$-15 - (-9) = -6$
b) $120 + (-83) = 37$
$-120 + (83) = -37$
c) $-(-32) - (-8) = 40$
$-(32) - (8) = -40$
Vergleicht man die beiden Teile einer Aufgabe, so fällt auf, dass sich das Vorzeichen im Ergebnis ändert, wenn man bei beiden Summanden das Vorzeichen umdreht.

9 a) -10 b) -143 c) $\frac{11}{4}$ d) $-8{,}9$
e) $-\frac{1}{12}$ f) $-9{,}8$ g) $-7{,}6$ h) $-3{,}7$
i) $31{,}4$

10 $\frac{4}{5} - \frac{7}{10} - (-1{,}2) = 1{,}3$; $\frac{7}{10} - \frac{4}{5} - (-1{,}2) = 1{,}1$;
$-1{,}2 - \frac{4}{5} - \frac{7}{10} = -\frac{27}{10}$; $\frac{4}{5} - (-1{,}2) - \frac{7}{10} = 1{,}3$;
$\frac{7}{10} - (-1{,}2) - \frac{4}{5} = 1{,}1$

11 a) 259; −127 b) 32 c) −156

12 a)

2				
−16	−18			
−22	−6	12		
−15	7	13	1	
−3	12	5	−8	−9

b)

12				
6,3	−5,7			
4,7	−1,6	4,1		
3,5	−1,2	0,4	−3,7	
1,5	−2	−0,8	−1,2	2,5

13 a) $-\frac{1}{12}$ b) $\frac{4}{21}$ c) $\frac{3}{2}$ d) $-\frac{43}{10}$
e) $\frac{7}{8}$ f) $\frac{2}{9}$ g) $-\frac{48}{7}$ h) $\frac{3}{5}$

14 Stein links oben; Stein rechts unten; Stein rechts oben; Stein Mitte oben; Stein Mitte unten; Stein links unten; Stein links oben …

Seite 83

15 a) Es gibt sechs Möglichkeiten, die Zahlen einzusetzen:
$-(-3) + (-5) - (-2) = 0$
$-(-3) + (-2) - (-5) = 6$
$-(-5) + (-3) - (-2) = 4$
$-(-5) + (-2) - (-3) = 6$
$-(-2) + (-5) - (-3) = 0$
$-(-2) + (-3) - (-5) = 4$
Das kleinstmögliche Ergebnis ist 0, das größtmögliche Ergebnis ist 6.
Begründung: Die erste und die letzte Zahl werden als Betrag (also ohne Vorzeichen) addiert, die mittlere Zahl wird als Betrag subtrahiert. Daher erhält man das größtmögliche Ergebnis, wenn die betragsmäßig kleinste Zahl (−2) in der Mitte steht, und das kleinstmögliche Ergebnis, wenn die betragsmäßig größte Zahl (−5) in der Mitte steht.
b) Es gibt sechs Möglichkeiten, die Zahlen einzusetzen:
$(-3) - 6 + (-2) = -11$
$(-3) - (-2) + 6 = 5$
$6 - (-3) + (-2) = 7$
$6 - (-2) + (-3) = 5$
$(-2) - 6 + (-3) = -11$
$(-2) - (-3) + 6 = 7$

16 a) Timbuktu: 15,5 °C; Tobolsk: 8,5 °C
b) Mittagstemperaturen: 47,5 °C;
Nachttemperaturen: 40,5 °C

17 a) Falsch; Gegenbeispiel: $10 + (-3) = 7$ und $7 < 10$
b) Falsch – nicht wenn die zweite Zahl negativ ist.
Gegenbeispiel: $10 - (-15) = 25$ und $25 > 10$
c) Richtig; das ist der Fall, wenn die zweite Zahl negativ ist (die erste Zahl kann positiv oder negativ sein); vgl. dazu das Beispiel in Teilaufgabe a).

18 a) $5{,}5 - 1{,}5 - 2{,}5 - 1$
$= 5{,}5 + \big((-1{,}5) + (-2{,}5) + (-1)\big) = 5{,}5 - 5 = 0{,}5$
b) $6{,}3 + 1{,}7 - 2{,}4 - 3{,}3$
$= 6{,}3 + (-3{,}3) + 1{,}7 - 2{,}4 = 3 + 1{,}7 - 2{,}4 = 4{,}7 - 2{,}4 = 2{,}3$
c) $5{,}6 - 4{,}5 + 6{,}4 - 3{,}5$
$= 5{,}6 + 6{,}4 + \big((-4{,}5) + (-3{,}5)\big) = 12 - 8 = 4$
d) $9 + 0{,}9 - 0{,}9 + 3{,}2$
$= 9 + \big(0{,}9 + (-0{,}9)\big) + 3{,}2 = 9 + 3{,}2 = 12{,}2$
e) $-2{,}8 + 1{,}3 - 1{,}2 + 4 = -2{,}8 + (-1{,}2) + 1{,}3 + 4$
$= -4 + 1{,}3 + 4 = -4 + 4 + 1{,}3 = 1{,}3$
f) $\frac{3}{4} - \frac{7}{4} - \frac{11}{4} - \frac{5}{4}$
$= \frac{3}{4} + \left(\left(-\frac{7}{4}\right) + \left(-\frac{11}{4}\right) + \left(-\frac{5}{4}\right)\right) = \frac{3}{4} + \left(-\frac{23}{4}\right) = -\frac{20}{4} = -5$
g) $\frac{1}{7} + \frac{9}{7} - \frac{12}{7} - \frac{4}{7} = \frac{10}{7} + \left(\left(-\frac{12}{7}\right) + \left(-\frac{4}{7}\right)\right) = \frac{10}{7} - \frac{16}{7} = -\frac{6}{7}$
h) $\frac{2}{9} - \frac{5}{9} + \frac{8}{9} - \frac{25}{9} = \frac{2}{9} + \frac{8}{9} + \left(\left(-\frac{5}{9}\right) + \left(-\frac{25}{9}\right)\right) = \frac{10}{9} - \frac{30}{9} = -\frac{20}{9}$
i) $\frac{8}{3} - \frac{7}{6} + \frac{13}{3} + \frac{2}{3} = \frac{23}{3} - \frac{7}{6} = \frac{46}{6} - \frac{7}{6} = \frac{39}{6} = \frac{13}{2}$

19 a) $3 - 12 + 17 = 3 + (-12) + 17 = 3 + 17 + (-12)$
$= 20 - 12 = 8$
b) $13{,}2 + 24{,}6 - 9{,}2 = 13{,}2 + 24{,}6 + (-9{,}2)$
$= 13{,}2 + (-9{,}2) + 24{,}6 = 13{,}2 - 9{,}2 + 24{,}6 = 4 + 24{,}6 = 28{,}6$

c) $\frac{1}{5} - \frac{3}{5} + \frac{9}{5} - \frac{7}{5} = \frac{1}{5} + \left(-\frac{3}{5}\right) + \frac{9}{5} + \left(-\frac{3}{5}\right) + \left(-\frac{7}{5}\right)$
$= \frac{1}{5} + \frac{9}{5} + \left(\left(-\frac{3}{5}\right) + \left(-\frac{7}{5}\right)\right) = \frac{10}{5} + \left(-\frac{10}{5}\right) = \frac{10}{5} - \frac{10}{5} = 0$

d) $-7{,}2 + 2{,}1 - 2{,}8 + 4 = (-7{,}2) + 2{,}1 + (-2{,}8) + 4$
$= 2{,}1 + 4 + ((-7{,}2) + (-2{,}8)) = 6{,}1 + (-10) = 6{,}1 - 10 = -3{,}9$

e) $-\frac{4}{3} + \frac{7}{9} - \frac{8}{3} + \frac{1}{3} = \left(-\frac{4}{3}\right) + \frac{7}{9} + \left(-\frac{8}{3}\right) + \frac{1}{3}$
$= \frac{1}{3} + \left(\left(-\frac{4}{3}\right) + \left(-\frac{8}{3}\right)\right) + \frac{7}{9}$
$= \frac{1}{3} + \left(-\frac{12}{3}\right) + \frac{7}{9} = \frac{1}{3} - \frac{12}{3} + \frac{7}{9} = -\frac{11}{3} + \frac{7}{9} = -\frac{26}{9} = -2\frac{8}{9}$

f) $1{,}7 - 8{,}2 + 3 - 3{,}8 = 1{,}7 + (-8{,}2) + 3 + (-3{,}8)$
$= 1{,}7 + 3 + ((-8{,}2) + (-3{,}8)) = 4{,}7 + (-12) = 4{,}7 - 12$
$= -7{,}3$

20 a) $40 - 17{,}5 = 22{,}5$ b) $-10 + 17{,}1 = 7{,}1$
c) $-5{,}9 + 9 = 3{,}1$ d) $16 - 11{,}9 = 4{,}1$
e) $-\frac{2}{3} - \frac{11}{3} = -\frac{13}{3}$ f) $-\frac{9}{8} + \frac{3}{10} - \frac{33}{40}$

21 a) $21 + 48 - 13 - 19 = 21 - 19 - 13 + 48 = 37$
Beim Vertauschen der Summanden wurde −19 zu +19 und +48 zu −48. Die zweite Rechnung ist (folge-)richtig.
b) $-27 - 65 + 13 + 35 = -27 + 13 - 65 + 35$
$= -14 - 30 = -44$
Es wurden bei −27 und +13 und bei −56 und +35 jeweils die Beträge addiert. Das ist falsch, da die beiden Zahlen jeweils verschiedene Vorzeichen haben. In der zweiten Rechnung wurde zwar der Betrag (folg-)richtig bestimmt, aber das Vorzeichen ist falsch.

Seite 84

22 Anne: 85. Anne hat den Wert jeder Zu- oder Abnahme seit dem 24.2. zum Pegelstand von 81 cm addiert bzw. subtrahiert. Das Ergebnis von Annes Rechnung ist der Pegelstand vom 8.3.
Mike: 85. Mike hat zuerst Zunahmen seit dem 24.2. aufsummiert und anschließend alle Abnahmen zusammengenommen davon subtrahiert. Das Ergebnis von Mikes Rechnung ist der Pegelstand vom 8.3.
Janni: 4. Janni hat nur die Zu- und Abnahmen zusammengerechnet. Das Ergebnis von Jannis Rechnung ist die gesamte Zunahme von 4 cm vom Pegelstand vom 24.2. auf den Pegelstand vom 8.3.

23 Spiel

24 □ + 3125,43 € − 657,90 € = 2421,72 € oder
□ + 2467,53 € = 2421,72 €, also □ = −45,81 €
Vor den beiden Buchungen betrug der Kontostand −45,81 €.

25 a) 3 € + 15 € + 8 € + 5 € − 0,07 € = 31 € − 0,07 €
= 30,93 €
b) 87,581 − 1 + 0,001 = 86,582
c) individuelle Lösung, zum Beispiel: Jeder Schüler notiert seine Rechnung auf ein Kärtchen. Diese erhält der Spielleiter. Die Klasse wird in zwei Gruppen geteilt. Der Spielleiter liest die Aufgabe vor. Die Gruppen rechnen um die Wette. Wer zuerst das richtige Ergebnis hat, erhält einen Punkt. Bei falscher Antwort wird ein Punkt abgezogen.

Weitere Aufgabenbeispiele: 2,99 + 2,99 + 2,99;
$\frac{1}{4} + 17{,}875 - 0{,}25$

26 Beispiele: $0{,}4 - (-0{,}6)$; $0{,}3 + \frac{7}{10}$; $0{,}9 + 0{,}4 - 0{,}3$;
$0{,}9 - \left(-\frac{1}{10}\right)$; $0{,}09 - \left(-\frac{1}{100}\right) + 0{,}9$; $0{,}44 - \frac{2}{50} - (-0{,}6)$;
$0{,}44 - \frac{2}{50} + 0{,}7 + \left(-\frac{1}{10}\right)$; $0{,}4 + \frac{7}{10} - \frac{1}{10}$

27 1 = 1
1 − 2 = −1
1 − 2 + 3 = 2
1 − 2 + 3 − 4 = −2
1 − 2 + 3 − 4 + 5 = 3
1 − 2 + 3 − 4 + 5 − 6 = −3
…

Letzte Zahl gerade: Halbiere die letzte Zahl und nimm die Gegenzahl (−).
Letzte Zahl ungerade: Addiere 1 und halbiere das Ergebnis.

5 Multiplizieren rationaler Zahlen

Seite 85

Impuls
Sophie fällt auf, dass in dem Lied eine doppelte Verneinung (don't need no) vorkommt und fragt sich, ob sich diese beiden Verneinungen nicht gegenseitig aufheben (We need education). Damit stellt sie eine sehr kluge Überlegung an. Während derartige Regeln in der Mathematik gelten, ist es in der Sprache nicht immer eindeutig. Die doppelte Verneinung kann auch als Stilmittel zur Hervorhebung der Verneinung verwendet werden, wie es hier im Lied der Fall ist. Es gibt aber auch in der Sprache Beispiele, bei denen sich eine doppelte Verneinung aufhebt, zum Beispiel: „Der Mann war nicht unschuldig." bedeutet: „Der Mann war schuldig."

Seite 86

1 a) 16 b) −45 c) $-\frac{1}{4}$ d) −7
e) 3 f) −18 g) 0,6 h) −2
i) 36 j) −4 k) 0 l) −5,4

2

·	3	$-\frac{1}{2}$	−0,1	6
−7	−21	3,5	0,7	−42
12	36	−6	−1,2	72
$-\frac{1}{3}$	−1	$\frac{1}{6}$	$\frac{1}{30}$	−2

·	−5	8	−3	$-\frac{2}{5}$
$\frac{1}{6}$	$-\frac{5}{6}$	$\frac{4}{3}$	$-\frac{1}{2}$	$-\frac{1}{15}$
$-\frac{5}{2}$	$\frac{25}{2}$	−20	$\frac{15}{2}$	1
$-\frac{3}{8}$	$\frac{15}{8}$	−3	$\frac{9}{8}$	$\frac{3}{20}$

3 a) 16 b) $-\frac{1}{5}$ c) $\frac{147}{2}$ d) 20
e) 2,4 f) −2 g) −75 h) 1

4 a) 48,6 b) −13,65 c) 9,375 d) 12,6
e) 0,33 f) −0,7296 g) −0,0012 h) 107,1
Lösungswort: SIZILIEN

5 individuelle Lösung, zum Beispiel:

a) $6 \cdot 6$; $(-6) \cdot (-6)$; $\frac{1}{3} \cdot 108$

b) $(-4) \cdot 12$; $8 \cdot (-6)$; $0{,}5 \cdot (-96)$

c) $1 \cdot (-13)$; $(-6{,}5) \cdot 2$; $130 \cdot \left(-\frac{1}{10}\right)$

d) $(-4) \cdot \left(-\frac{1}{7}\right)$; $\frac{2}{6} \cdot \frac{24}{14}$; $\left(-\frac{3}{2}\right) \cdot \left(-\frac{8}{21}\right)$

6 a) $-7 \cdot (-5) = 35$

b) $\left|-\frac{1}{2}\right| \cdot (-(-10)) = 5$

c) $-4 \cdot (-3 + 5) = -8$

d) $\left(-\frac{2}{3}\right)^2 \cdot \left(\frac{3}{8}\right)^2 = \frac{1}{16}$

e) $-31 \cdot (-39) + (-943) = 266$

f) $-41 \cdot (-12) - (-382) = 874$

7 a) Z.B. $2 \cdot (-2) = -4 \neq 1$

b) Z.B. $-3 \cdot (-4) = 12$

c) $-((-7) \cdot (-5)) \neq 7 \cdot 5$

Seite 87

8 $42\,°F = (42 - 32) \cdot \frac{5}{9}\,°C \approx 6\,°C$;
$32\,°F = 0\,°C$;
$-10\,°F \approx -23\,°C$;
$0\,°F \approx -18\,°C$

11 (1) positiv; denn es gibt keinen negativen Faktor.
(2) positiv; denn es gibt acht negative Faktoren.
(3) positiv; denn es gibt vier negative Faktoren.
(4) negativ; denn es gibt einen negativen Faktor.
b) Es kommt nur darauf an, ob die Anzahl der negativen Faktoren gerade oder ungerade ist. Daher ändert sich bei insgesamt zehn Faktoren an den Antworten nichts.
In (1) und (4) ändert sich auch bei neun Faktoren nichts. Dagegen ändert sich das Vorzeichen des Ergebnisses in (2) und (3), da es dann neun bzw. fünf negative Faktoren gibt.

12 a) -1; 1; -1; 1; … Ergebnis der 10. Zeile: 1
b) -10; 100; -1000; $10\,000$; …
Ergebnis der 10. Zeile: $10\,000\,000\,000$
c) 2; -4; -8; 16; … Ergebnis der 10. Zeile: -1024
d) $-\frac{1}{2}$; $-\frac{1}{4}$; $\frac{1}{8}$; $\frac{1}{16}$; … Ergebnis der 10. Zeile: $-\frac{1}{1024}$

13 a) (I) $-2^5 = -(2^5) = -(2 \cdot 2 \cdot 2 \cdot 2 \cdot 2) = -32$
(II) $(-2)^5 = (-2) \cdot (-2) \cdot (-2) \cdot (-2) \cdot (-2) = -32$
(III) $-2^6 = -(2^6) = -(2 \cdot 2 \cdot 2 \cdot 2 \cdot 2 \cdot 2) = -64$
(IV) $(-2)^6 = (-2) \cdot (-2) \cdot (-2) \cdot (-2) \cdot (-2) \cdot (-2) = 64$
(V) $-(-2^5) = -(-(2 \cdot 2 \cdot 2 \cdot 2 \cdot 2)) = 32$
(VI) $-(-2)^5 = -((-2) \cdot (-2) \cdot (-2) \cdot (-2) \cdot (-2)) = -(-32) = 32$
(VII) $-(-2^6) = -(-(2 \cdot 2 \cdot 2 \cdot 2 \cdot 2 \cdot 2)) = 64$
(VIII) $-(-2)^6 = -((-2) \cdot (-2) \cdot (-2) \cdot (-2) \cdot (-2) \cdot (-2)) = -64$
(IX) $+2^5 = 2 \cdot 2 \cdot 2 \cdot 2 \cdot 2 = 32$
(X) $(+2^5) = 2 \cdot 2 \cdot 2 \cdot 2 \cdot 2 = 32$
b) Ist die Basis positiv, dann ist das Ergebnis immer positiv. Wenn die Basis negativ ist, kommt es darauf an, ob der Exponent gerade oder ungerade ist. Bei einem geraden Exponenten wird das Ergebnis positiv, bei einem ungeraden negativ.

14 a) A′(−2 | 1); B′(1 | −2,5); C′(3 | 2)
Das Dreieck A′B′C′ entsteht aus dem Dreieck ABC durch Punktspiegelung an Z:

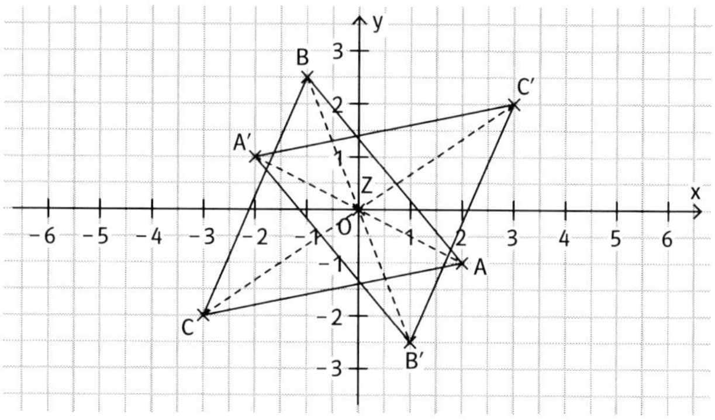

b) Multiplizieren mit 2:
A″(4 | −2); B″(−2 | 5); C″(−6 | −4)
Das Dreieck A″B″C″ entsteht aus dem Dreieck ABC, indem man die Verbindungsstrecke vom Ursprung zu jedem Punkt verdoppelt und die Endpunkte verbindet. Das neue Dreieck hat gleich große Winkel und Streckenverhältnisse wie das alte Dreieck.

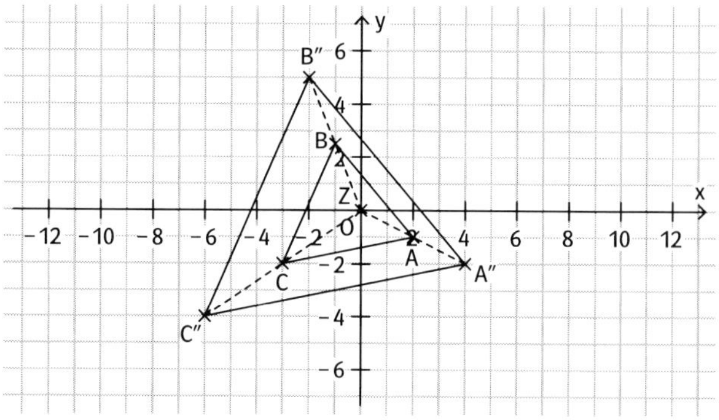

Multiplizieren mit −2:
A‴(−4 | 2); B‴(2 | −5); C‴(6 | 4)
Das Dreieck A‴B‴C‴ entsteht aus dem Dreieck ABC, indem man jeden Punkt am Ursprung spiegelt und dann die Verbindungslinie zum Ursprung verdoppelt. Man kann stattdessen auch einfach das Dreieck A″B″C″ am Ursprung spiegeln. Auch das Dreieck A‴B‴C‴ hat gleich große Winkel und Streckenverhältnisse wie das Dreieck ABC.

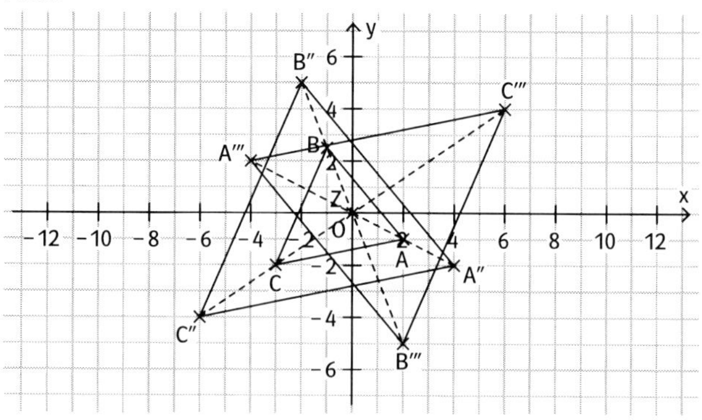

6 Dividieren rationaler Zahlen

Seite 88

Impuls
Ganz so einfach, wie Matthias meint, ist es doch nicht. Man muss zwar mit dem letzten Schritt der Aufbauanleitung beginnen und beim ersten enden, aber man muss auch immer das Gegenteil von dem tun, was in der Aufbauanleitung steht. Beispielsweise wird eine Anweisung wie „Verschraube Stab A mit Stab B" zu „Schraube Stab A und Stab B auseinander" usw.

Seite 89

1 a) −5 b) 6 c) −10
d) −5 e) 11 f) 4
g) −11 h) −5 i) 9
j) −4 k) 11 l) 0

2 a)

:	−2	4	−8
32	−16	8	−4
−64	32	−16	8
−88	44	−22	11

b)

:	2	−3	6
12	6	−4	2
−30	−15	10	−5
−72	−36	24	−12

3 a) $-\frac{2}{3}$ b) $-\frac{4}{15}$ c) $+\frac{5}{9}$ d) $-\frac{12}{17}$
e) $-\frac{5}{18}$ f) $-\frac{13}{20}$ g) $+\frac{24}{25}$ h) $-\frac{3}{4}$

4 a) $\frac{15}{98}$ b) 2 c) $-\frac{5}{4}$ d) $-\frac{1}{14}$

5 a) $(-5+7):\frac{1}{2} = 4$ b) $\left(\frac{1}{3}\right)^2:\left(3\cdot\left(-\frac{2}{5}\right)\right) = -\frac{5}{54}$
c) $-\frac{3}{2} - \left(-\frac{3}{8}:\frac{1}{4}\right) = 0$

8 a)

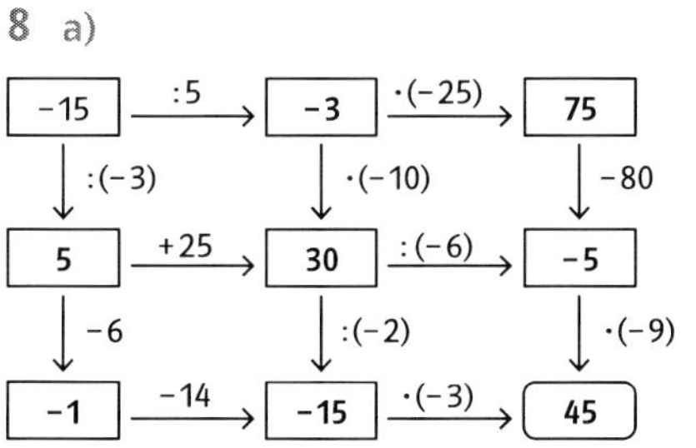

b)

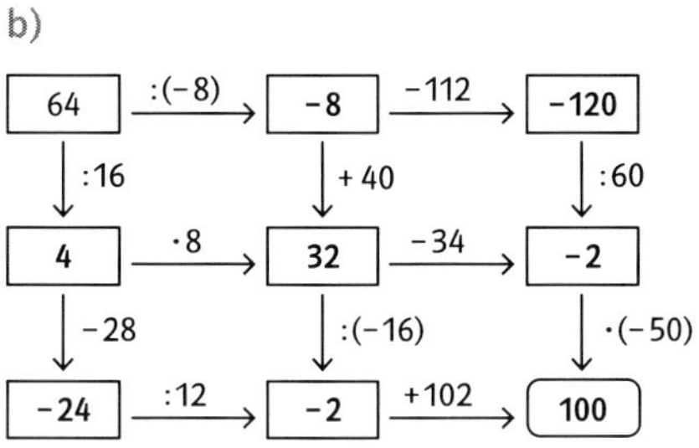

Es führen jeweils sechs Wege zum Ziel rechts unten.

7 Rechengesetze

Seite 90

Impuls
Linda hat die erste Aufgabe so gewählt, dass in dem Produkt der Bruch $\frac{34}{19}$ und sein Kehrbruch $\frac{19}{34}$ vorkommen. Solche Produkte haben den Wert 1. Deshalb kann das Ergebnis $\frac{1}{2}$ sofort abgelesen werden. Bei der zweiten Aufgabe hat Linda eine Differenz aus zwei Produkten gebildet, die den Faktor 2,34 gemeinsam haben. Dieser Faktor wird erst mit 9 multipliziert und dann 8-mal wieder abgezogen, bleibt also 1-mal übrig:
$2{,}34 \cdot 9 - 8 \cdot 2{,}34 = 2{,}34 \cdot (9-8) = 2{,}34$.

Seite 91

1 a) $65 - 157 + 35 = (65 + 35) - 157 = 100 - 157 = -57$
b) $5{,}3 - 13{,}4 + 12{,}7 - 1{,}6 - 2$
$= (5{,}3 + 12{,}7) - (13{,}4 + 1{,}6 + 2) = 18 - 17 = 1$
c) $-\frac{2}{7} - \frac{1}{4} + \frac{2}{7} - \frac{1}{2} - \frac{1}{4} = \left(-\frac{2}{7} + \frac{2}{7}\right) - \left(\frac{1}{4} + \frac{1}{2} + \frac{1}{4}\right)$
$= 0 - 1 = -1$

2 a) $3 - 2{,}5 = 0{,}5$ b) $8 - 5{,}7 = 2{,}3$ c) $12 - 8 = 4$
d) $9 + 3{,}2 = 12{,}2$ e) $\frac{3}{4} - \frac{23}{4} = -5$ f) $\frac{10}{7} - \frac{16}{7} = -\frac{6}{7}$
g) $\frac{10}{9} - \frac{30}{9} = -\frac{20}{9}$ h) $\frac{9}{6} + 5 = \frac{3}{2} + 5 = \frac{13}{2}$

Seite 92

3 a) $(37 + 53) + (-18) = 72$
b) $76 + 87 + (-37) = 76 + ((87 + (-37)) = 126$
c) $(-93 + 53) + 84 = 44$
d) $(3214 + 1726) + 2026 = 6966$
e) $(-3{,}2 - 6{,}8) + (-1{,}2) = -10 + (-1{,}2) = -11{,}2$
f) $\frac{3}{4} + \frac{1}{4} + (-2) = -1$
g) $47 + (-3) + (-18) + 18 = 44$
h) $\frac{77}{30}$
i) $(-4{,}7 - 1{,}3) + \frac{2}{5} = -6 + \frac{2}{5} = -\frac{28}{5}$

4 a) $(34{,}5 - (23{,}2 + 6{,}8) = 4{,}5$
b) $(25{,}9 - 35{,}9) + 17{,}1 = 7{,}1$
c) $(6{,}3 - 6{,}3) + (9 - 5{,}9) = 3{,}1$
d) $(6{,}3 + 9{,}7) - (5{,}9 + 6) = 4{,}1$
e) $\frac{12}{5} - \left(\frac{9}{10} - \frac{11}{10} - \frac{2}{10}\right) = \frac{12}{5} - \frac{11}{5} = \frac{1}{5}$
f) $\frac{7}{4} + \left(\frac{7}{6} - \left(\frac{11}{6} + \frac{5}{6}\right)\right) = \frac{7}{4} - \frac{9}{6} = \frac{7}{4} - \frac{6}{4} = \frac{1}{4}$

5 a) Erste Aufgabe: Hier kann man das Ergebnis direkt ablesen: −1,2
b) Zweite Aufgabe: Zu jeder Zahl gibt es eine Gegenzahl, die addiert werden soll. Ergebnis: 0
c) Erste Aufgabe: Das Ergebnis 10,38 ist direkt ablesbar.

6 a) 0,5 b) 14,8 c) 4
d) $\frac{7}{5}$ e) $-\frac{1}{2}$ f) $\frac{3}{10}$

7 a) $(17{,}4 - 3{,}9) + 4{,}6 = 18{,}1$
b) $-29{,}8 - (9{,}3 + 0{,}35) = -39{,}45$
c) $(19{,}3 + 5{,}1) - (19{,}3 - 5{,}1) = 10{,}2$

8 a) $4{,}2 \cdot (7 + 3) = 4{,}2 \cdot 10 = 42;$
$4{,}2 \cdot (7 + 3) = 4{,}2 \cdot 7 + 4{,}2 \cdot 3 = 29{,}4 + 12{,}6 = 42$
b) $12 \cdot (30 + 5) = 12 \cdot 35 = 420;$
$12 \cdot (30 + 5) = 12 \cdot 30 + 12 \cdot 5 = 360 + 60 = 420$
c) $12 \cdot \left(\frac{7}{2} - 4\right) = 12 \cdot \left(\frac{7}{2} - \frac{8}{2}\right) = 12 \cdot \left(-\frac{1}{2}\right) = -6;$
$12 \cdot \left(\frac{7}{2} - 4\right) = 12 \cdot \frac{7}{2} - 12 \cdot 4 = 42 - 48 = -6$
d) $(60 - 4) \cdot 4 = 56 \cdot 4 = 224;$
$(60 - 4) \cdot 4 = 60 \cdot 4 - 4 \cdot 4 = 240 - 16 = 224$
e) $-0{,}4 \cdot (20 - 5) = (-0{,}4) \cdot 15 = -6;$
$-0{,}4 \cdot (20 - 5) = (-0{,}4) \cdot 20 - (-0{,}4) \cdot 5 = -8 + 2 = -6$
f) $\left(\frac{2}{3} - \frac{1}{6}\right) \cdot 4 = \left(\frac{4}{6} - \frac{1}{6}\right) \cdot 4 = \frac{1}{2} \cdot 4 = 2;$
$\left(\frac{2}{3} - \frac{1}{6}\right) \cdot 4 = \frac{2}{3} \cdot 4 - \frac{1}{6} \cdot 4 = \frac{8}{3} - \frac{2}{3} = 2$
In allen Aufgaben außer d) ist es geschickter, nicht auszumultiplizieren.

9 a) $4{,}2 \cdot 6 + 4{,}2 \cdot 4 = 25{,}2 + 16{,}8 = 42;\ 4{,}2 \cdot (6 + 4) = 42$
b) $15 \cdot 20 + 8 \cdot 15 = 300 + 120 = 420;\ 15 \cdot (20 + 8) = 420$
c) $3 \cdot (-1{,}2) + (-1{,}2) \cdot 2 = -3{,}6 + (-2{,}4) = -6;$
$(-1{,}2) \cdot (3 + 2) = (-1{,}2) \cdot 5 = -6$
d) $56 \cdot 8 - 4 \cdot 56 = 448 - 224 = 224;$
$56 \cdot (8 - 4) = 56 \cdot 4 = 224$
e) $\frac{2}{3} \cdot (-6) - 3 \cdot \frac{2}{3} = -4 - 2 = -6;$
$\frac{2}{3} \cdot (-6 - 3) = \frac{2}{3} \cdot (-9) = -6$
f) $(-7) \cdot 0{,}5 - 0{,}5 \cdot (-11) = -3{,}5 + 5{,}5 = 2;$
$0{,}5 \cdot ((-7) - (-11)) = 0{,}5 \cdot 4 = 2$
In allen Aufgaben ist es geschickter, voher auszuklammern.

10 a) $4{,}7 - (1{,}7 + 4{,}7) = 4{,}7 - 4{,}7 - 1{,}7 = -1{,}7$ (Minusklammer; Kommutativgesetz)
$4{,}7 - (1{,}7 - 4{,}7) = 4{,}7 - 1{,}7 + 4{,}7 = 3 + 4{,}7 = 7{,}7$ (Minusklammer)
$4{,}7 - (-1{,}7 + 4{,}7) = 4{,}7 - 4{,}7 + 1{,}7 = 1{,}7$ (Minusklammer; Kommutativgesetz)
$4{,}7 + (-1{,}7 - 4{,}7) = 4{,}7 - 4{,}7 - 1{,}7 = -1{,}7$ (Plusklammer; Kommutativgesetz)
b) $15 \cdot 100 - 15 \cdot 4 = 1500 - 60 = 1440$
$15 \cdot 104 - 15 \cdot 4 = 15 \cdot (104 - 4) = 1500$ (Distributivgesetz)
$15 \cdot (-100) - 15 \cdot 4 = -1500 - 60 = -1560$
$15 \cdot (-96) + 15 \cdot (-4) = 15 \cdot (-96 - 4) = -1500$ (Distributivgesetz)
c) $\frac{15}{14} \cdot \left(\frac{7}{10} - \frac{14}{15}\right) = \frac{15 \cdot 7}{14 \cdot 10} - \frac{15 \cdot 14}{14 \cdot 15} = \frac{3 \cdot 1}{2 \cdot 2} - 1 = -\frac{1}{4}$
(Distributivgesetz)
$\frac{15}{14} \cdot \left(\frac{4}{11} - \frac{8}{22}\right) = 0$

Seite 93

13

senkrecht:	waagerecht:
(1) 273	(1) 26
(2) −1010	(2) −161
(3) −62	(5) −1020
(4) 109	(6) −3591
(5) −199	(8) −5904
(7) 555	(10) −75
(9) −435	(11) −36
	(10) −71
	(12) −69
	(13) −5959

(1) 2	6		(2) 1	(3) 6	(4) 1
7		(5) 1	0	2	0
(6) 3	(7) 5	9	1		9
	(8) 5	9	0	(9) 4	
(10) 7	5			(11) 3	(12) 6
1		(13) 5	9	5	9

14 $100\,g - (3{,}3\,g + 4\,g + 0{,}7\,g + 0{,}5\,g) = 91{,}5\,g$

15 a) $24 \cdot 12 - 12 \cdot 14 = 12 \cdot 10 = 120$
b) $1{,}4 \cdot (20 - 5) = 1{,}4 \cdot 20 - 1{,}4 \cdot 5 = 28 - 7 = 21$
c) $(6{,}6 - 8{,}9) - (3{,}4 - 8{,}9) = 6{,}6 - 3{,}4 - 8{,}9 + 8{,}9 = 3{,}2$
d) $(-12{,}4 - 7{,}8) \cdot (-6) + (-12 + (-3{,}8))$
$= 121{,}2 - 15{,}8 = 105{,}4$

16 $\underbrace{0{,}43 \cdot 0{,}82}_{\text{gelbes Rechteck}} + \underbrace{0{,}43 \cdot (0{,}6 + 0{,}82 - 0{,}24)}_{\text{blaues Rechteck}}$
$= 0{,}43 \cdot (2 \cdot 0{,}82 + 0{,}6 - 0{,}24) = 0{,}43 \cdot 2 = 0{,}86$
Der Flächeninhalt ist also $0{,}86\,m^2$.

17 individuelle Lösung, zum Beispiel:
$-1 - (-2 - (-3)) = -2$
$-1 + (-2 - (-3)) = 0$
$-1 - (-2 + (-3)) = 4$
$-1 + (-2) + (-3) = -6$
$-(-3 + (-1)) - (-2) = 6$
$-3 - (-1) + (-2) = -4$
$-(-3) + (-2) - (-1) = 2$

8 Zahlbereiche

Seite 94

Impuls
Butzbach gehört zum Wetteraukreis.
Daher ist jeder Butzbacher auch Wetterauer.

Seite 95

1

	−12	0,3	$\frac{15}{5}$	10 %	$-\frac{12}{6}$	25	−5,9	$2\frac{1}{5}$	0,3
$\mathbb{N}$	Nein	Nein	Ja	Nein	Nein	Ja	Nein	Nein	Nein
$\mathbb{Z}$	Ja	Nein	Ja	Nein	Ja	Ja	Nein	Nein	Nein
$\mathbb{Q}$	Ja	Ja	Ja	Ja	Ja	Ja	Ja	Ja	Ja

2 a) Falsch sind:
$-2; 0; 0{,}25; 35; \frac{49}{7}$

b)

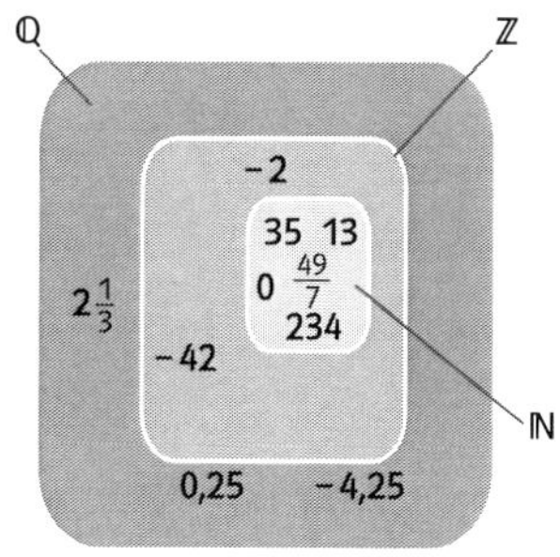

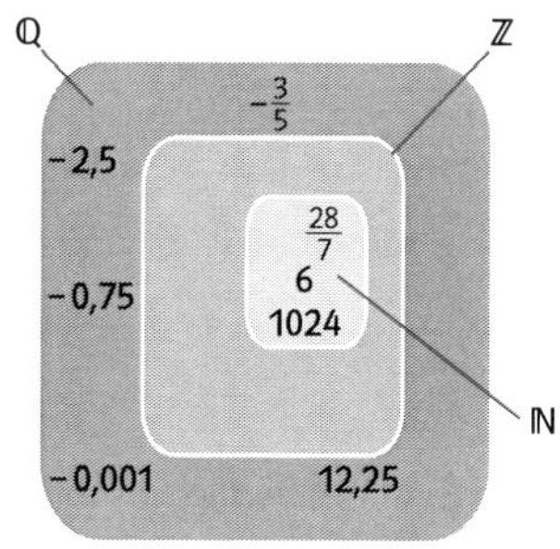

3 a) $7 \in \mathbb{N}$ b) $1 \in \mathbb{N}$ c) $\frac{3}{4} \in \mathbb{Q}$ d) $\frac{13}{84} \in \mathbb{Q}$

5 a) +, ·, :; $\frac{1}{3} - \frac{2}{3} = -\frac{1}{3}$ ist rational aber nicht positiv.
b) +; bei –; · und : können auch positive Zahlen entstehen.
c) +, ·; bei – können negative Zahlen entstehen.
Bei : können ungerade Zahlen und Brüche entstehen.
d) ·; bei + und – entstehen gerade Zahlen, bei : Brüche
e) ·, :; bei + und – entstehen andere Zahlen.
f) ·, :; + und – führen aus der Menge heraus.

6 a) Falsch, denn $7{,}5 + (-3{,}5) = 4$ und $4 \in \mathbb{N}$.
b) Wahr, denn $\frac{1}{2} : \frac{1}{4} = \frac{1}{2} \cdot 4 = 2$ und $2 \in \mathbb{N}$.

Vertiefen und Vernetzen

Seite 96

1 a) $(25 + (-15) : ((-2) \cdot (-5))) = -1$
b) $((-7) \cdot 18) - ((-4) : 2) = -124$
c) $(15 - 6) \cdot (15 + 6) = 189$
d) $(15 - (-6)) \cdot (15 + (-6)) = 189$

2

a)

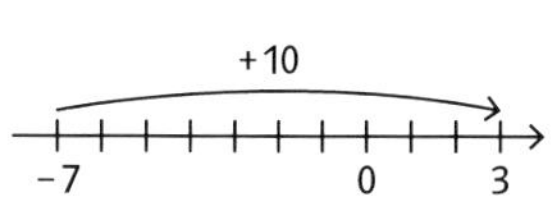

b)

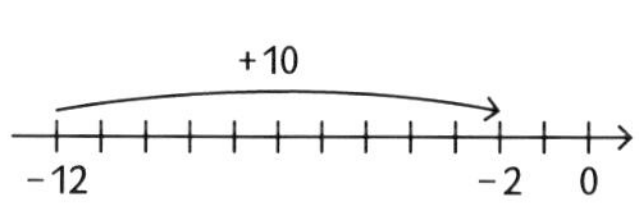

c)

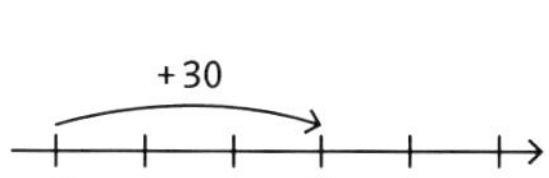

d)

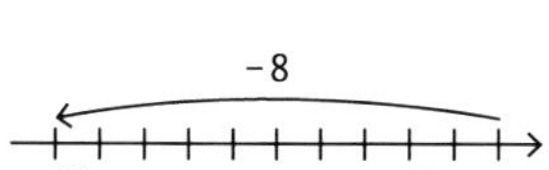

e)

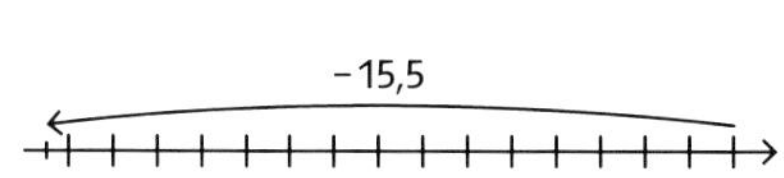

f)

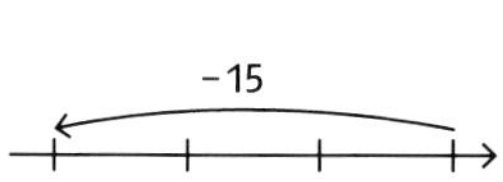

3 a) Zaubersumme = 2,7

0,8	**1,3**	0,6
0,7	0,9	**1,1**
1,2	**0,5**	**1**

b) Zaubersumme = 0,3

0	**0,9**	−0,6
−0,5	**0,1**	**0,7**
0,8	−0,7	0,2

c) Zaubersumme = 2,1

$\frac{3}{5}$	1,1	$\mathbf{\frac{2}{5}}$
$\mathbf{\frac{1}{2}}$	0,7	**0,9**
1	**0,3**	$\frac{4}{5}$

4 a) $-0{,}18 + 6{,}18 - (1{,}37 + 4{,}63) = 6 - 6 = 0$
b) $4{,}25 + 3{,}25 + 0{,}5 + 0{,}75 - 6{,}75 = 8{,}75 - 6{,}75 = 2$
c) $-(10{,}34 + 0{,}06 + 0{,}1) + 10{,}5 + 23{,}18$
$= -10{,}5 + 10{,}5 + 23{,}18 = 23{,}18$

5 a)

Lauterbach — Herbstein	+	120 m
Herbstein — Grebenhain	+	10 m
Grebenhain — Hartmannshain	+	125 m
Hartmannshain — Ober-Seemen	–	160 m
Ober-Seemen — Gedern	–	90 m

b) 120 m + 10 m + 125 m – 160 m – 90 m
= 235 m – 250 m = 5 m
Thomas hat falsch gedacht. Die berechnete Summe besagt nur, dass es zwischen Start und Ziel einen Höhenunterschied von 5 m gibt. Daraus ergibt sich keine Aussage über das Höhenprofil und damit die Schwierigkeit der Strecke.

6 a) 3 · 0,70 € + 2 · 0,20 € + 3 · 0,50 € + 4,00 € + 1,60 € + 4,00 € – 2,30 € – 1,30 € = 10 €
Das Ergebnis des Überschlags beträgt genau 10 €. Da alle Preise aufgerundet wurden und nur zwei Positionen subtrahiert wurden, kann Jana davon ausgehen, dass das Geld reicht. Sicherheit bekommt sie jedoch nur durch eine genaue Rechnung.
b) individuelle Lösung, zum Beispiel:
3 · 0,70 € – 0,03 € + 2 · 0,20 € – 0,02 € + 3 · 0,50 €
– 0,03 € + 4,00 € + 1,60 € + 4,00 € – 0,07 €
– (2,25 € + 1,29 €)
= 2,10 € + 0,40 € + 1,50 € + 9,60 €
– (0,03 € + 0,02 € + 0,03 € + 0,07 € + 2,25 € + 1,29 €)
= 13,60 € – 3,69 € = 9,91 €

7 Spiel

Seite 97

8 a) Summe: 0,9
Differenz: −0,1
b) Summe: −0,56
Differenz: 0,06
c) Summe: 0,65
Differenz: −0,15
d) Summe: 0,495
Differenz: −0,405

9 Bei den hervorgehobenen Feldern in der vierten Bude gibt es mehrere Lösungsmöglichkeiten.

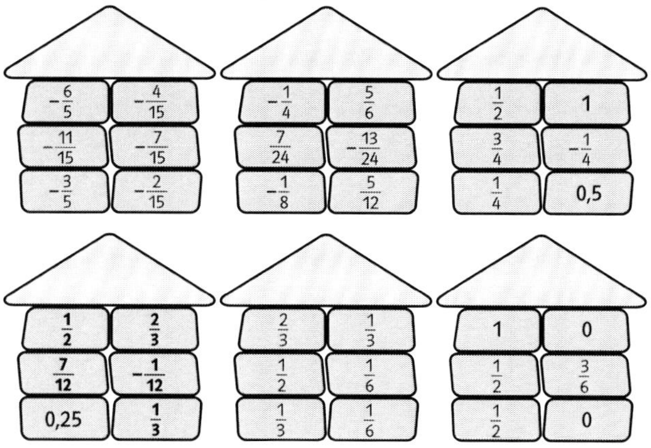

2. Stock: Die Zahlen aus dem Erdgeschoss haben sich verdoppelt.
(Hinweis zu Bude 5: Die Lösung kann durch Probieren gefunden werden. Wenn man schon erkannt hat, dass die Werte im zweiten Stock doppelt so groß sind wie im Erdgeschoss, dann kann man zuerst den zweiten Stock berechen und dann die Werte halbieren.)

10 $-\frac{3}{4} : (1{,}7 - \mathbf{0{,}7}) = -0{,}75$

$\mathbf{0} \cdot \left(1\frac{3}{17} + 0{,}375\right) = 0$

$[0{,}3 - (-0{,}7)] \cdot \mathbf{3{,}25} = 3{,}25$

$\left(\frac{7}{8} + \frac{1}{3}\right) \cdot \left(-\frac{4}{7} + \frac{\mathbf{4}}{\mathbf{7}}\right) = 0$

11 a) möglichst großer Wert des Terms:
$(-2) \cdot \left(\frac{1}{3} + \frac{1}{2}\right) : \left(-\frac{1}{3}\right) = 5$
möglichst kleiner Wert des Terms:
$\left((-2) \cdot \frac{1}{3} + \frac{1}{2}\right) : \left(-\frac{1}{3}\right) = 0{,}5$
b) möglichst großer Wert des Terms:
z.B. $(-2) : \left[\frac{1}{3} \cdot \left(-\frac{1}{2}\right)\right] = 12$
möglichst kleiner Wert des Terms:
z.B. $(-2) : \frac{1}{3} + \left(-\frac{1}{2}\right) = -\frac{13}{2} = -6{,}5$

12 1. Reihe: $-\frac{1}{6}; -\frac{1}{12}; -\frac{1}{20}; -\frac{1}{30}; -\frac{1}{42}; -\frac{1}{56}; \ldots; -\frac{1}{132}$
2. Reihe: $-\frac{3}{20}; -\frac{3}{42}; -\frac{3}{72}; -\frac{3}{110}; -\frac{3}{156}; -\frac{3}{210}; \ldots; -\frac{3}{506}$
Eigene Zahlenreihen:
individuelle Lösung, zum Beispiel:
$\frac{1}{2} - \frac{1}{4}$
$\frac{1}{8} - \frac{1}{16}$
$\frac{1}{32} - \frac{1}{64}$
liefert: $\frac{1}{4}; \frac{1}{16}; \frac{1}{64}; \ldots$
oder $1 - \frac{1}{2}$
$1 - \frac{1}{3}$
$1 - \frac{1}{4}$
liefert: $\frac{1}{2}; \frac{2}{3}; \frac{3}{4}; \ldots$

13 a) Falsch, da zum Beispiel: $\frac{5}{2} - \frac{1}{2} = 2$ ist.

b) Wahr, zum Beispiel: $\underbrace{\frac{3}{5} + \frac{3}{5} + \frac{3}{5} + \frac{3}{5} + \frac{3}{5}}_{\text{5 Summanden}} = \frac{15}{5} = 3.$

$\left(\text{allgemein: } \underbrace{\frac{a}{b} + \ldots + \frac{a}{b}}_{\text{b Summanden}} = a\right)$

c) Falsch, da zum Beispiel: $\frac{1}{4} + \frac{1}{4} = \frac{1}{2}$ ist, oder $\frac{1}{4} + \frac{7}{4} = \frac{2}{1}$ ist.

14 Die Gleichung $\square \cdot 0 = 50$ wird für keine Zahl erfüllt, da das Produkt aus null und einer anderen Zahl immer 0 ist, niemals 50. Sophie folgert, dass man daher 50 auch nicht durch 0 dividieren darf. Die gleiche Überlegung gilt für jede andere Zahl.

Exkursion: Rationale Zahlen im Koordinatensystem

Seite 98

1

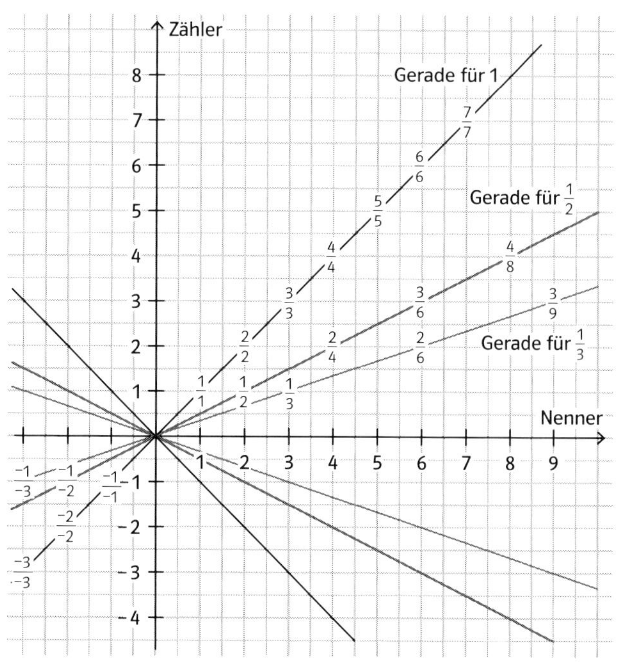

Man erhält zu einem Bruch $\frac{a}{b}$ den Bruch $-\frac{a}{b}$, also den zugehörigen negativen Bruch.
Im Beispiel erhält man die Gerade für −1, die Gerade für $-\frac{1}{2}$ und die Gerade für $-\frac{1}{3}$.

2 Man erhält zu einem Bruch $\frac{a}{b}$ seinen Kehrbruch $\frac{b}{a}$, also etwa zu $\frac{1}{3}$ den Bruch $\frac{3}{1}$ oder zu $\frac{2}{3}$ den Bruch $\frac{3}{2}$.

3 Zwei Brüche sind Gegenzahlen, wenn Sie auf Geraden liegen, die spiegelsymmetrisch zur Nenner- oder Zählerachse liegen. Sie sind Kehrwerte, wenn sie auf Geraden liegen, die achsensymmetrisch zur positiven Winkelhalbierenden von Nenner- und Zählerachse liegen.

Seite 99

4 Zum Beispiel: $\frac{2}{4}$; $\frac{3}{6}$; $\frac{4}{8}$; $\frac{-1}{-2}$; $\frac{-2}{-4}$; … aber auch $\frac{2{,}5}{5}$; $\frac{3{,}5}{7}$; $\frac{4{,}5}{9}$; $\frac{-1{,}5}{-3}$; …

5 a) $-\frac{2}{3} < -\frac{1}{3} < -\frac{2}{7} < -\frac{1}{10} < \frac{2}{9} < \dots$
b) $\frac{1}{2} > \frac{2}{5} > \frac{3}{10} > 0 > -\frac{1}{4} > -\frac{2}{3} > \dots$

6 Einen Bruch mit einer Zahl a zu erweitern bedeutet, dass man auf der gleichen Geraden bleibt, aber den Abstand zum Ursprung a-mal so groß wählt. Der Bruch $\frac{4}{8}$ liegt beispielsweise 4-mal so weit vom Ursprung entfernt, wie der Bruch $\frac{1}{2}$.
Analog bedeutet Kürzen mit einer Zahl b, dass man auf der gleichen Geraden bleibt, aber den Abstand zum Ursprung durch b teilt.

7 Zunächst bringt man die Brüche durch Erweitern auf den gleichen Nenner (im Beispiel: $\frac{2}{4}$ und $\frac{3}{4}$). Dann erweitert man noch einmal mit 2 (im Beispiel: $\frac{4}{8}$ und $\frac{6}{8}$).
In der Bruchtabelle liegt die gesuchte Zahl dann in der gleichen Spalte (im Beispiel: Spalte 8) in der Zeile zwischen den beiden Ausgangszahlen (im Beispiel: Zeile 5). Die zugehörige Gerade liegt zwischen den beiden Ausgangsgeraden.

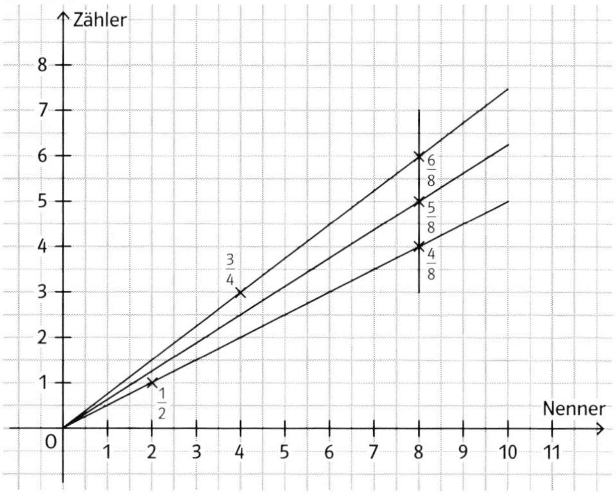

IV Kongruenzsätze

Lösungshinweise zu den Erkundungen

Seite 104

Dreiecke zeichnen
Es werden hier die drei Konstruktionen herausgegriffen, die ohne weitere Vorkenntnisse und durch Nachdenken ausgeführt werden können.
Nach der Konstruktion wird versucht, die Dreiecke in der Abbildung wiederzufinden. Wenn das gelingt, ist das ein erster Hinweis darauf, dass mit den drei gemessenen Größen genau ein Dreieck konstruierbar ist.
Ausschneiden und auf das Original legen bestätigt die Vermutung. Auf diese Art lässt sich auch herausfinden, wer zufällig dasselbe Dreieck ausgewählt hat. Die Ungenauigkeiten sind auf nicht exaktes Messen der Strecken oder Winkelgrößen sowie schlechtes Ausschneiden der Figuren zurückzuführen.
Es könnte im Unterricht auch die Anregung entstehen, weiter zu fragen, ob immer genau drei Größen gemessen werden müssen, ob es auch eindeutig wird, wenn man zwei Seiten und einen anliegenden Winkel misst, oder wenn man drei Winkel misst usw.

Seite 105

Dreiecksfamilien
Forschungsauftrag 1:
Es gibt unendlich viele Dreiecke, die $b = 5\,\text{cm}$ und $c = 10\,\text{cm}$ haben, weil der Winkel α zwischen b und c beliebig zwischen 0° und 180° variieren kann.
Forschungsauftrag 2:
Die Länge der Seite a liegt zwischen 0 cm und 15 cm. Es gibt daher genau ein Dreieck, dessen Seite a genau 8 cm lang ist.
Forschungsauftrag 3:
Es gibt unendlich viele Dreiecke mit $\alpha = 40°$ und $c = 8\,\text{cm}$. Genau eines davon hat den Winkel $\beta = 30°$.
(1) Es gibt genau ein Dreieck mit $\alpha = 45°$, $c = 10\,\text{cm}$ und $b = 8\,\text{cm}$.
(2) Wenn man zuerst den Winkel α und die Seite c zeichnet, dann muss man von der Ecke B aus eine 7 cm lange Strecke zum anderen Schenkel des Winkels zeichnen. 7 cm sind aber etwas zu wenig. Es gibt also kein Dreieck mit $c = 10\,\text{cm}$, $\alpha = 45°$ und $a = 7\,\text{cm}$.
(3) Es kann kein Dreieck mit $\alpha = 45°$, $c = 10\,\text{cm}$ und $a = 3\,\text{cm}$ konstruiert werden. Begründung wie in (2).

1 Kongruenz von Dreiecken

Seite 106

Impuls
Das zweite Kind hat zwei kleine und einen großen Stift genommen, statt zwei große Stifte und einen kleinen. So kann kein Dreieck entstehen.
Wenn drei Seiten gegeben sind, entsteht also entweder ein eindeutiges Dreieck (erstes Kind) oder gar kein Dreieck (zweites Kind). Unter welchen Bedingungen ist es überhaupt möglich, mit drei Stiften ein Dreieck zu legen? Gibt es dann mehrere Möglichkeiten?

Seite 107

1 Die Dreiecke (1) und (5) sind nach dem Kongruenzsatz sws zueinander kongruent.
Die Dreiecke (3) und (4) sind nach dem Kongruenzsatz wsw zueinander kongruent.
(2) kann nur zu (1) oder (5) kongruent sein. Es ist kein Kongruenzsatz anwendbar. Durch Messen der dritten Seite erkennt man, dass (2) nicht kongruent ist zu (1) oder (5).
(6) kann nur zu (3) oder (4) kongruent sein. Es ist kein Kongruenzsatz anwendbar. Durch Messen der anderen Seiten erkennt man, dass (6) nicht kongruent ist zu (3) oder (4).

Seite 108

2 a)
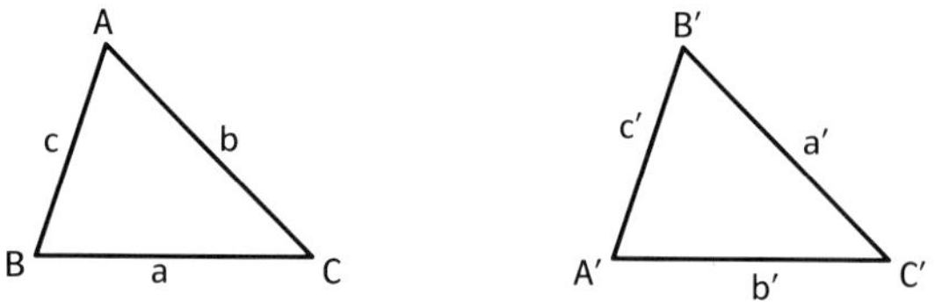

Die Dreiecke sind nach dem Kongruenzsatz sss zueinander kongruent.
b)
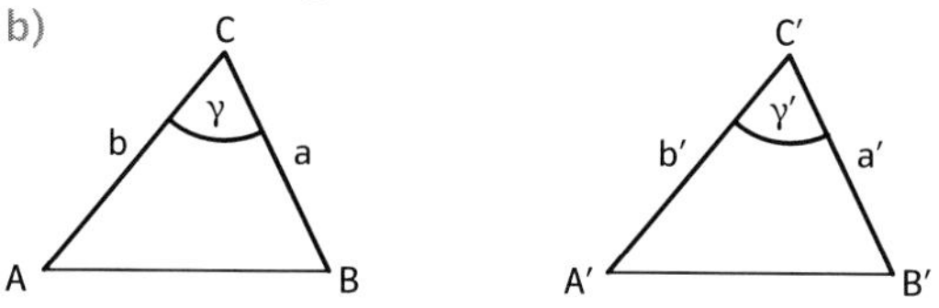

Die Dreiecke sind nach dem Kongruenzsatz sws zueinander kongruent.
c)
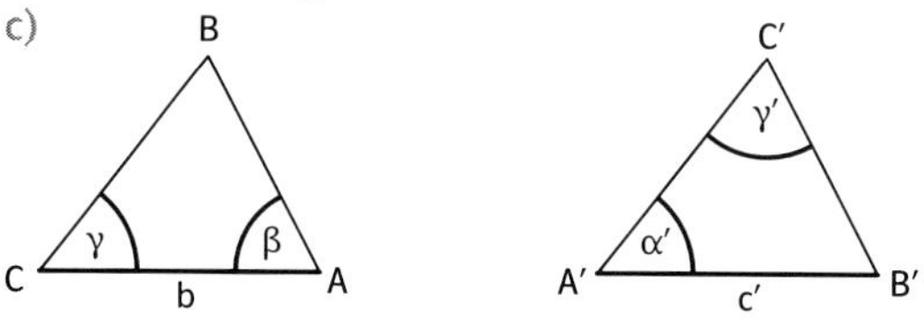

Die Dreiecke sind nicht zueinander kongruent, denn die gegebenen Winkel sind beim zweiten Dreieck nicht an der Seite c′ anliegend (vgl. Planfigur).
Es gilt $\beta' = 180° - 45° - 67° = 68° \Rightarrow \beta' \neq \alpha$.
d)
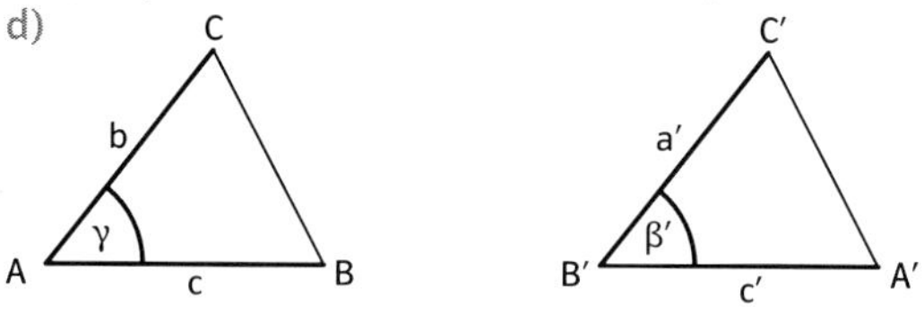

Die Dreiecke sind nach dem Kongruenzsatz sws zueinander kongruent.

e)

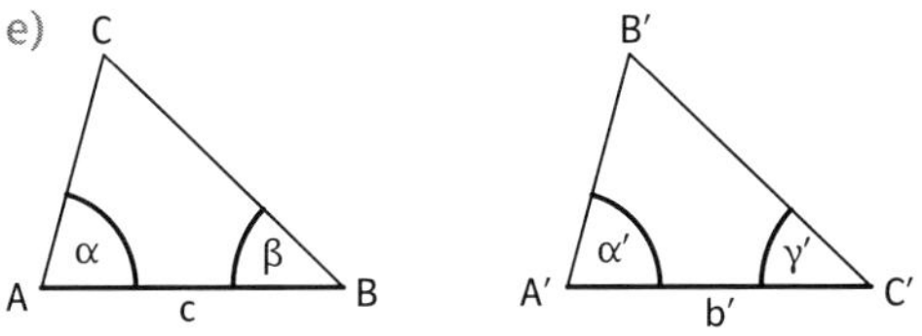

Die Dreiecke sind nach dem Kongruenzsatz wsw zueinander kongruent.

f)

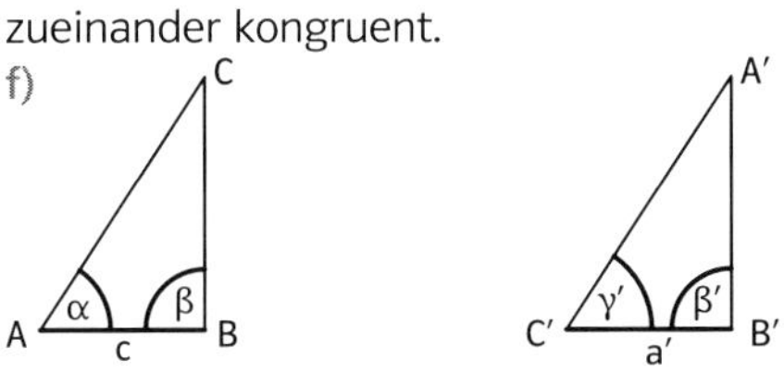

Die Dreiecke sind nach dem Kongruenzsatz wsw zueinander kongruent.

g) individuelle Lösung

3 a) wsw

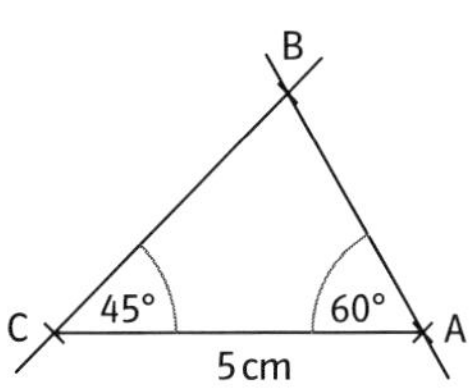

Zeichne die Strecke b der Länge 5 cm mit den Eckpunkten C und A. Trage den Winkel γ in C an. Trage den Winkel α (im UZS) in A an. Die freien Schenkel der Winkel schneiden sich in Punkt B.

b) sws

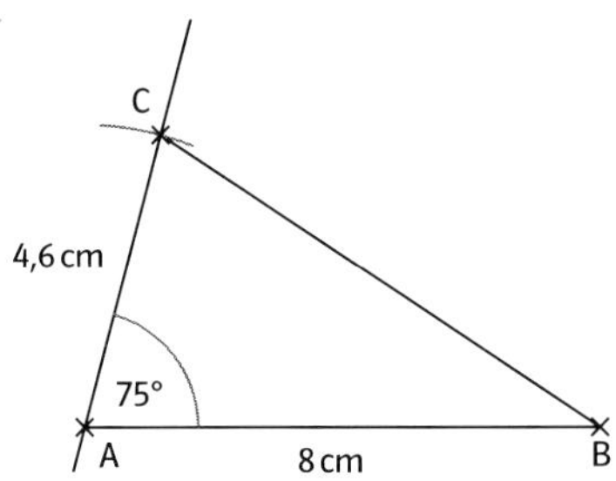

Zeichne die Strecke c der Länge 8 cm mit den Eckpunkten A und B. Trage in A den Winkel α an. Zeichne um A einen Kreisbogen mit dem Radius 4,6 cm. Der Schnittpunkt des Kreisbogens mit dem freien Schenkel des Winkels ist C.

c) sws

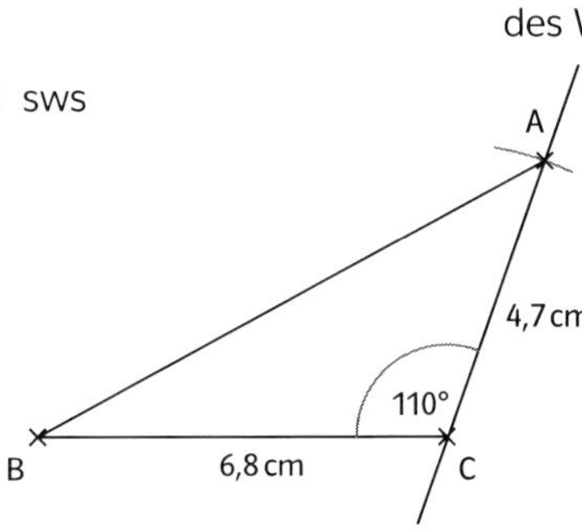

Zeichne die Strecke a der Länge 6,8 cm mit den Eckpunkten B und C. Trage in C den Winkel γ (im UZS) an. Zeichne um C einen Kreisbogen mit dem Radius 4,7 cm. Der Schnittpunkt des Kreisbogens mit dem freien Schenkel des Winkels ist A.

d) Die Winkelsumme im Dreieck beträgt 180°, die Größe des dritten Winkels kann berechnet werden (a = 65°), das Dreieck ist nach wsw konstruierbar.

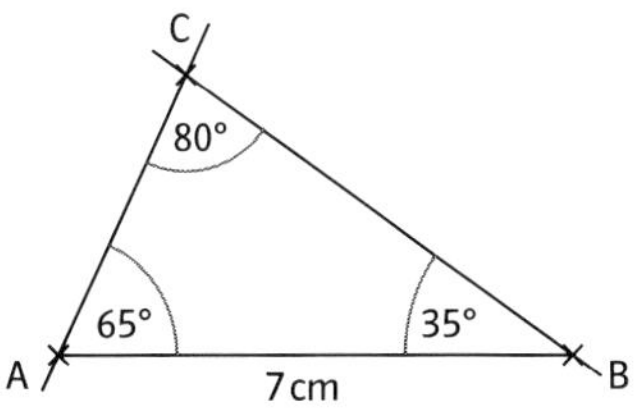

Zeichne die Strecke c der Länge 7 cm mit den Eckpunkten A und B. Trage in A den Winkel α und in B den Winkel β (im UZS) an. Die freien Schenkel der Winkel schneiden sich im Punkt C.

e) wsw mit $\beta = 180° - (68° + 55°) = 57°$

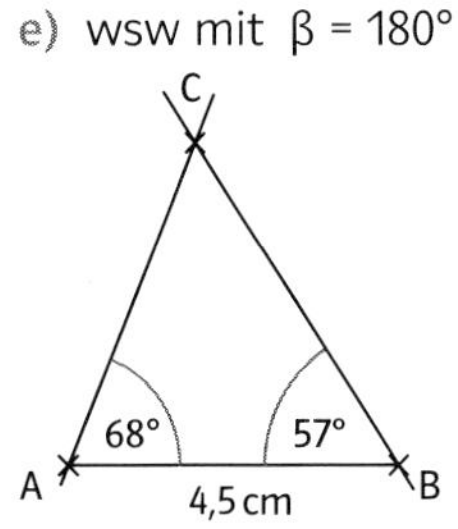

Zeichne die Strecke $\overline{AB}$ der Länge 4,5 cm. Trage in A den Winkel α und in B den Winkel β (im UZS) an. Die freien Schenkel der Winkel schneiden sich im Punkt C.

f) sws

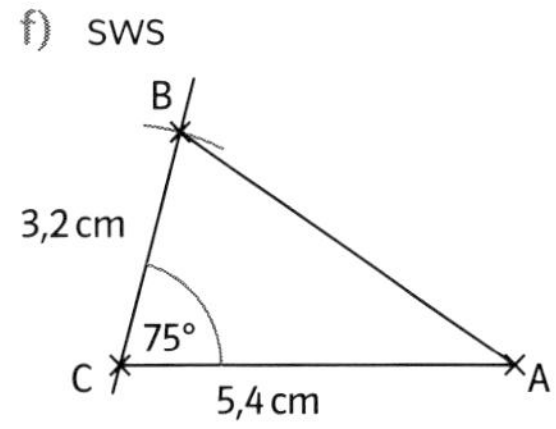

Zeichne die Strecke $\overline{AC}$ der Länge 5,4 cm. Trage in C den Winkel γ an. Zeichne um C einen Kreisbogen mit dem Radius 3,2 cm. Der Schnittpunkt des Kreisbogens mit dem freien Schenkel ist B.

g) sss

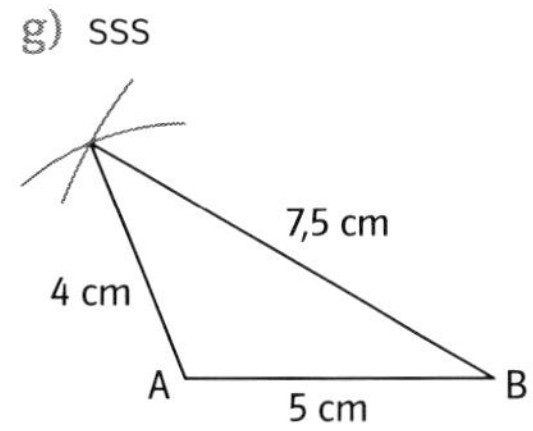

Zeichne die Strecke c der Länge 5 cm. Zeichne um A einen Kreisbogen mit dem Radius 4 cm und um B einen Kreisbogen mit dem Radius 7,5 cm. Die Kreisbögen schneiden sich in den Punkten C und C′. Die Dreiecke ABC und ABC′ sind kongruent.

h) sss

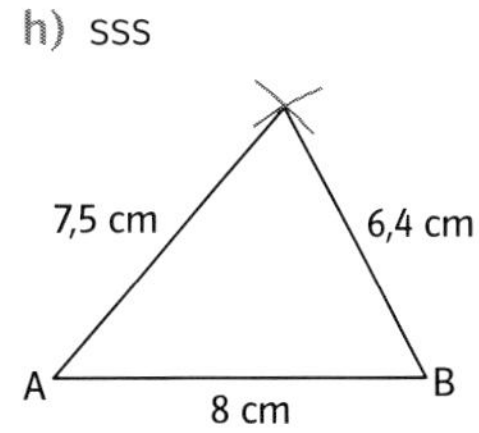

Zeichne die Strecke c der Länge 8 cm. Zeichne um A einen Kreisbogen mit dem Radius 7,5 cm und um B einen Kreisbogen mit dem Radius 6,4 cm. Die Kreisbögen schneiden sich in den Punkten C und C′. Die Dreiecke ABC und ABC′ sind kongruent.

4 a) Das Dreieck lässt sich nicht konstruieren, denn es gilt 4 cm + 25 mm = 6,5 cm:
Man zeichnet $\overline{AC}$ = b = 6,5 cm, dann je einen Kreis mit Mittelpunkt A und Länge 4 cm bzw. mit Mittelpunkt C und Länge 25 mm = 2,5 cm. Man stellt fest, dass der Schnittpunkt der Kreise auf der Strecke $\overline{AC}$ liegt, d.h. es entsteht kein Dreieck.
b) individuelle Lösung, z.B.:
a = 5 cm, b = 7 cm, c = 2 cm
(a + c = b) oder
a = 5 cm, b = 7 cm, c = 1,5 cm
(a + c < b)

5 a) Wählt man z.B. für γ zwei verschiedene Winkel, so sind die Dreiecke nicht kongruent.
b) individuelle Lösung
zu wsw z.B. $\gamma = 70°$,
zu sws z.B. c = 7 cm

6 Reihenfolge der Konstrukionsschritte:
a) Dreieck ABC (wsw), $\sphericalangle$ ACD
b) Dreieck ABC (sws), Kreisbogen um C mit dem Radius 8 cm.
c) Strecke $\overline{AB}$, Punkt D markieren, $\sphericalangle$ BDC, Kreisbogen um D mit dem Radius 6 cm. C und A verbinden.
d) Konstruktion von Dreieck DBC wie folgt:
- Zeichnen von $\overline{BC}$ = 8 cm; Winkel $\beta = 60°$ in B antragen, Kreis um C mit Radius 7 cm.

D ist der Schnittpunkt des Kreises mit dem freien Schenkel von β.
Anschließend $\sphericalangle$ DCA = 20° in C antragen. A ist Schnittpunkt des freien Schenkels mit der Verlängerung von $\overline{DB}$.

7 Der Zollstock hat 10 Abschnitte. Die längste Seite des Dreiecks hat höchstens vier Abschnitte. Es gibt zwei Möglichkeiten, ein Dreieck zu knicken: (4; 4; 2) und (4; 3; 3).

8 a) Durch Messen im Buch erhält man die Größe des Winkels $\sphericalangle$ LUZ = 69°. Konstruktion nach sws mit dem Maßstab 100 km = 2 cm. Messen der Strecke $\overline{LZ}$ ergibt etwa 14,6 cm. Die Entfernung zwischen London und Zürich beträgt demnach etwa 730 km.

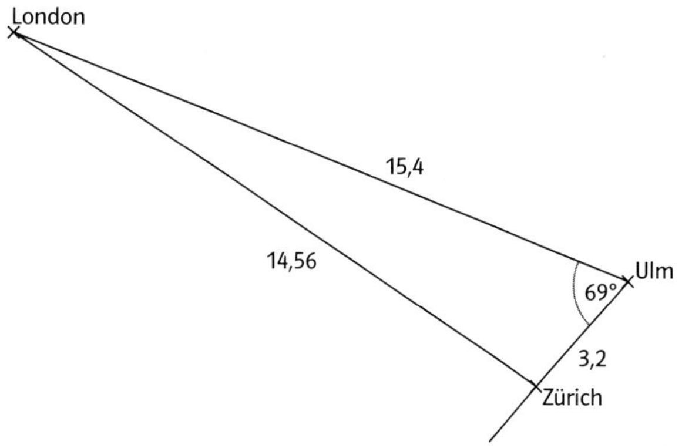

b) Durch Messen im Buch erhält man die Größe des Winkels $\sphericalangle$ AUP = 42°. Konstruktion nach sws mit dem Maßstab 100 km = 2 cm. Messen der Strecke $\overline{AP}$ ergibt etwa 8,2 cm. Die Entfernung zwischen Amsterdam und Paris beträgt demnach etwa 410 km.

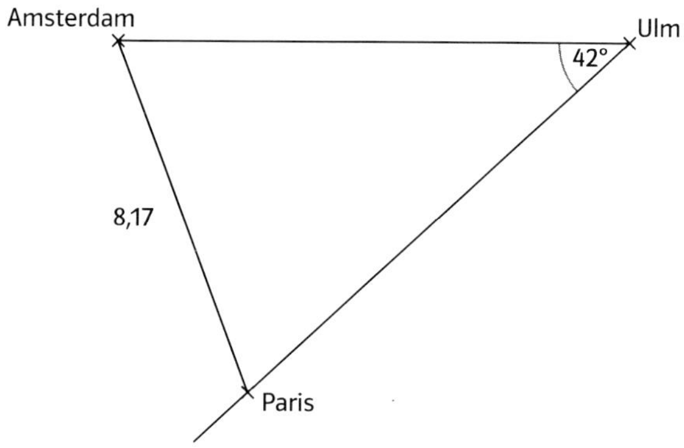

9 Einen Kongruenzsatz www kann es nicht geben, denn die Größe des Dreiecks kann beliebig sein; www liefert ähnliche Dreiecke, aber keine kongruenten.
Ein Kongruenzsatz wws ist nicht notwendig, denn der Sachverhalt „zwei Winkel und die dem zweiten Winkel anliegende Seite sind gegeben" wird durch den Kongruenzsatz wsw abgedeckt. Denn der dritte Winkel kann mithilfe des Winkelsummensatzes berechnet und danach mit den passenden Winkeln wsw angewendet werden.

Seite 109

13 Mögliche Lösung:
Die Dreiecke mit $\alpha = 45°$; b = 2,5 cm; $\gamma = 82°$ und $\beta = 45°$; b = 2,5 cm; $\gamma = 82°$ sind nicht kongruent, da im zweiten Dreieck $\alpha = 53°$ gilt.

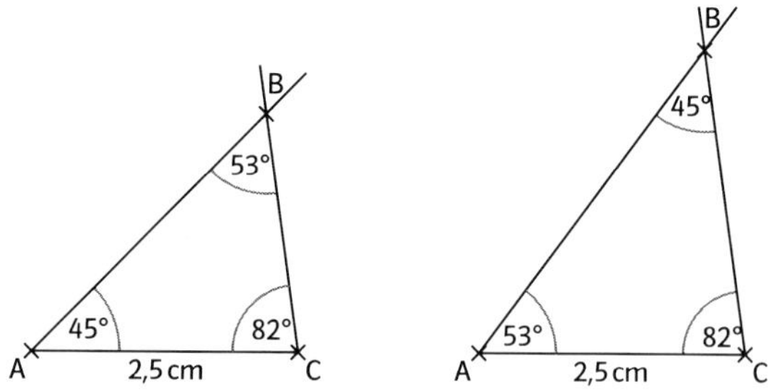

14 Die Position des Schatzes ist nicht eindeutig bestimmt.
Wenn man vom großen Baum aus einen Kreis mit Radius 40 m zeichnet, entstehen die Schnittpunke C_1 und C_2. Der Schatz kann an beiden Stellen sein.
Es gibt außerdem noch zwei weitere Stellen (die Punkte D_1 und D_2) auf der anderen Seite des Sonnenbaches, die ebenfalls 40 m vom großen Baum entfernt sind.

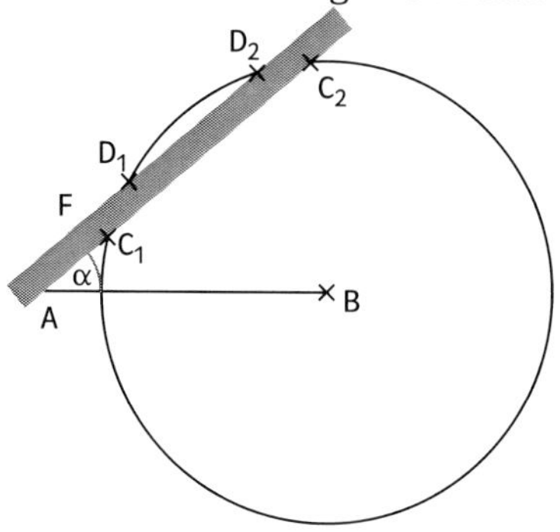

15 a) Die Situation kann im Maßstab 1:1000 konstruiert werden: Das Dreieck ABC kann nach sws konstruiert werden (Strecke $\overline{AC}$ = 2 cm, Winkel bei A = 90°, Winkel bei C = 90° − 22° = 68°). Für das Dreieck BDC trägt man in C an $\overline{CB}$ den Winkel der Größe 22° − 9° = 13° an. Der freie Schenkel schneidet die Verlängerung von $\overline{AB}$ in D (Konstruktion nach wsw). Messen ergibt $\overline{DB}$ ≈ 7,7 cm. Die Donau ist an der Stelle etwa 77 m breit.

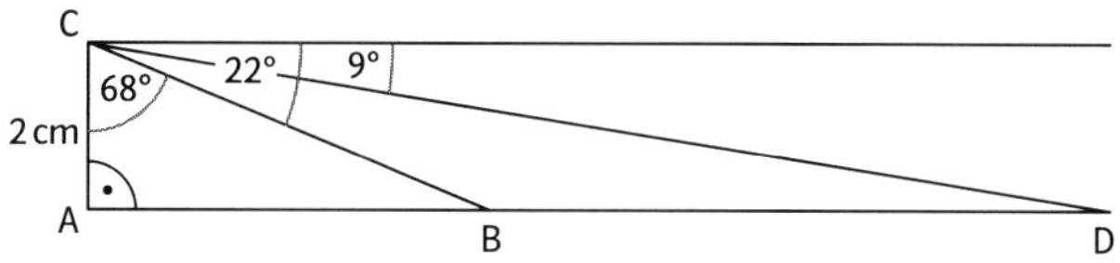

b) Der Nebenwinkel zu 138° ist 42°. Der dritte Winkel des Dreiecks (vgl. Abbildung im Buch) ist
180° − 42° − 68° = 70°. Konstruktion im Maßstab 1:2000 (oder auch 1:1000) nach wsw. Das Boot hat eine Strecke von etwa 210 m zurückgelegt.

16 a) Die Aussage ist falsch, denn wenn man nur zwei Seiten kennt, gibt es zwei nicht kongruente Dreiecke.
b) Zwei gleichschenklige Dreiecke sind zueinander kongruent, wenn sie in folgenden Größen übereinstimmen:
(1) Basis und Basiswinkel,
(2) Schenkel und Basis,
(3) Schenkel und Basiswinkel.
c) individuelle Lösung
d) Es genügt eine Angabe, nämlich die Seitenlänge.

17 a) Ja. Eine Seite und ihre anliegenden Winkel stimmen überein.
b) Nein. Der zweite an e anliegende Winkel ist nicht 85° groß.
c) Ja: Der zweite an a anliegende Winkel ist 75° groß und der zweite an d anliegende Winkel ist 80° groß.

2 Der Kongruenzsatz Ssw

Seite 110

Impuls
Das Ziel sollte sein, möglichst eine Kombination zu ziehen, die eindeutig ein Dreieck ergibt. Mit nur einer oder zwei Kugeln ist das nicht zu erreichen. Die Station hat aber ihre Tücken:
- Wenn man zwei Winkel gezogen hat, kann man aufhören, denn es ist ein Dreieck konstruierbar. Die Lösung ist aber nicht eindeutig. Will man eine eindeutige Lösung, muss man noch einmal ziehen. Wenn man dann einen weiteren Winkel zieht und die Winkelsumme nicht genau 180° ergibt, hat man verloren.
- Nach zwei Seiten muss man es noch einmal versuchen, wenn man eine eindeutige Lösung will. Zieht man dann noch eine Seite, kann man Pech haben. Wenn dann die Summe der beiden kleineren Seitenlängen nicht größer ist, als die größte, gibt es kein Dreieck.
- Es ist sogar möglich, dass man eine Kombination zieht, mit der man zwei verschiedene Dreiecke konstruieren kann, die nicht kongruent sind.
- Es kann vorkommen, dass man zwei Seiten und einen Winkel gezogen hat, aber kein Dreieck konstruieren kann. Wenn man dann noch einmal zieht, wird man meist Pech haben. Denn wenn man eine Seite zieht, kann man mit den drei Seiten eindeutig ein Dreieck zeichnen. Der Winkel muss aber nicht zu diesem Dreieck passen. Zieht man dagegen noch einen Winkel, dann kann man mit wsw eindeutig ein Dreieck zeichnen und die andere Seite muss nicht dazu passen.

Seite 111

1 a) Eindeutig

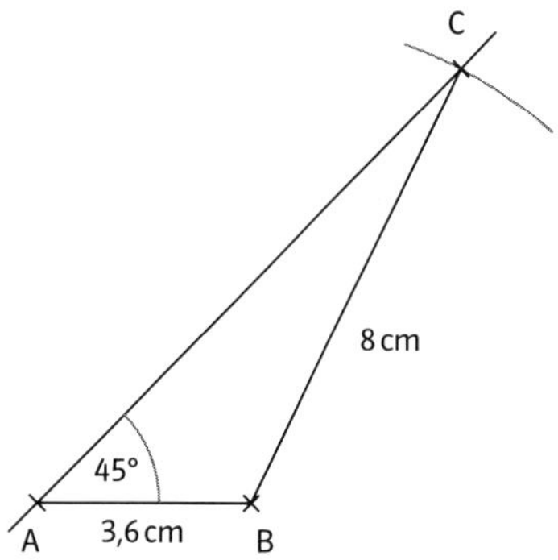

b) Eindeutig

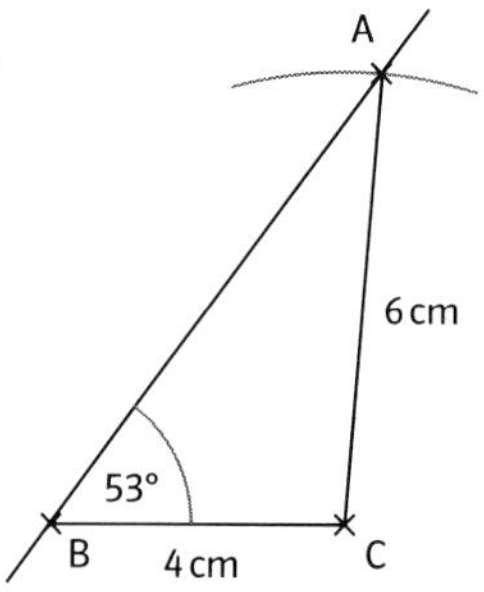

c) Zwei Lösungen

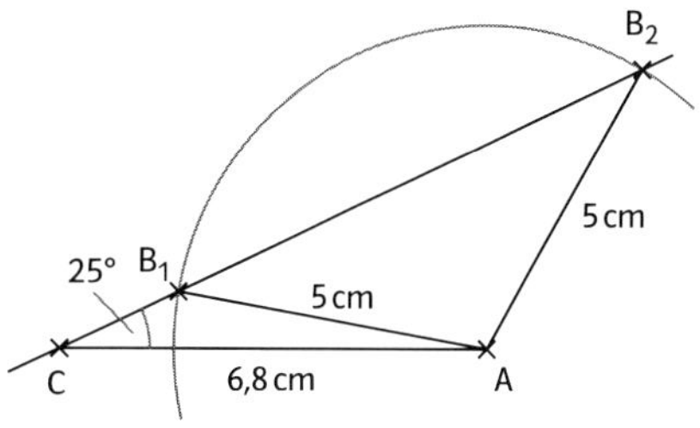

d) Zwei Lösungen

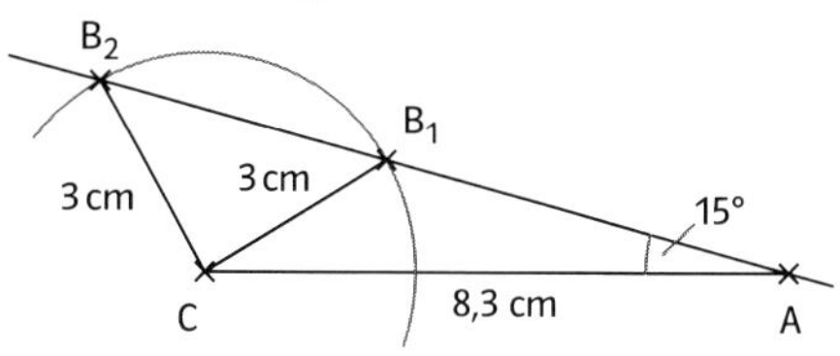

2 a) Keine Lösung; der Kreisbogen um B schneidet den Schenkel des Winkels α nicht.

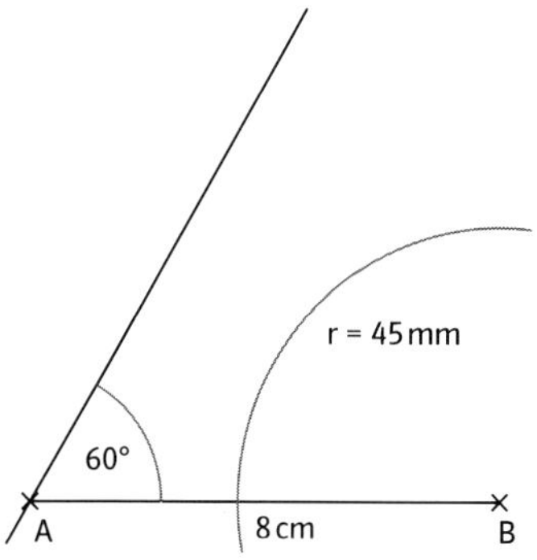

b) Eine Lösung

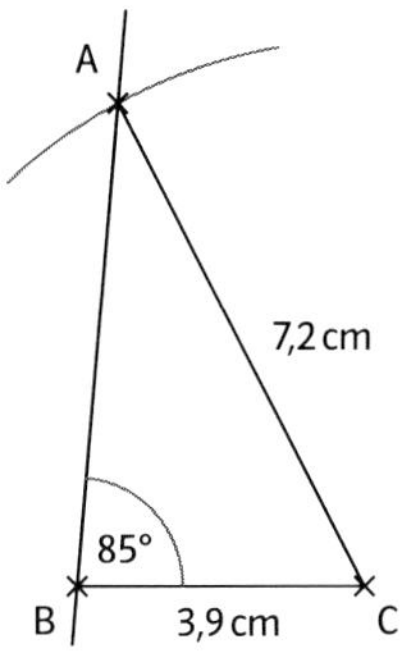

c) Eine Lösung; der Kreisbogen berührt den freien Schenkel des Winkels b.

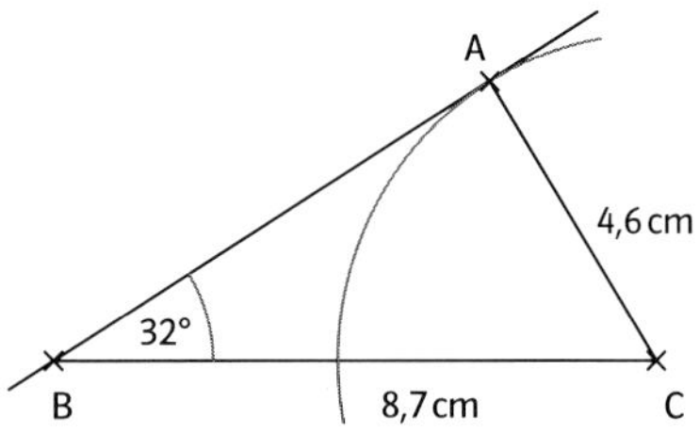

d) Zwei Lösungen, denn der Kreisbogen schneidet den freien Schenkel des Winkels in zwei Punkten.

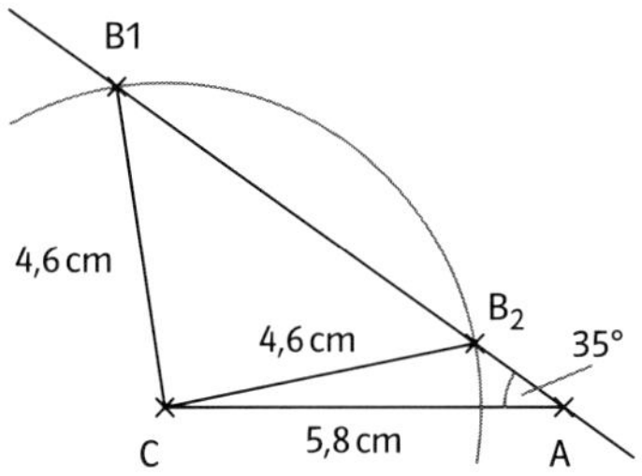

3 a) Berechnung der Winkel des Dreiecks ABC:
$\sphericalangle ABC = \beta = 8°$ (Wechselwinkel); $\sphericalangle BCA = \alpha - \beta = 42°$;
$\sphericalangle CAB = 180° - 42° - 8° = 130°$
Konstruieren von ABC mit wsw im Maßstab 1:100 000 (s. Skizze)

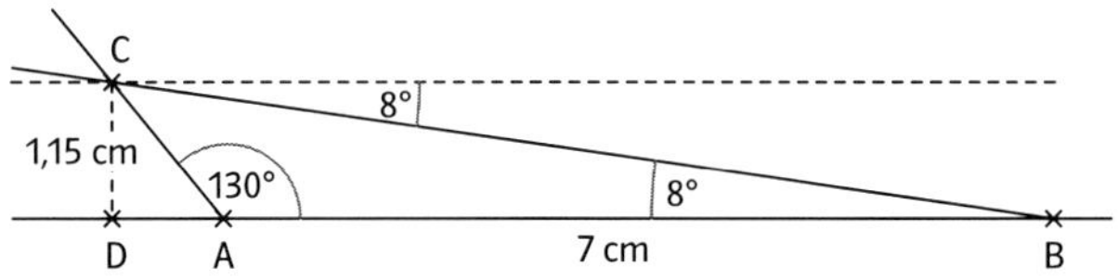

Die Höhe h_c des Dreiecks ist ca. 1,15 cm.
Also schwebt der Ballon ca. 1150 m + 30 m = 1180 m hoch.
b) Man konstruiert das rechtwinklige Dreieck DBC (s. Skizze in a)) im Maßstab 1:100 000 mit $\overline{DC} = 1{,}5\,\text{cm}$ und $\sphericalangle DCB = 180° - 90° - \beta = 82°$.
Die Strecke $\overline{AB}$ ist etwa 9,4 cm lang, also sind die Orte A und B ca. 9400 km voneinander entfernt.

4 a) $\overline{CD}$ ist gemeinsame Seite.
Es gilt $\overline{AC} = \overline{BC}$ und $\alpha = \beta$
b) Der Winkel an der Ecke C ist bei beiden Dreiecken verschieden.

6 Alle Grafiken sind in halber Größe gezeichnet.

a)

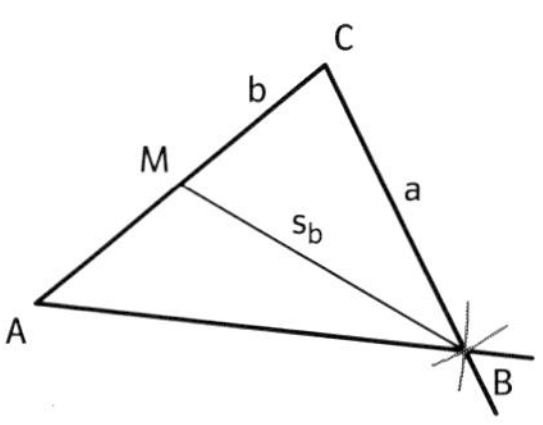

b)

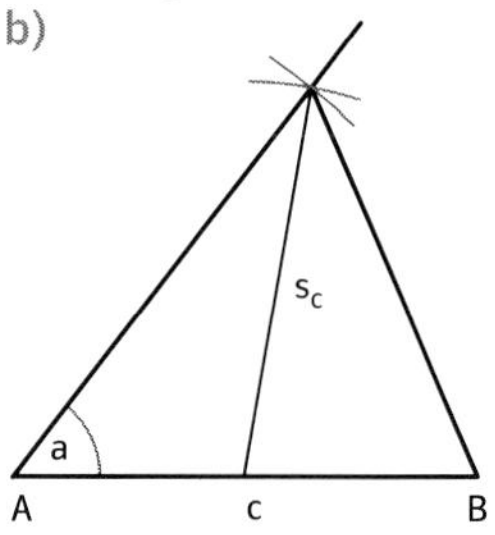

c)

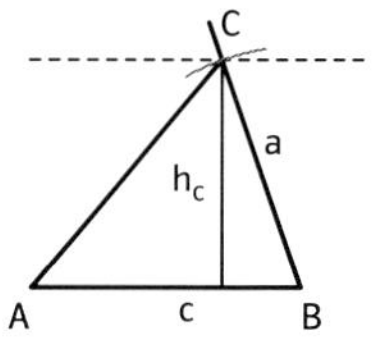

d) Zwei Lösungen

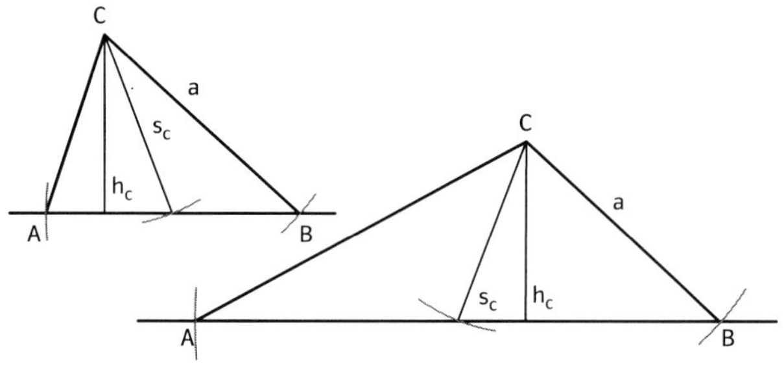

e) $h_a = h_b = h_c$; $\alpha = \beta = \gamma = 60°$

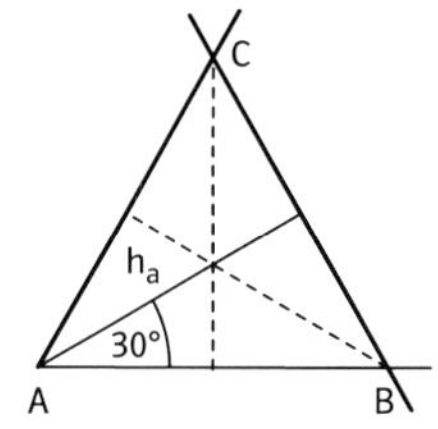

f) $\alpha = \beta$

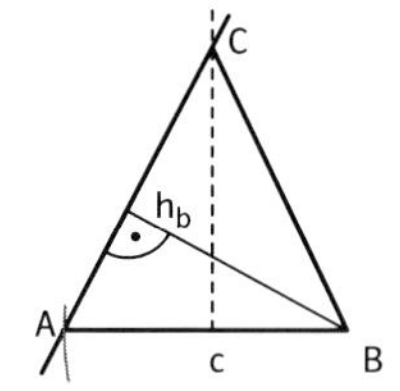

g) $s_c = h_c$; M Schnittpunkt von s_b mit s_c
$\Rightarrow \overline{CM} = \frac{2}{3} \cdot s_c \approx 4{,}2\,\text{cm}$
und $\overline{BM} = \frac{2}{3} s_b \approx 2{,}5\,\text{cm}$

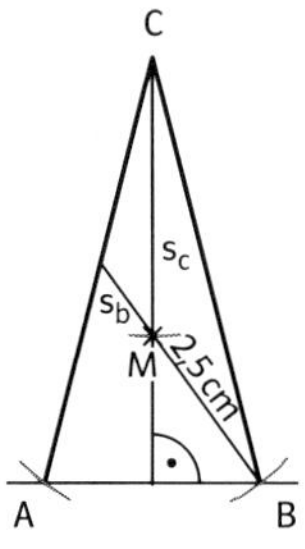

h) $h_c = a$; Konstruktion nach Ssw

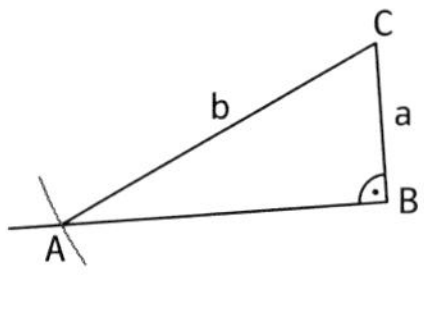

7 Die Dreiecke CC_1A und BAB_1 stimmen in zwei Seiten (b und c) und der Größe des eingeschlossenen Winkels $(\alpha + 60°)$ überein. Sie sind also nach dem Kongruenzsatz sws zueinander kongruent. Die Strecken $\overline{BB_1}$ und $\overline{CC_1}$ sind also gleich lang. Die Dreiecke ABA_1 und CBC_1 sind ebenfalls kongruent (sws). Also sind die Strecken $\overline{AA_1}$ und $\overline{CC_1}$ gleich lang.

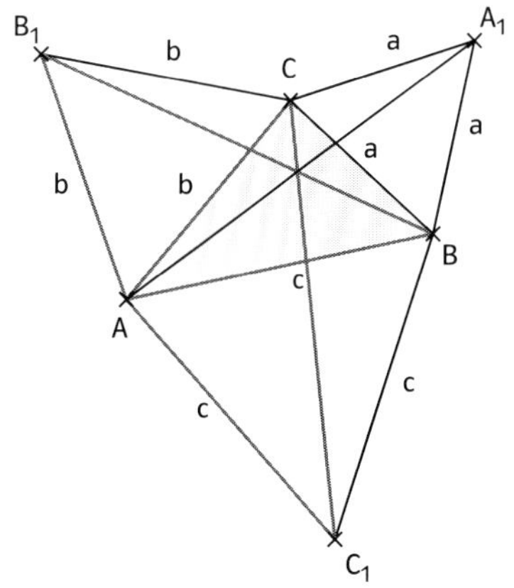

8

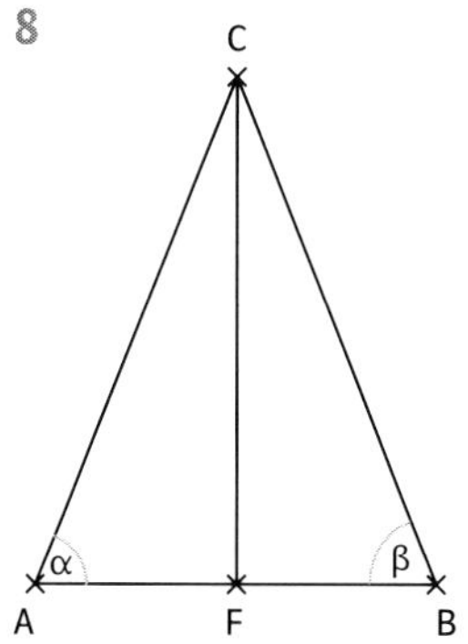

Das Dreieck ABC ist gleichschenklig, die Seiten $\overline{AC}$ und $\overline{BC}$ haben die gleiche Länge. Verbindet man die Seitenmitte F der Seite $\overline{AB}$ des Dreiecks mit der Ecke C, so stimmen die Dreiecke AFC und BFC in zwei Seiten (b, bzw. a sowie $\overline{CF}$) und der Größe des eingeschlossenen Winkels $\frac{\gamma}{2}$ überein, sind also nach dem Kongruenzsatz sws kongruent zueinander. Sie stimmen deshalb auch in den Größen der übrigen Stücke überein, die Winkel α und β haben also die gleiche Größe.

Seite 112

9 a) Falsch. Im Dreieck ABC gilt $\overline{AC} = \overline{BC}$; im Dreieck ABC_1 gilt $\overline{AC_1} = \overline{AB}$. Beide Dreiecke haben die Höhe h_a, sind aber nicht kongruent.

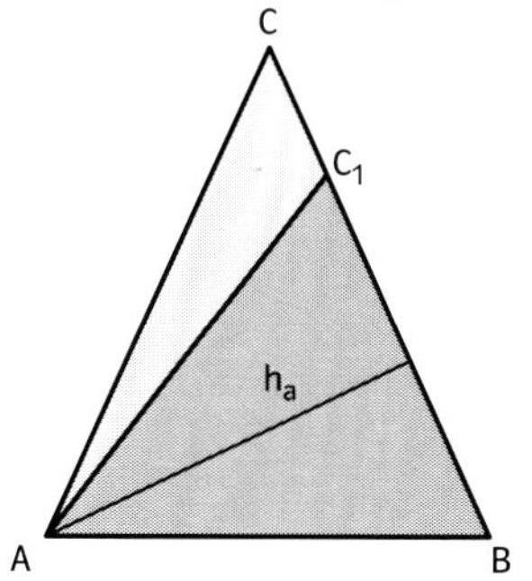

b) Wahr. Alle Höhen im gleichseitigen Dreieck sind gleich groß und die beiden Teildreiecke, die sich durch das Einzeichnen der Höhe ergeben, sind nach dem Kongruenzsatz wsw eindeutig konstruierbar.

c) Falsch. Gegenbeispiel: Die Dreiecke ABC und ABC_1 sind nicht kongruent.

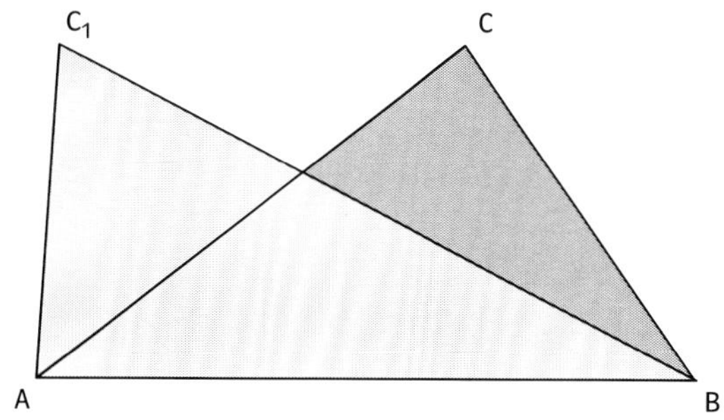

d) Falsch. Gegenbeispiel: Die Dreiecke A_1B_1C und ABC sind rechtwinklig, alle Winkelgrößen stimmen überein und sie haben gleich lange Seiten: $\overline{A_1C} = \overline{CB}$. Trotzdem sind sie nicht kongruent.

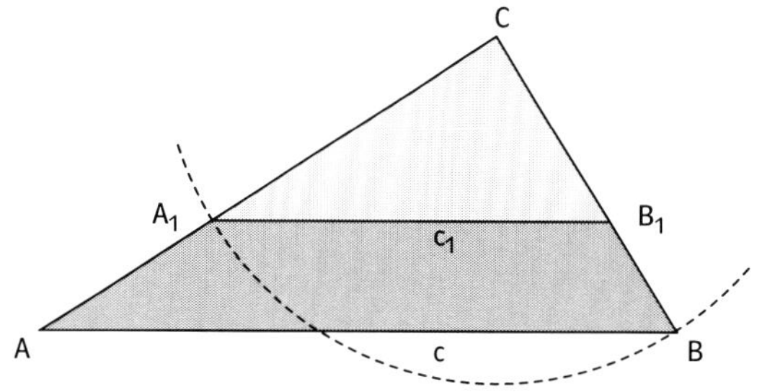

e) Wahr. Man kann den dritten Winkel berechnen. Dann ergibt sich die Kongruenz z.B. aus dem Kongruenzsatz wsw.

10 a) Die Geschwindigkeit $170\,\frac{km}{h}$ bedeutet:

Entfernung	Zeit
170 km	1 h = 60 min
(170 : 60) · 11 km ≈ 31 km	11 min
(170 : 60) · 24 km = 68 km	24 min

Lützellinden – Reichelsheim: ca. 31 km
Reichelsheim – Mainz: 68 km
Zeichnung s. unten

b) Kurs für den Rückflug: 27°

c) Aus der Zeichnung entnimmt man die Entfernung 73 km. Dafür benötigt man (60 : 170) · 73 min, also zwischen 25 und 26 Minuten.

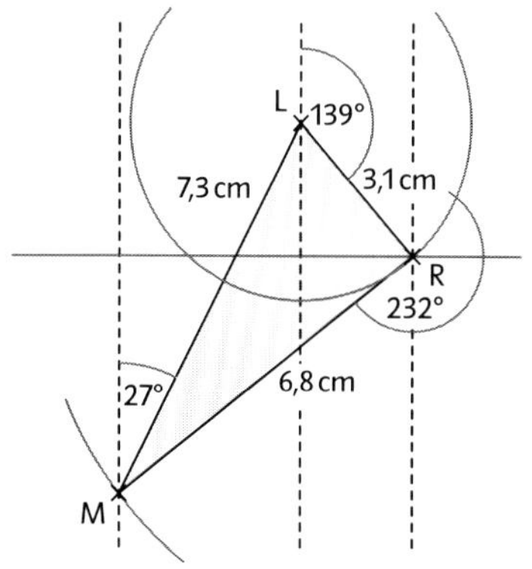

d) individuelle Lösung

3 Konstruktion von Vierecken

Seite 113

Einstiegsaufgabe
Das ist eine ganz schlechte Idee!
Das Rechteck würde zusammenklappen.

Seite 114

1 a) Das Dreieck ABC ist eindeutig konstruierbar nach dem Kongruenzsatz (KGS) sss. Das Dreieck ACD ist eindeutig konstruierbar nach dem Kongruenzsatz sws. Damit sind alle Punkte festgelegt.

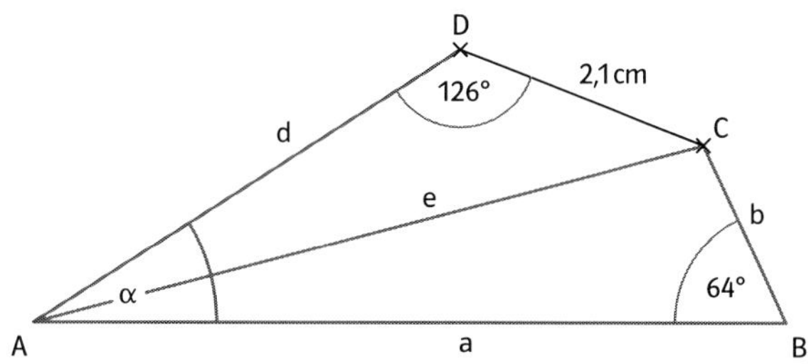

b) γ kann berechnet werden (Winkelsumme). Dann ist das Dreieck BCD eindeutig konstruierbar nach dem Kongruenzsatz Ssw. Die freien Schenkel der Winkel β und δ schneiden sich im Punkt A.

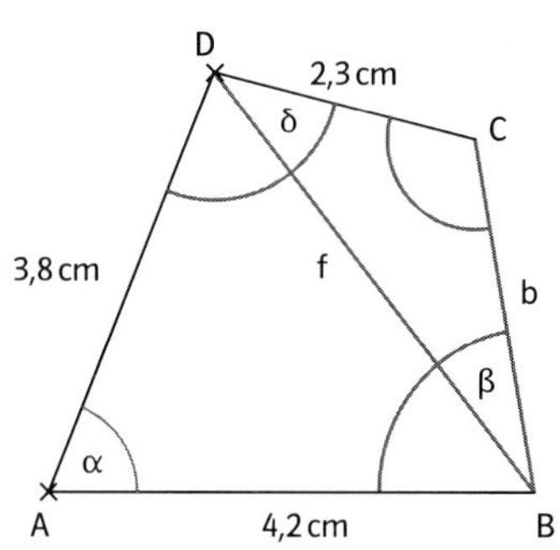

c) Dreieck ABC: Kongruenzsatz sws, Dreieck ADC: Kongruenzsatz wsw ($\delta_1 = 360° - \delta$).

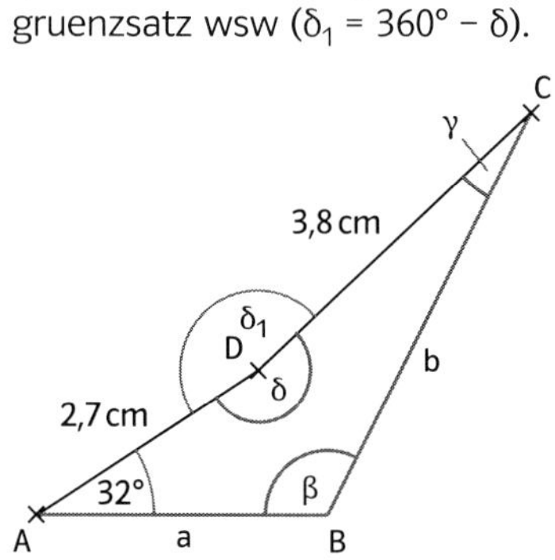

2 a) Das Dreieck ABC ist nach dem Kongruenzsatz sss eindeutig konstruierbar. Vom Dreieck ACD sind die Seite $\overline{AC}$ und die Seite $\overline{CD}$ sowie der Winkel bei A gegeben. Da die Seite $\overline{CD}$ kürzer ist, als die Seite $\overline{AC}$, gilt der Kongruenzsatz Ssw nicht und es gibt zwei Lösungsdreiecke. Für eine eindeutige Lösung müsste man c verlängern auf mehr als e = 4,9 cm oder e entsprechend verkürzen.

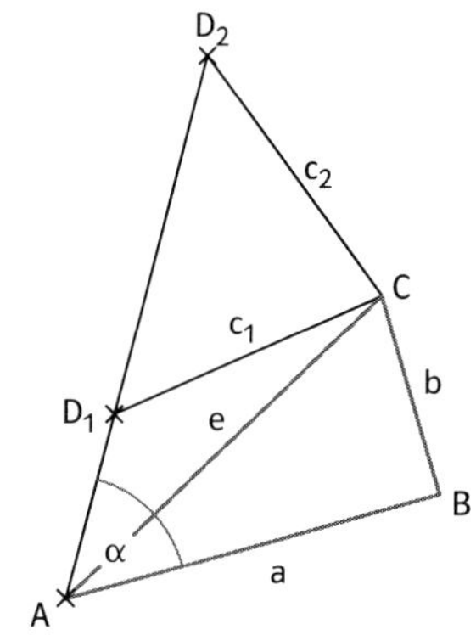

b) Die Dreiecke BC_1D und BC_2D sind zueinander kongruent. Je nachdem, welches der beiden Dreiecke man wählt, erhält man ein Viereck mit einspringender Ecke oder nicht.

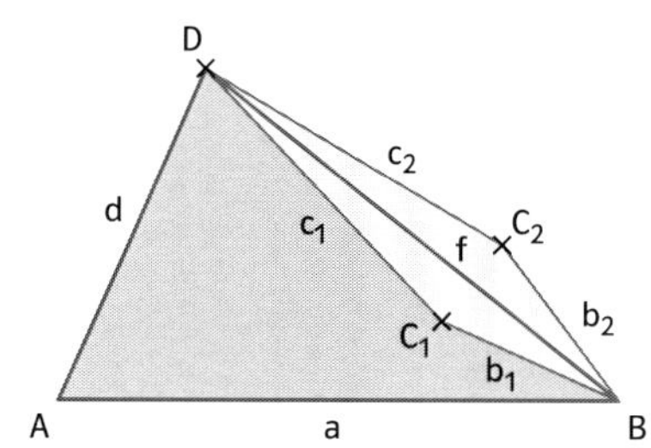

c) Für Dreieck ABD gilt der KGS Ssw nicht, deshalb gibt es zwei Lösungsdreiecke ABD_1 und ABD_2. Das Dreieck $BCD_{1/2}$ ist nach dem KGS sss zwar eindeutig konstruierbar, kann aber jeweils so konstruiert werden, dass die Ecke bei C einspringt oder nicht. So erhält man insgesamt vier verschiedene Vierecke.

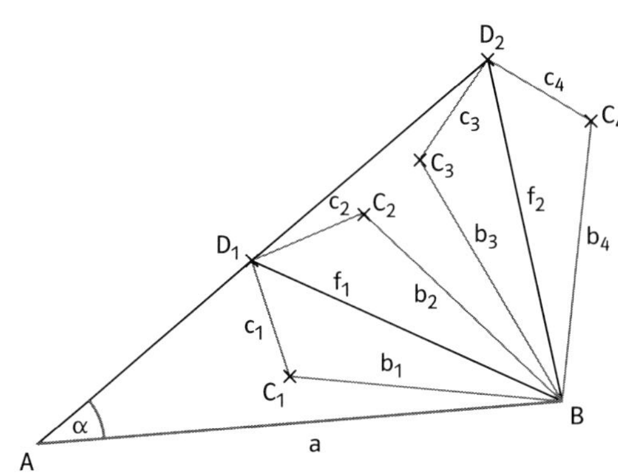

3 a) Man wählt z. B. α, a, b, d und e. Dann ist das Dreieck ABC nach dem KGS sss eindeutig konstruierbar und das Dreieck ACD nach dem KGS sws.
Weitere Lösungen sind möglich.
b) Wählt man z. B. a, b, c, d und f, so erhält man neben dem abgebildeten Viereck noch ein Viereck mit einspringender Ecke, obwohl die Teildreiecke BCD und ABD durch den KGS sss eindeutig festgelegt sind (vgl. Aufgabe 2 b)).

Seite 115

4 a) Falsch. Es gibt z. B. unendlich viele Rechtecke, die in einer Seitenlänge übereinstimmen. Damit stimmen sie in den vier rechten Winkeln und einer Seite überein.
b) Richtig. Zwei Dreiecke sind nach dem KGS sws eindeutig konstruierbar.

c) Richtig. Sind z.B. die Seiten a und d sowie die Winkel α, β und δ gegeben, so ist das Dreieck ABD eindeutig konstruierbar nach dem KGS sws und das Dreieck DBC ist eindeutig konstruierbar nach dem KGS wsw.
d) Falsch. Vergleiche z.B. Aufgabe 2 b) auf Seite 114.

5 individuelle Lösung

7 a) Es sind zwei Angaben notwendig.
KGS: Zwei Rauten sind zueinander kongruent, wenn sie in einer Seite und einem Winkel übereinstimmen.
Aufgabenbeispiel: Konstruiere eine Raute mit einer Seitenlänge von 4 cm und einem Winkel von 40°.
b) Zum Beispiel: Zwei Trapeze sind zueinander kongruent, wenn sie in zwei Seiten, einem eingeschlossenen Winkel und einem anliegenden Winkel, übereinstimmen.
Aufgabenbeispiel: Konstruiere ein Trapez mit $a = 5\,\text{cm}$, $b = 4{,}5\,\text{cm}$, $\alpha = 60°$ und $\beta = 70°$.

8 Grafiken sind im Maßstab 1:2.
a)

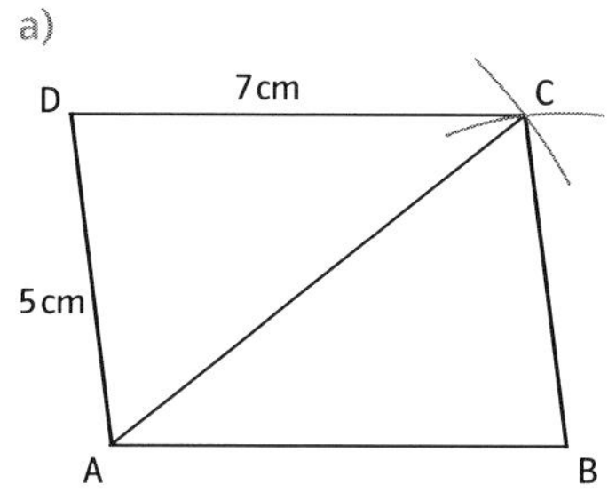

b)

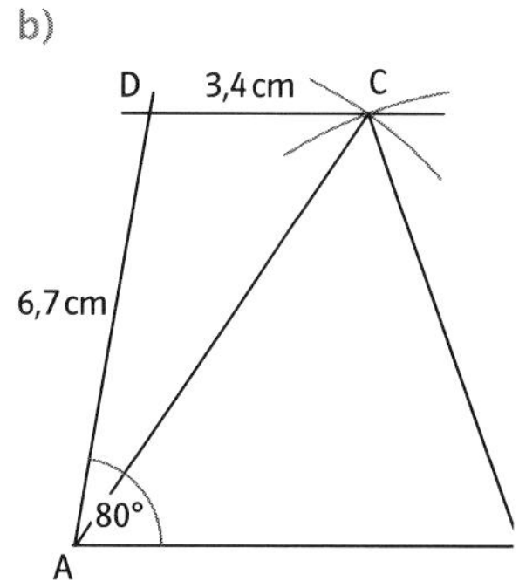

c)

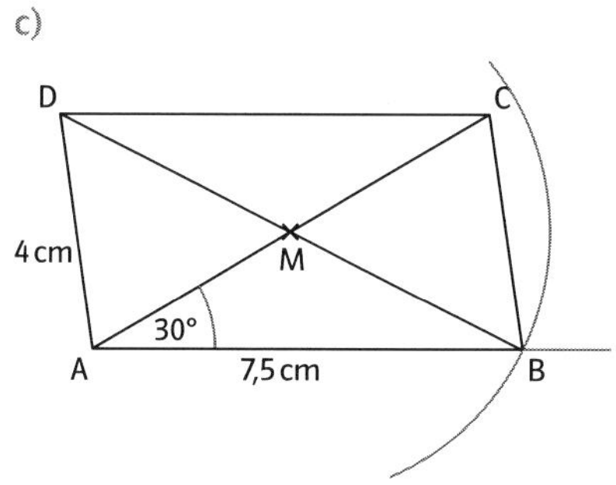

d)

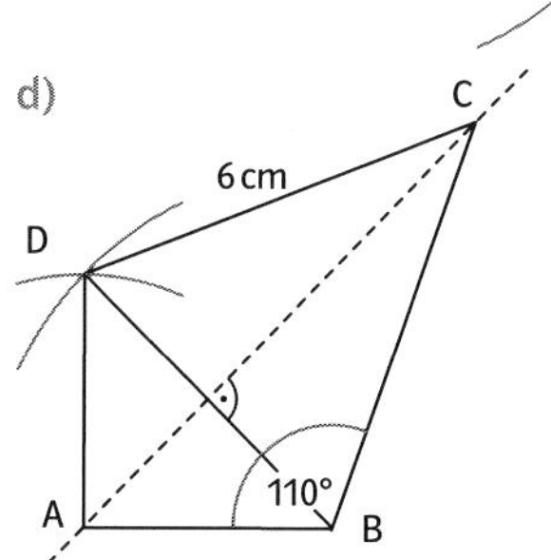

9 a) und b)
(1)

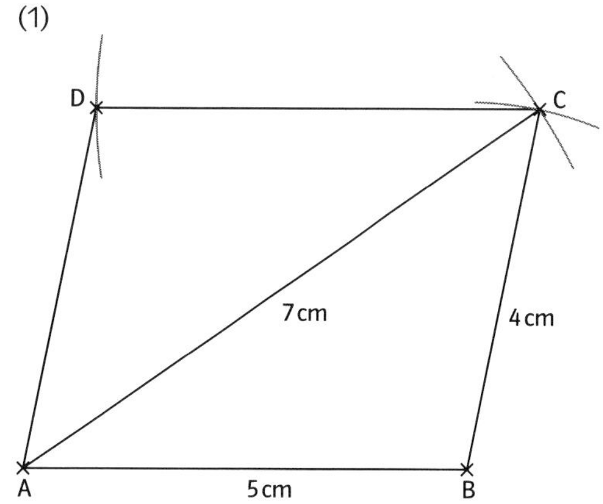

Das Dreieck ABC wird nach sss konstruiert. Aufgrund der Eigenschaften eines Parallelogramms kennt man auch die Seitenlängen $\overline{AD}$ und $\overline{DC}$. Das Dreieck ADC kann also ebenfalls nach sss konstruiert werden.
Die Konstruktion ist eindeutig.
(2)

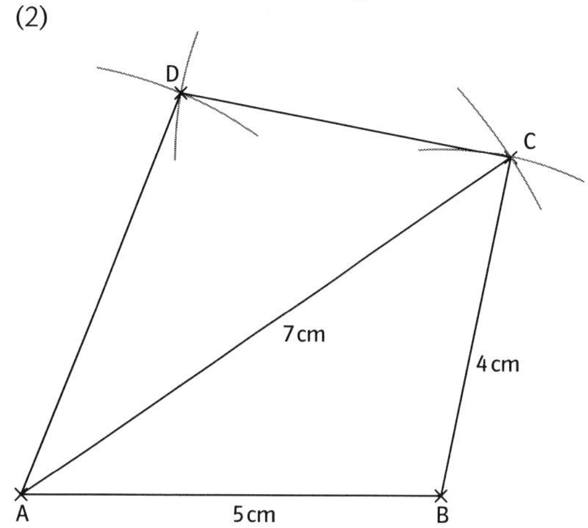

Das Dreieck ABC wird nach sss konstruiert. Aufgrund der Eigenschaften eines Drachen kennt man auch die Seitenlängen $\overline{AD}$ und $\overline{DC}$. Das Dreieck ADC kann also ebenfalls nach sss konstruiert werden.
Die Konstruktion ist eindeutig.
(3)

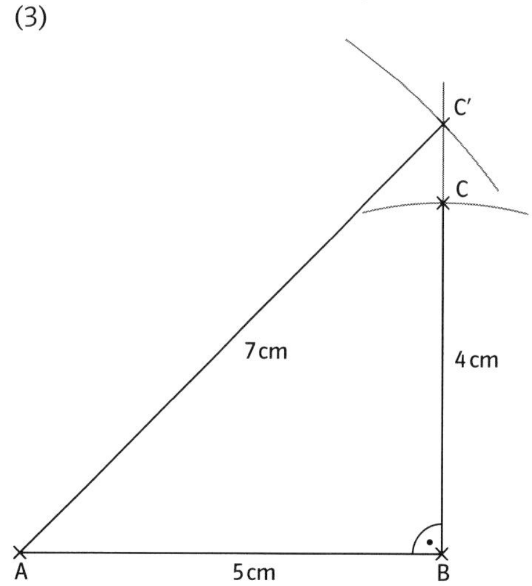

Man kann kein Dreieck mit den angegebenen Maßen konstruieren.

(4)

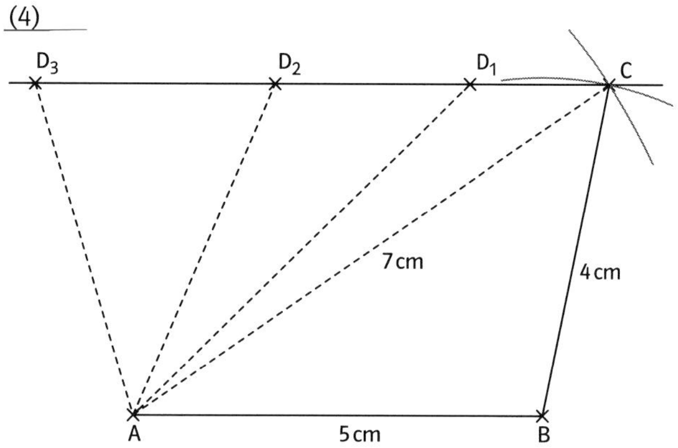

Zu den Angaben lassen sich unendlich viele Trapeze konstruieren. Durch die Trapezeigenschaft ist zwar festgelegt, dass die Seite $\overline{CD}$ parallel zu $\overline{AB}$ verläuft. Damit sind von dem Dreieck ACD aber nur eine Seite ($\overline{AC}$) und ein Winkel (bei C) bekannt. Für eine eindeutige Konstruktion fehlt noch eine dritte Angabe.

10 a)

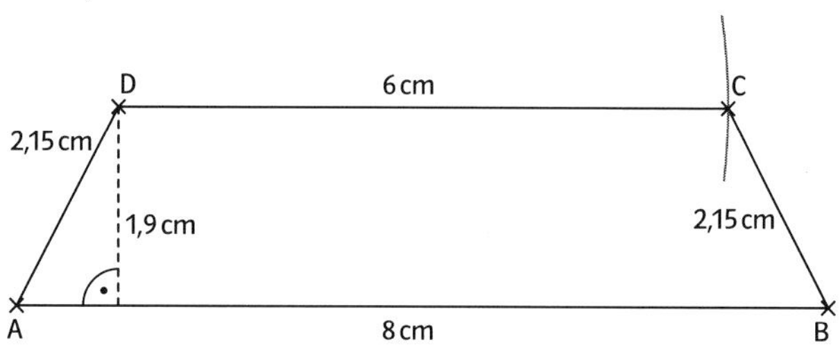

b)

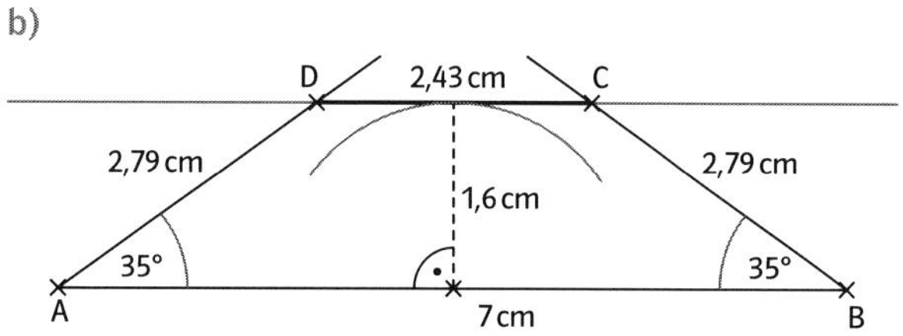

c)

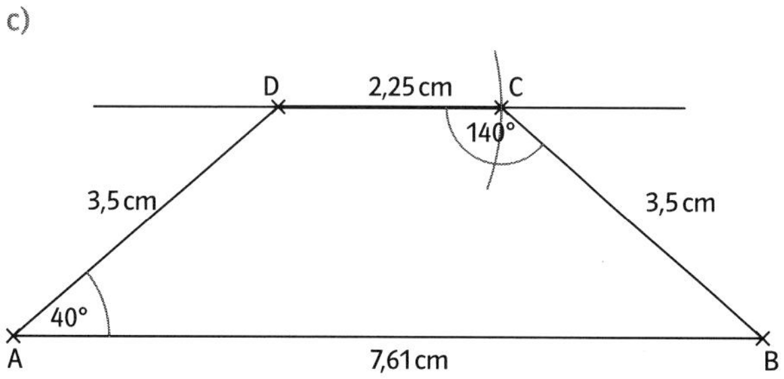

4 Das Haus der Vierecke

Seite 116

Impuls
Die richtigen Antworten sind C und D.
Jedes Rechteck ist ein Parallelogramm, da je zwei gegenüberliegende Seiten zueinander parallel sind.
Jedes Rechteck ist ein Trapez, weil es zwei parallele Seiten hat, die einander gegenüberliegen.
A und B sind falsch, weil im Rechteck nicht alle Seiten gleich lang sind.

1 D(0 | 6). Wenn es nicht auf die Reihenfolge der Punkte ankommt, gibt es auch noch D(10 | 4) sowie D(4 | 0) als mögliche Lösungen.

Seite 117

2 Quadrat ACEG, Drachen BCDG, Parallelogramm CDGI, Parallelogramm BCFG, Parallelogramm IDEH, Drachen ICFG, Drachen ABLI, Raute CNGL, symm. Trapez CEHI

3 Quadrat, Rechteck, Parallelogramm, Raute. Im Drachenviereck halbiert nur eine Diagonale die andere.

4 a) 1 Kästchen ≙ 1 cm

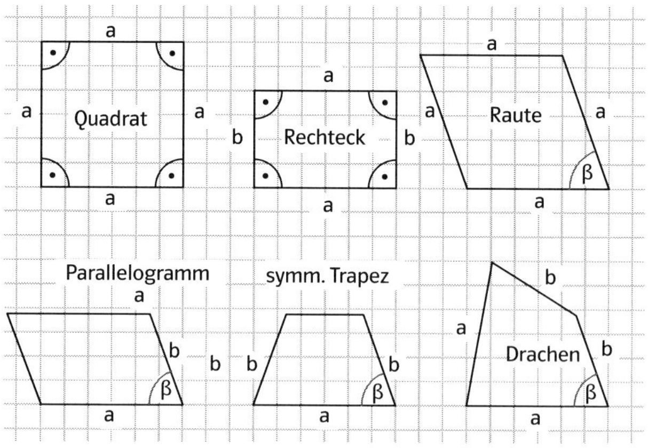

b) individuelle Lösung, z. B. achsensymmetrisch:
Quadrat, Rechteck, Raute, symm. Trapez, Drachen
punktsymmetrisch:
Quadrat, Rechteck, Raute, Parallelogramm

5

Quadrat

Seiten	$a = b = c = d$
	$a \parallel c$; $b \parallel d$
Winkel	$\alpha = \beta = \gamma = \delta = 90°$
Diagonalen	$\overline{AC}$ halbiert $\overline{BD}$;
	$\overline{BD}$ halbiert $\overline{AC}$
	$\overline{AC} = \overline{BD}$; $\overline{AC} \perp \overline{BD}$

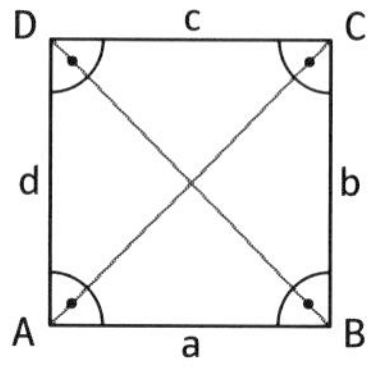

Rechteck

Seiten	$a = c$; $b = d$
	$a \parallel c$; $b \parallel d$
Winkel	$\alpha = \beta = \gamma = \delta = 90°$
Diagonalen	$\overline{AC}$ halbiert $\overline{BD}$;
	$\overline{BD}$ halbiert $\overline{AC}$;
	$\overline{AC} = \overline{BD}$

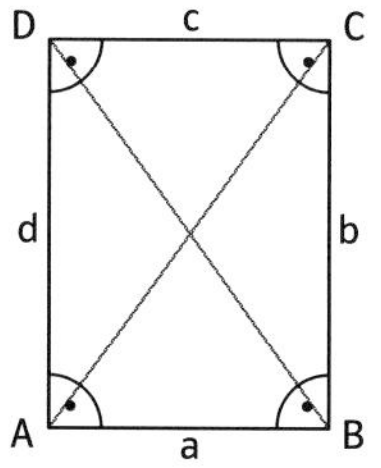

Raute

Seiten	$a = b = c = d$
	$a \parallel c$; $b \parallel d$
Winkel	$\alpha = \gamma$; $\beta = \delta$
	$\alpha + \beta = 180°$;
	$\gamma + \delta = 180°$
Diagonalen	$\overline{AC}$ halbiert $\overline{BD}$;
	$\overline{BD}$ halbiert $\overline{AC}$;
	$\overline{AC} \neq \overline{BD}$; $\overline{AC} \perp \overline{BD}$

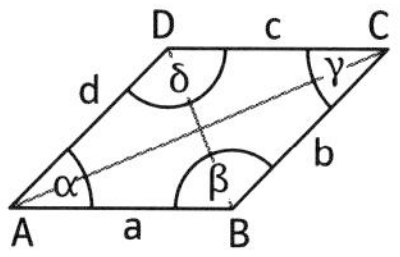

Symmetrisches Trapez

Seiten	$a \nparallel c$; $b = d$
	$a \parallel c$
Winkel	$\alpha = \beta$; $\gamma = \delta$
	$\alpha + \delta = 180°$;
	$\beta + \gamma = 180°$
Diagonalen	$\overline{AC} = \overline{BD}$

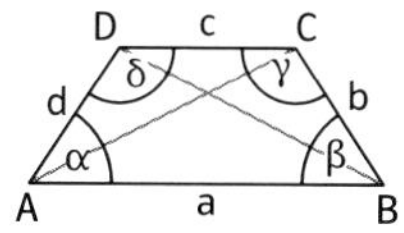

Drachen

Seiten	$a = d$; $b = c$
	$a \nparallel c$; $b \nparallel d$
Winkel	$\beta = \delta$
Diagonalen	$\overline{AC}$ halbiert $\overline{BD}$;
	$\overline{AC} \perp \overline{BD}$

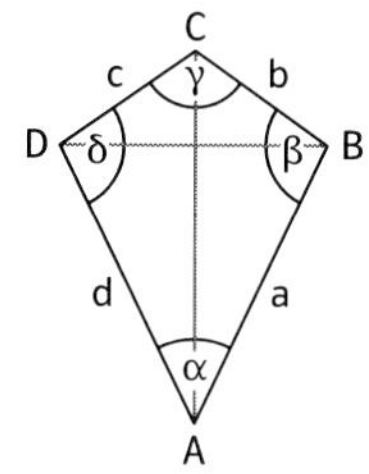

6 individuelle Lösung, zum Beispiel:
allgemeine Vierecke:

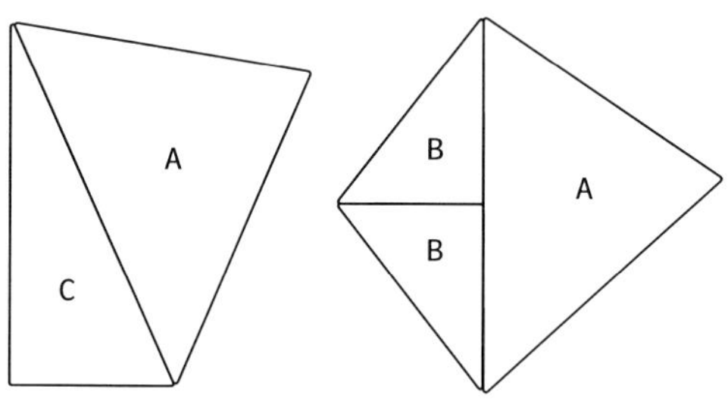

Symmetrische Trapeze:

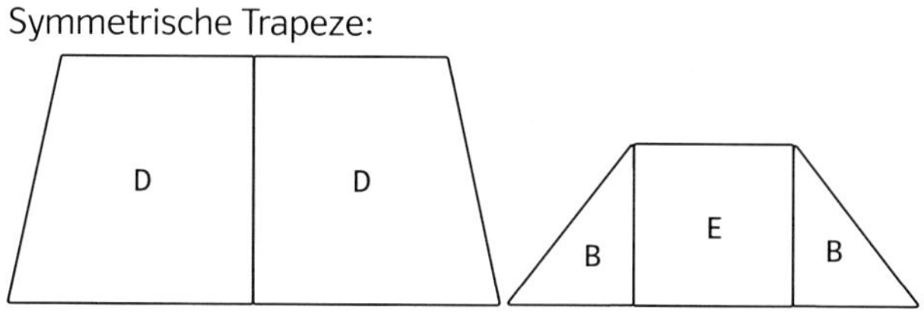

Rechteck:

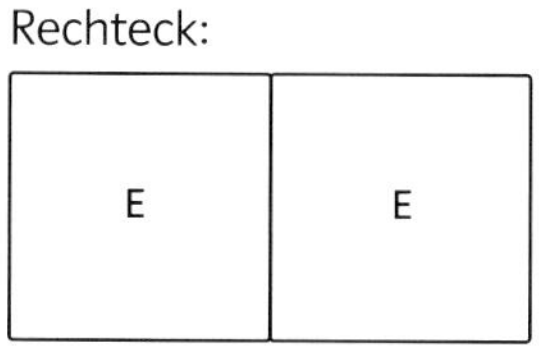

Symmetrischer Drachen:

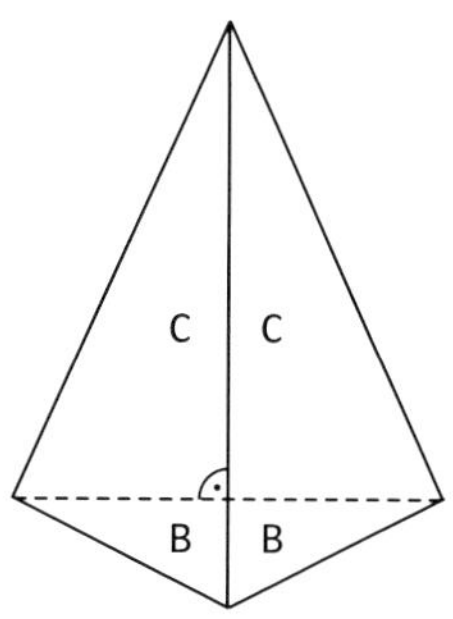

7 a)

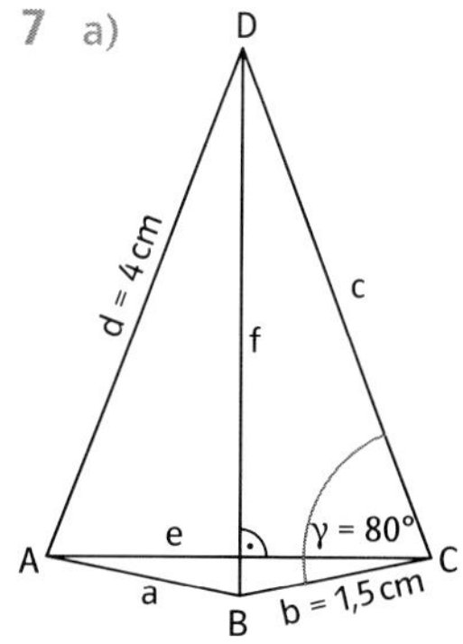

a = 1,5 cm
c = 4 cm
$\alpha = \gamma = 80°$
$\beta \approx 157°$
$\delta \approx 43°$
e ≈ 2,9 cm
f ≈ 4 cm

b) Druckfehler im 1. Druck der 1. Auflage des Schülerbuches: Es muss $\beta = 50°$, f = 5,5 cm und e = 4 cm heißen.

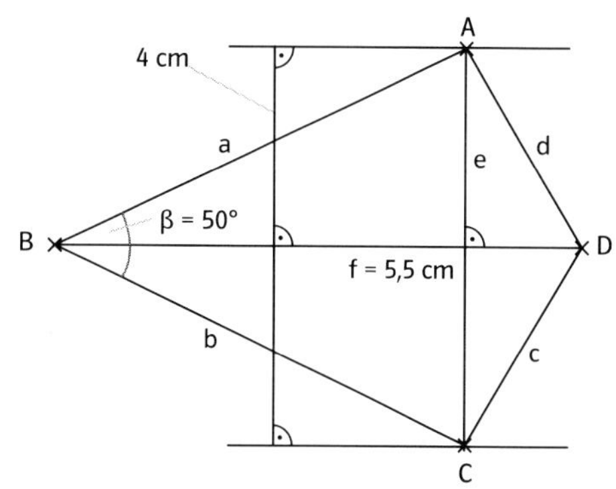

a = b ≈ 4,7 cm
c = d ≈ 2,3 cm
$\alpha = \gamma \approx 96°$
$\delta \approx 118°$

c)

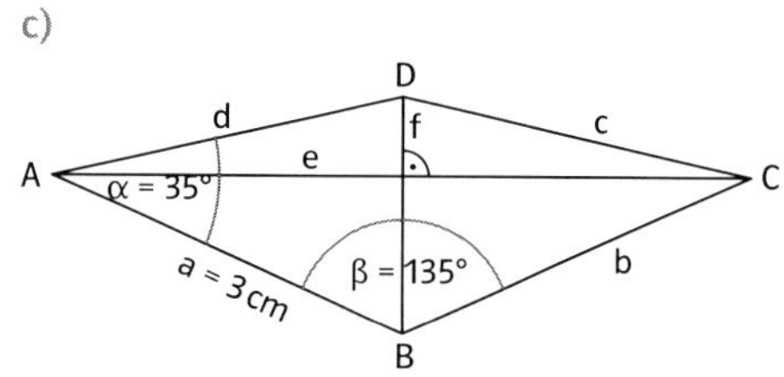

b = 3 cm
d = c ≈ 2,8 cm
$\gamma = 35°$
$\delta = 155°$
e ≈ 5,5 cm
f ≈ 1,8 cm

d) Druckfehler im 1. Druck der 1. Auflage des Schülerbuches: Es muss a = 3,5 cm, $\delta = 60°$ und e = 2 cm heißen.

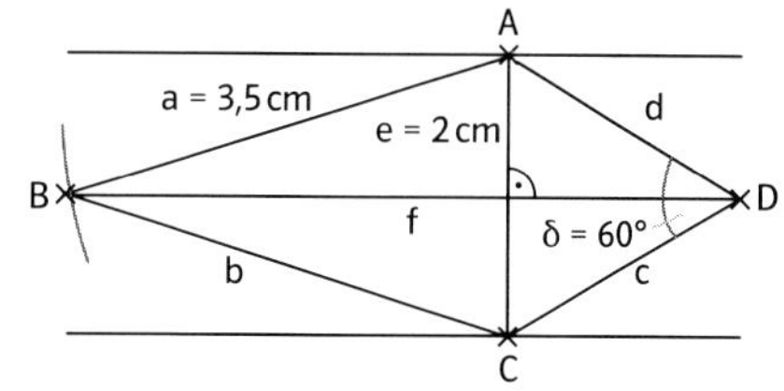

c = d = 2 cm
b = a = 3,5 cm
$\alpha = \gamma \approx 133°$
$\beta \approx 34°$
f ≈ 5,1 cm

8 a) Ja. Begründung: Beide Diagonalen stehen senkrecht aufeinander und die Diagonale, die außerhalb des Vierecks verläuft, wird von der anderen halbiert.
b) Nein. Begründung: Die Diagonalen stehen nicht senkrecht aufeinander und somit ist keine der Diagonalen Spiegelachse. Außerdem wird keine der Diagonalen durch die andere halbiert.
c) Nein. Begründung: Nebeneinander liegende Seiten sind nicht gleich lang.
d) Ja. Begründung: Die Diagonalen stehen senkrecht aufeinander und halbieren sich gegenseitig.

Seite 118

9 a) Parallelogramm, Rechteck, Raute und Quadrat (Beim Drachen wird nur eine Diagonale halbiert.)
b) Rechteck und Quadrat
c) symmetrischer Drachen, Raute und Quadrat
d) Quadrat, Rechteck, Raute, Parallelogramm (Beim Drachen ist nur ein Paar gegenüberliegender Winkel gleich groß.)

10 a) Wenn ein Rechteck zusätzlich vier gleich lange Seiten hat, ist es ein Drachen. Ein solches Rechteck ist ein Quadrat.
b) Wenn ein Parallelogramm vier gleich lange Seiten hat, dann ist es ein Drachen. Ein solches Parallelogramm ist eine Raute.
c) Jede Raute ist ein Trapez. Eine Raute ist ein symmetrisches Trapez, wenn sie ein Quadrat ist.

13 a) individuelle Lösung, z. B.
Parallelogramm

Rechteck

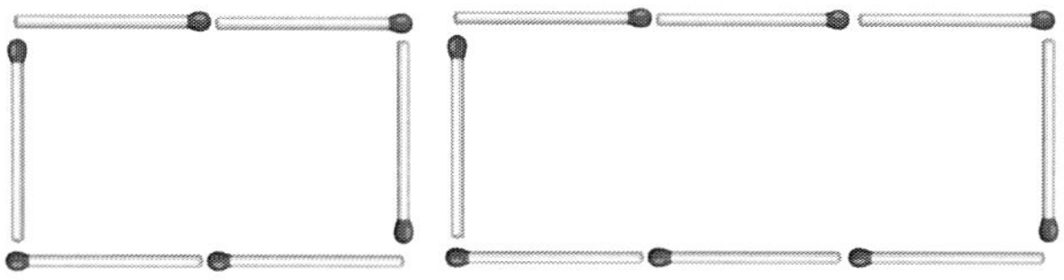

Quadrat

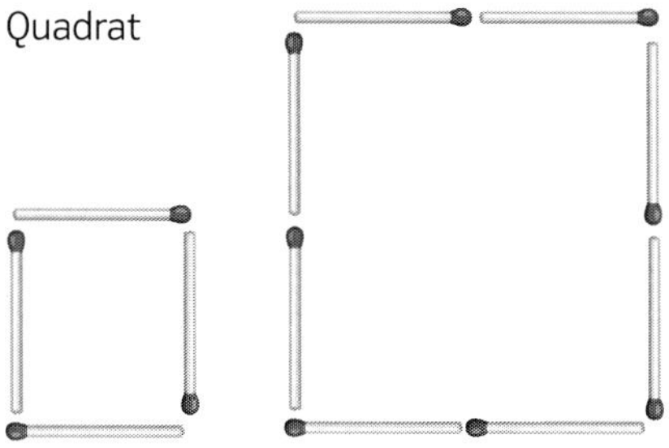

Raute

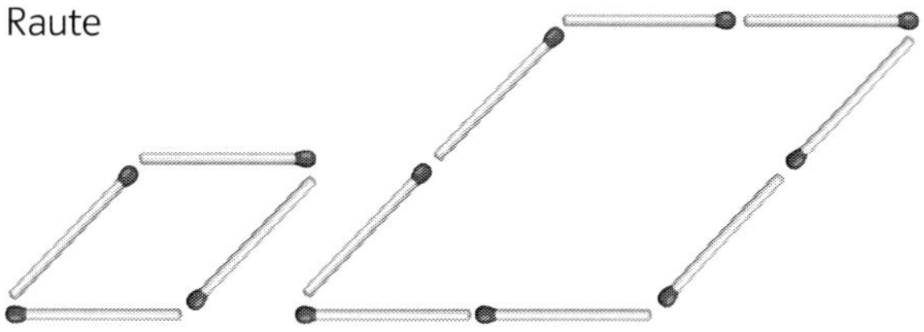

Trapez

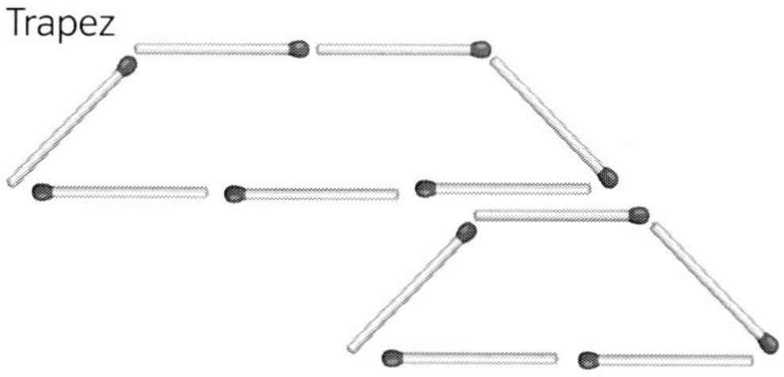

Drachen

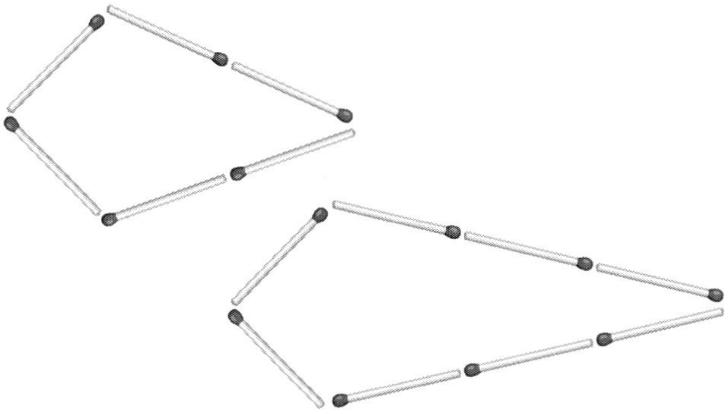

b) individuelle Lösung, vgl. a)

14 a) individuelle Lösung
Es lässt sich in zwei Dreiecke, in zwei Rechtecke (die auch unterschiedlich groß sein können) oder in zwei (nicht symmetrische) Trapeze zerlegen.
b) individuelle Lösungen
Eine Raute lässt sich in zwei Dreiecke, in zwei Parallelogramme oder in zwei (nicht symmetrische) Trapeze zerlegen. Ein Trapez lässt sich in zwei Dreiecke, in ein Parallelogramm und ein Dreieck, in eine Raute und ein Trapez, in ein Dreieck und ein Trapez oder in zwei Trapeze (gleicher oder halber Höhe) zerlegen.

15 a) individuelle Lösung z. B. kann man nach Anzahl gleicher Winkel- und Seitenpaare sortieren oder nach den Eigenschaften der Diagonalen (vgl. Aufgabe 5).
b) Das Quadrat ist bei allen möglichen Anordnungen das Viereck mit den meisten Eigenschaften.

Vertiefen und Vernetzen

Seite 119

1 Die Länge der dritten Seite muss zwischen 1,4 cm und 12,2 cm liegen.

2 a) Dreieck 1: b = 7,4 cm; $\alpha = 28°$; $\beta = 120°$; $\gamma = 32°$
Dreieck 2: b = 4,3 cm; $\alpha = 54°$; $\beta = 60°$; $\gamma = 66°$
b) Dreieck 1: a = 4,6 cm; c = 3,1 cm; $\alpha = 75°$; $\beta = 65°$
Dreieck 2: a = 7,3 cm; c = 4,8 cm; $\alpha = 105°$; $\beta = 35°$
c) Dreieck 1: c = 0,6 cm; $\alpha = 65°$; $\beta = 108°$; $\gamma = 7°$
Dreieck 2: c = 3,2 cm; $\alpha = 66°$; $\beta = 72°$; $\gamma = 43°$
d) Dreieck 1: b = 4,7 cm; c = 1,8 cm; $\beta = 108°$; $\gamma = 22°$
Dreieck 2: b = 4,7 cm; c = 4,2 cm; $\beta = 72°$; $\gamma = 58°$

3 Man berechnet zunächst eine passende Höhe und zeichnet eine Parallele zur Grundseite im Abstand der entsprechenden Höhe.
a) h_c = 4 cm; a = 4,9 cm; b = 8,0 cm; $\beta = 126°$; $\gamma = 24°$

b) Dreieck 1: $h_a = 2\,cm$; $c = 6{,}1\,cm$; $\alpha = 120°$; $\beta = 19°$; $\gamma = 41°$
Dreieck 2: $h_a = 2\,cm$; $c = 10{,}4\,cm$; $\alpha = 31°$; $\beta = 11°$; $\gamma = 138°$

4 a) Man konstruiert die Situation im Maßstab 1:1000 (1 cm = 10 m).

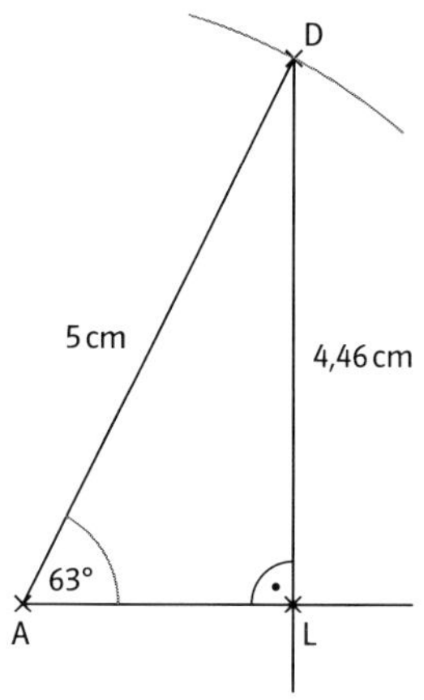

Messen der Strecke $\overline{DL}$ ergibt 4,46 cm. Der Drachen wird also etwa in 45 m Höhe stehen.
b)

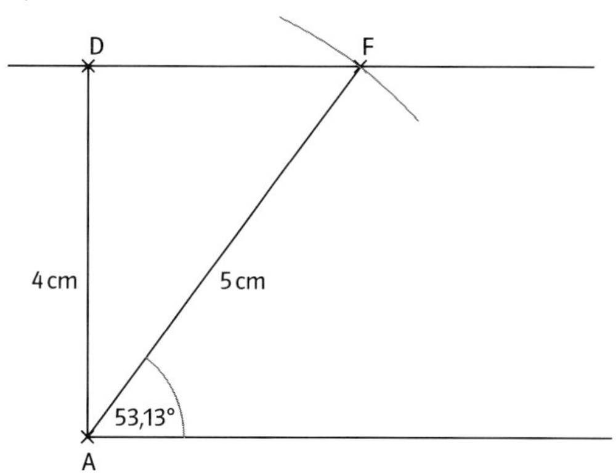

Messen des Winkels bei A ergibt etwa 53°.

5 Durch Konstruktion und Abmessen erhält man die folgenden Werte:
a) 2,29 m
b) Um 10:00 Uhr.
c) Länge des Schattens um 8 Uhr: 2,29 m (vgl. a))
Länge des Schattens um 12 Uhr: 0,89 m
$\frac{0{,}89}{2{,}29} \approx 0{,}39 = 39\,\%$
Die Länge des Schattens um 12 Uhr beträgt also ca. 39 % der Länge des Schattens um 8 Uhr.

6 sws

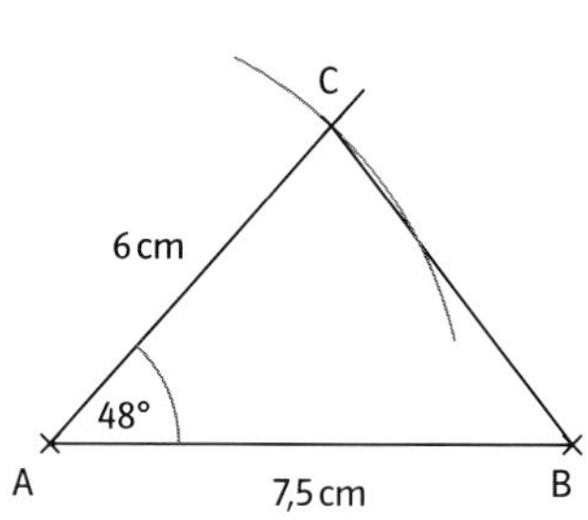

Ssw

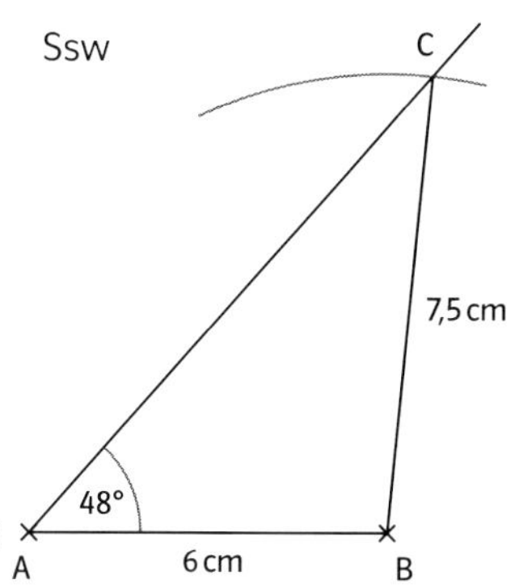

Eine weitere nicht eindeutige Situation, wenn der Winkel der kürzeren Seite gegenüberliegt, liefert zwei Lösungen:

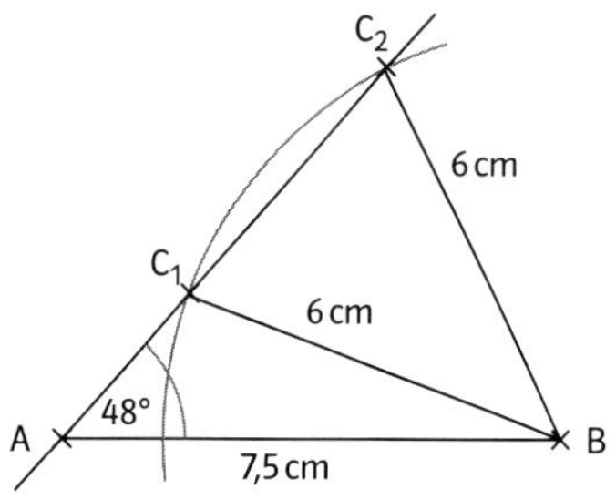

7 a) Der Flächeninhalt des Dreiecks ist dann am größten, wenn die beiden Seiten einen rechten Winkel bilden. Es ist dann $A = \frac{1}{2} \cdot 6\,cm \cdot 3\,cm = 9\,cm^2$. In allen anderen Fällen ist die entsprechende Höhe kleiner als 3 cm, somit ergibt sich auch ein kleinerer Flächeninhalt.
b) Den kleinsten Flächeninhalt $A = 0$ erhält man theoretisch dann, wenn die beiden gegebenen Seiten einen Winkel von 180° einschließen. Die entstehende Abbildung ist aber kein Dreieck, sondern eine Strecke, daher gibt es kein Dreieck mit kleinstem Flächeninhalt.

8 a) Es könnte ein Quadrat, ein Rechteck, eine Raute, ein Parallelogramm (es gibt zwei Paare gleich langer gegenüberliegender Seiten) oder ein symmetrisches Trapez (es gibt mindestens ein Paar gleich langer gegenüberliegender Seiten) sein.
b) Zeichnet man in einem solchen Viereck eine Diagonale ein, so sind die beiden Teildreiecke nach dem KGS sss zueinander kongruent. Weil sich die gegenüberliegenden Winkel jeweils aus entsprechenden Winkeln der zueinander kongruenten Dreiecke zusammensetzen, sind diese gleich groß.
c)

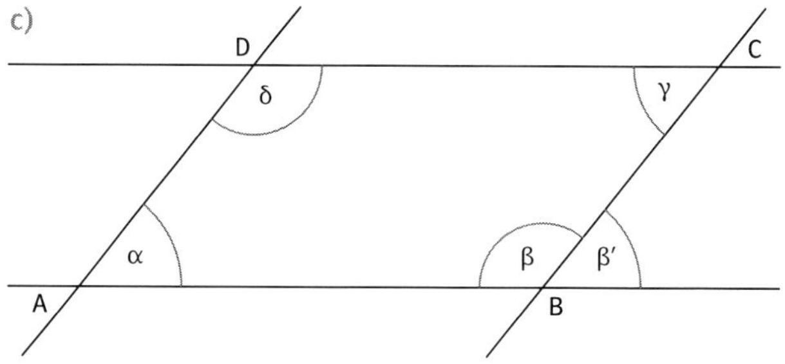

Im Viereck gilt $a + b + c + d = 360°$. Da nach Aufgabe b) $\alpha = \gamma$ und $\beta = \delta$ ist, gilt $2\alpha + 2\beta = 360°$ bzw. $\alpha + \beta = 180°$. Für den Nebenwinkel β' von β gilt dann $\beta' = \alpha$ und damit $\beta' = \gamma$. Da β' und γ Wechselwinkel sind, sind die Geraden durch $\overline{AB}$ und durch $\overline{CD}$ zueinander parallel. Die Argumentation für das andere Geradenpaar läuft entsprechend.

9

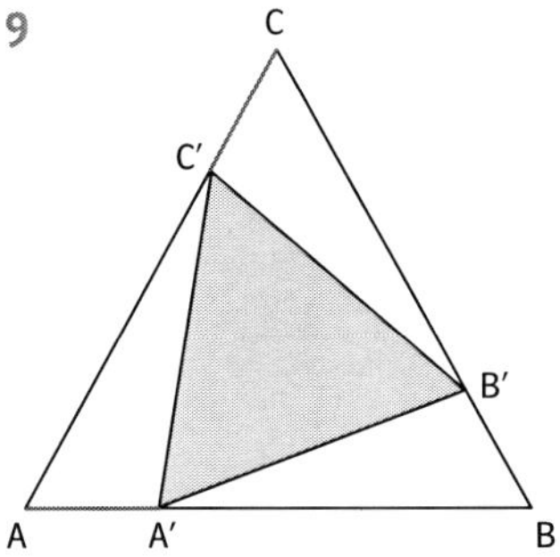

Mit den Bezeichungen aus der Grafik gilt:
Die Dreiecke A'BB', B'CC' und C'AA' sind nach dem KGS sws zueinander kongruent.
Damit sind auch die Strecken $\overline{A'B'}$, $\overline{B'C'}$ und $\overline{C'A'}$ gleich lang und das Dreieck A'B'C' somit gleichseitig.

10 Geht man von jeweils zwei deckungsgleichen Dreiecken aus, müssen folgende Bedingungen erfüllt sein:
a) keine
b) rechtwinklige Dreiecke
c) rechtwinklige und gleichschenklige Dreiecke
d) gleichschenklige Dreiecke
e) geht nicht mit deckungsgleichen Dreiecken
f) keine

Seite 120

11 $\varepsilon = 90° - (360° - 2 \cdot 110°) : 2 = 20°$

12 Zeichnung verkleinert; Angaben im Maßstab 1:50.

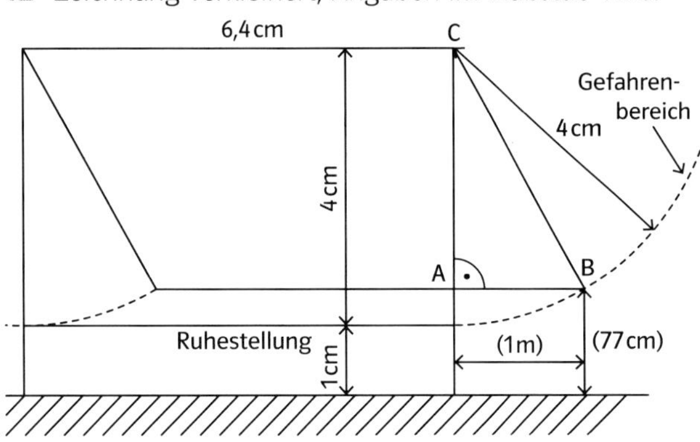

(Die Maßangaben in Klammern entsprechen den realen Abmessungen.)
b) Der Gefahrenbereich wird durch die in der Zeichnung gestrichelten Radien begrenzt.
c) Es wird das Dreick ABC nach Ssw konstruiert. Durch Nachmessen in der Zeichnung erhält man für die gesuchte Strecke 1,54 cm ≙ 77 cm.

13 Das Viereck ABCD lässt sich mit den Angaben aus dem Text konstruieren. Zunächst muss die Länge der Strecke $\overline{CD}$ berechnet werden: $6 \cdot 1{,}852 = 11{,}112$.
Das Schiff legt in einer halben Stunde also etwa 11,112 km zurück.

Konstruktion im Maßstab 1:100 000

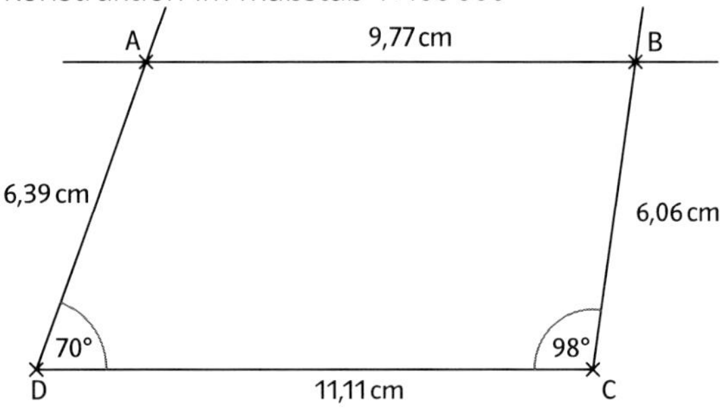

Durch Messen erhält man für die Länge der Strecke $\overline{AB}$ etwa 9,8 cm. Die beiden Leuchttürme stehen also etwa 9,8 km voneinander entfernt.

14 a) Die Eckpunkte des Innendreiecks seien A', B' und C'. Die Dreiecke ABE, BCF und CAD sind zueinander kongruent nach dem KGS sws. Die Dreiecke ADA', BEB' und CFC' sind zueinander kongruent nach dem KGS wsw. Damit setzen sich die gleich langen Strecken $\overline{AE}$, $\overline{BF}$ und $\overline{CD}$ aus jeweils gleich langen Teilstrecken sowie den Seiten des Innendreiecks A'B'C' zusammen. Also sind auch die Seiten des Dreiecks A'B'C' gleich lang.
b)

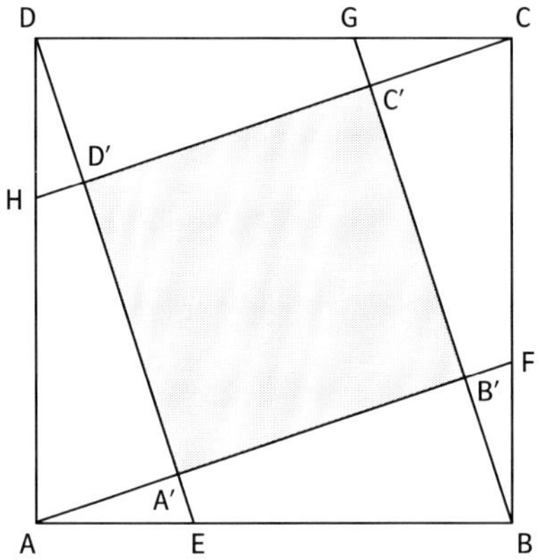

Die Dreiecke ABF, BCG, CDH und DAE sind zueinander kongruent nach dem KGS sws. Die Dreiecke AEA', BFB', CGC' und DHD' sind nach dem KGS wsw zueinander kongruent. Also sind die Strecken $\overline{A'B'}$, $\overline{B'C'}$, $\overline{C'D'}$ und $\overline{D'A'}$ gleich lang. Außerdem sind die Winkel an den Ecken (aus der Kongruenz der kleinen Dreiecke und als Scheitelwinkel) alle gleich groß. Damit ist das Viereck ein Quadrat.

15 a) Der Schnitt läuft immer durch den Schnittpunkt der Diagonalen.
b) Die Teilflächen sind zueinander kongruent.
c)

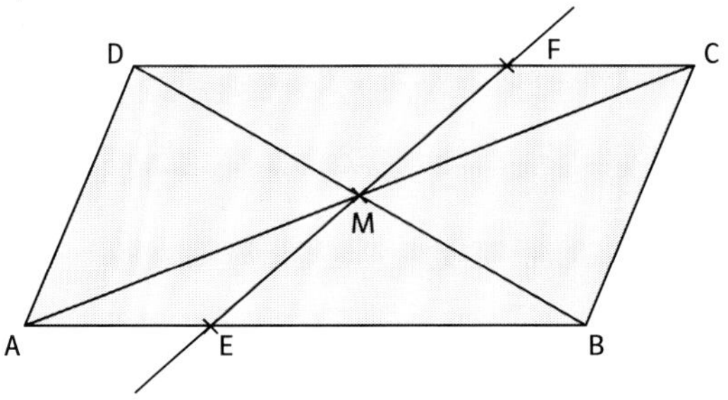

In einem Parallelogramm halbiert der Diagonalenschnittpunkt M die Diagonalen. In der Grafik sind deshalb die Dreieckspaare EBM und DMF, BCM und AMD bzw. MCF und AEM jeweils nach dem KGS sws zueinander kongruent. Damit sind die beiden Teilflächen zueinander kongruent.

Exkursion: Winkelmessung im Gelände: der Theodolit

Seite 121

1 Maßstab 1:1000

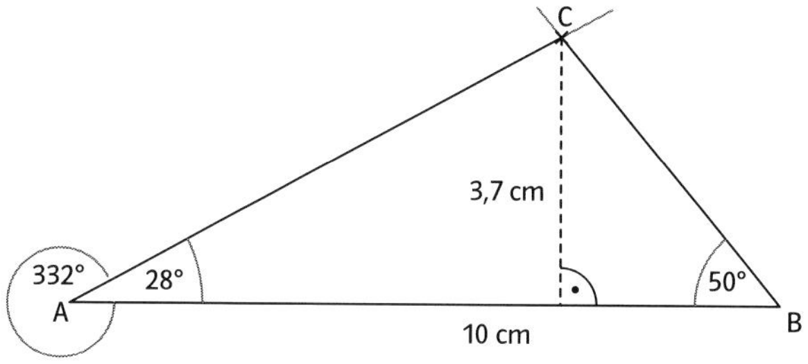

Der Fluss ist etwa 37m breit.

2 individuelle Lösung

V Terme und Gleichungen

Lösungshinweise zu den Erkundungen

Seite 126

Muster, Tabellen und Terme
Situation 1: Würfeltürme
a beschreibt jeweils die Anzahl der Würfel.
$4 \cdot a + 1$
Pro Würfel sind die 4 Seitenquadrate sichtbar; hinzu kommt das obere Quadrat.
$6 \cdot a - 2 \cdot a + 1$
Pro Würfel werden alle sechs Quadrate gezählt, wobei von jedem Würfel das obere und das untere Quadrat abgezogen wird $(-2 \cdot a)$; abschließend muss man für den oberen Würfel wieder ein Quadrat hinzufügen.
$5 \cdot a - (a - 1)$
Pro Würfel werden alle Seitenflächen außer der unteren gezählt $(5 \cdot a)$; nun muss man alle oberen Seitenflächen außer der obersten wieder abziehen $(-(a - 1))$.
$3 \cdot a + (a + 1)$
Pro Würfel werden zunächst die drei vorderen (links, vorne, rechts) Quadrate gezählt; dann werden die hinteren Quadrate jedes Würfels sowie das oberste Quadrat gezählt.
$6 \cdot a - a - (a - 1)$
Von allen Würfeln werden alle Seitenflächen gezählt; nun werden von allen Würfeln die Unterflächen wieder abgezogen; abschließend subtrahiert man von allen Würfeln außer vom obersten die oberen Flächen $(-(a - 1))$.
$2 \cdot a + a + a + 1$
Von jedem Würfel wird die vordere und die rechte Seitenfläche gezählt; nun addiert man noch die linken Seitenflächen von jedem Würfel; nun noch alle hinteren Seitenflächen und abschließend die obere Seitenfläche des obersten Würfels.

Situation 2: Perlenketten
a beschreibt jeweils die Anzahl der Reihen.
$4 \cdot a + 1$
Pro neue Reihe werden 4 Perlen hinzugefügt; nun wird die erste Perle addiert.
$3 \cdot a + (a + 1)$
Pro Reihe werden zunächst drei Perlen übereinander gelegt; nun legt man pro Reihe noch eine weitere Perle und fügt abschließend vorne die einzelne Perle hinzu.
$2 \cdot a + a + a + 1$
Pro Reihe werden zunächst zwei Perlen gelegt; nun fügt man pro Reihe eine weitere Perle (die dritte) hinzu; weiter legt man nun die vierte Perle für jede Reihe und abschließend fügt man die vorderste Perle hinzu.

Situation 3: Würfelreihen
a beschreibt jeweils die Länge der Reihe (Anzahl der hohen Türme).
$4 \cdot a + 1$
Zunächst wird ein Würfel gelegt; dann legt man 4 Würfel in L-Form an den ersten Würfel.
$5 \cdot a - (a - 1)$
Das Muster der Länge 1 legt man so häufig nebeneinander, wie die Länge sein soll; dann nimmt man von den mittleren $(a - 1)$ Elementen wieder ein Würfel weg und schiebt die Elemente zu einer großen Reihe zusammen.
$3 \cdot a + (a + 1)$
Entsprechend der Länge stellt man zunächst die hohen Türme nebeneinander auf, wofür man jeweils 3 Würfel benötigt; dann legt man zwischen die Türme sowie rechts und links neben die entstandene Reihe insgesamt $(a + 1)$ Würfel.
$2 \cdot a + a + a + 1$
Zunächst einmal stellt man entsprechend der Länge der Reihe für die hohen Türme jeweils 2 Würfel übereinander; nun legt man den dritten Würfel auf die Türme $(+a)$; nun fügt man zwischen den Türmen die Verbindungswürfel ein, sodass eine Reihe entsteht und legt rechts und links neben die entstandene Reihe noch einen Würfel (insgesamt: $+a + 1$).

Situation 4: Streichholzmuster
a beschreibt jeweils die Länge der Reihe (Anzahl der Muster).
$4 \cdot a + 1$
Pro Muster werden 4 Hölzer und das unterste Streichholz benötigt.
$5 \cdot a - (a - 1)$
Pro Muster benötigt man insgesamt 5 Hölzer; dabei wird aber ab der Länge 2 ein Hölzchen jeweils doppelt gelegt, weshalb man für jedes Muster außer beim ersten ein Hölzchen wieder abziehen muss.
$3 \cdot a + (a + 1)$
Pro Muster werden die linken beiden und das obere rechte Hölzchen gelegt, daher $3 \cdot a$; nun fügt man noch die rechten senkrechten Hölzchen pro Muster hinzu und zum Schluss noch das unterste (insgesamt: $+(a + 1)$).
$2 \cdot a + a + a + 1$
Zunächst werden pro Muster die beiden linken Hölzchen gelegt $(2 \cdot a)$; anschließend legt man den mittleren oberen Streichholz bei jedem Muster $(+a)$; nun wird das rechte senkrechte Hölzchen angefügt $(+a)$; abschließend ergänzt man das untere Hölzchen $(+1)$.

Seite 127

Knackt die Box
Forschungsauftrag 1: Boxen füllen
Durch Ausprobieren kann man ermitteln, dass in den blauen Boxen jeweils 2 Hölzchen liegen müssen. Um weitere Boxengleichungen zu legen, kann man so vorgehen, dass die Boxen in gewünschter Anzahl zunächst leer aufgestellt werden, um sie dann anschließend mit Hölzchen zu füllen bzw. abschließend fehlende Hölzchen auf den beiden Seiten des Gleichheitszeichens zu ergänzen.

Forschungsauftrag 2: Boxen und Gleichungen
(1) $3 \cdot h = 3 + 2 \cdot h$
oder $h + h + h = 2 + h + 1 + h$
(2) $2 + h + 5 = h + 3 + 2 \cdot h$
oder $h + 7 = 3 \cdot h + 3$
(3) $4 \cdot h = 2 \cdot h + 6$
oder $2 \cdot h + h + h = h + 3 + h + 3$

(4) $2 \cdot h + 7 = 3 \cdot h + 1$
oder $h + 7 + h = 2 \cdot h + 1 + h$
Begründungen:
Durch Abzählen der einzelnen Boxen- und Hölzchenanzahlen kann man die Gleichungen leicht zuordnen.
Ergebnisse:
(1) 3 Hölzchen pro Box
(2) 2 Hölzchen pro Box
(3) 3 Hölzchen pro Box
(4) 6 Hölzchen pro Box
Bei der Situation im Forschungsauftrag 1 muss die Gleichung dann $2h + 5 = 3h + 3$ lauten.

Forschungsauftrag 3: Boxenfolgen legen
Im 1. Schritt wird auf beiden Seiten des Gleichheitszeichens jeweils ein Hölzchen entfernt. Im 2. Schritt wird auf beiden Seiten des Gleichheitszeichens jeweils eine Box entfernt. Durch diese Vorgänge ändert sich nichts an der Tatsache, dass auf beiden Seiten gleich viele Hölzchen liegen. Nach dem zweiten Schritt kann man direkt ablesen, wie viele Hölzchen eine Box enthält.
Boxenfolge für den Forschungsauftrag 1:

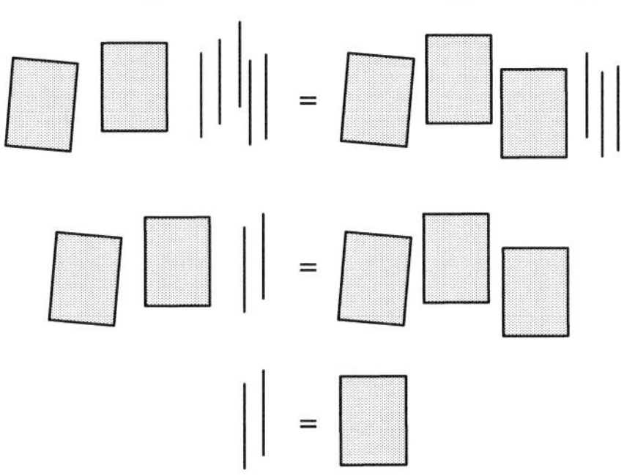

Also sind in einer Box 2 Hölzchen.
Boxenfolge für den Forschungsauftrag 2:
(1)

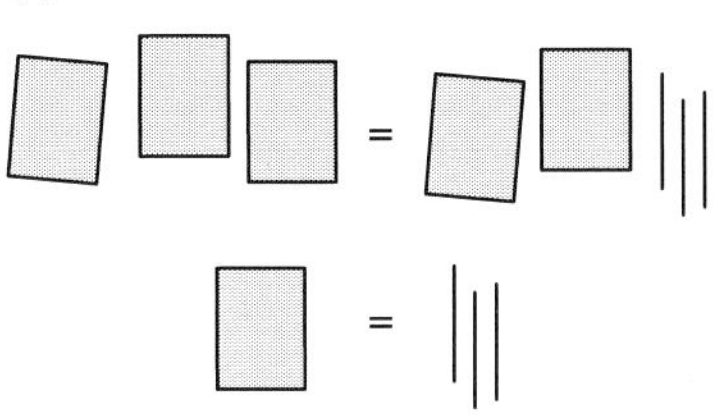

Also sind in einer Box 3 Hölzchen.
(2)

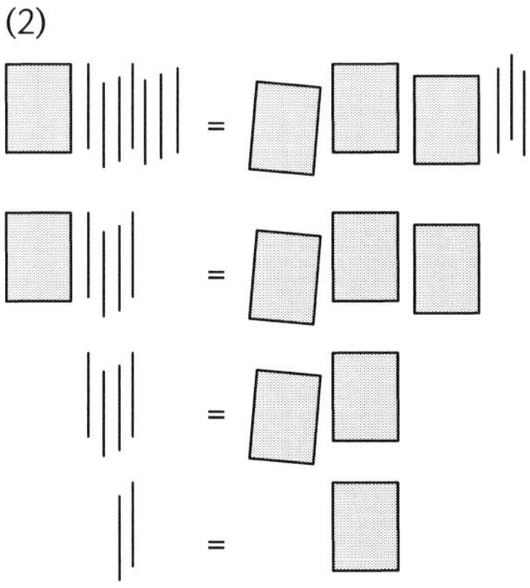

Also sind in einer Box 2 Hölzchen.

(3)

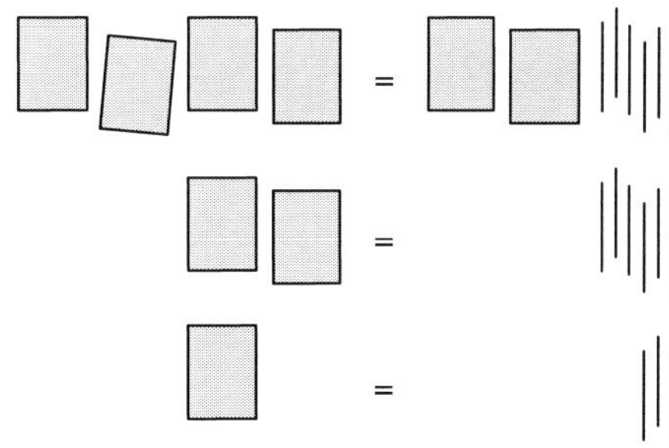

Also sind in einer Box 3 Hölzchen.
(4)

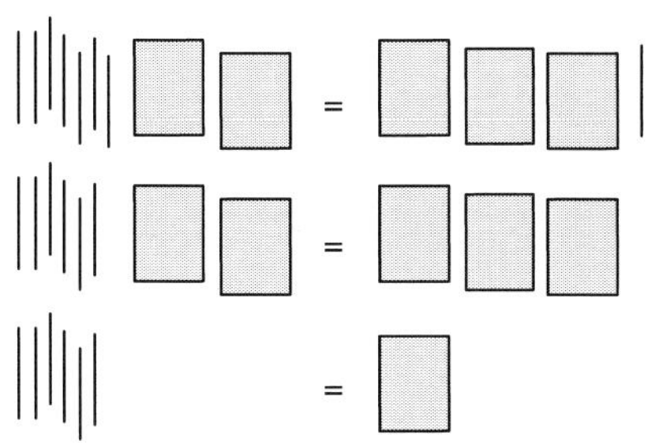

Also sind in einer Box 6 Hölzchen.
Wenn man die Idee der Boxenfolgen auf Gleichungen überträgt, ergeben sich folgende Gleichungsfolgen, indem man die Bilder einfach in Gleichungen überführt:
Forschungsauftrag 3:
$2h + 1 = h + 5$ (Ausgangssituation)
$2h = h + 4$ (1. Schritt)
$h = 4$ (2. Schritt)
Forschungsauftrag 1:
$2h + 5 = 3h + 3$
$2h + 2 = 3h$
$2 = h$
Forschungsauftrag 2:
(1) $3h = 2h + 3$
$h = 3$
(2) $h + 7 = 3h + 3$
$h + 4 = 3h$
$4 = 2h$
$2 = h$
(3) $4h = 2h + 6$
$2h = 6$
$h = 3$
(4) $7 + 2h = 3h + 1$
$6 + 2h = 3h$
$6 = h$

1 Terme mit Variablen

Seite 128

Impuls
Setzt man in den Term nacheinander für x die genannten Zahlen ein, so entstehen die fünf Aufgaben.

1 a)

x	$5 \cdot x - 2$
1	$5 \cdot 1 - 2 = 3$
2	$5 \cdot 2 - 2 = 8$
3	$5 \cdot 3 - 2 = 13$
4	$5 \cdot 4 - 2 = 18$
5	$5 \cdot 5 - 2 = 23$

b)

x	$5 - x$
5	$5 - 5 = 0$
3	$5 - 3 = 2$
1	$5 - 1 = 4$
0	$5 - 0 = 5$
−1	$5 - (-1) = 6$
−3	$5 - (-3) = 8$

2

a	$5 \cdot a + 5$	$2 \cdot a - a : 2$	$a \cdot (a - 1)$	$a - 7 \cdot a$	$7 \cdot a + a^2$
4	25	6	12	−24	44
3	20	4,5	6	−18	30
5	30	7,5	20	−30	60
−2	−5	−3	6	12	−10

Seite 129

3 a) $5 \cdot 3^2 = 45$. Die Höhe der Plattform beträgt etwa 45 m.
b) 31,25 m (80 m; 151,25 m)

6 a)

	10 Minuten	20 Minuten	50 Minuten
Tarif Green	10,35	10,75	11,95
Tarif Pink	6,45	7,95	12,45

b) Tarif Green ist für Vieltelefonierer besser geeignet.
Plakat: individuelle Lösung

7 a) $2 \cdot n$ ist eine gerade Zahl. Wenn man 2 zu einer geraden Zahl addiert, erhält man wieder eine gerade Zahl.
b) Die Aussage ist falsch. Zum Beispiel für $n = 2$ ist der Wert von $3 \cdot n$ gleich 6 (also gerade).
c) Wenn man vom Dreifachen einer Zahl die Zahl selbst und ihr Doppeltes abzieht, bleibt „nichts mehr übrig".

8 Einsetzen von $x = 7$ in die Terme liefert:

x	$5 \cdot x - 1$	$5 \cdot x + 1$	$(x - 1) \cdot (x + 1)$	$x^2 - 13$
7	34	36	48	36

Lara könnte sich sowohl den Term (2) $5 \cdot x - 1$ als auch den Term (4) $x^2 - 13$ ausgedacht haben.

9 a) Falsch; man erhält $20 - (-8) = 28$.
b) Falsch, für $x = -1$ zum Beispiel erhält man den positiven Wert 2.
c) Richtig, denn beim zweiten Summanden ist x im Nenner.
d) Falsch, denn es ist: $\frac{12}{1} = 12$; $\frac{12}{2} = 6$; 12 ist größer als 6.

2 Äquivalente Terme – Terme umformen

Seite 130

Impuls
Die Fotos zeigen zwei unterschiedliche Erscheinungsformen der selben Person.

Seite 131

1 a)

x	$5 \cdot x - 1$	$7 \cdot x - 1 - 3 \cdot x$	$-x + 6 \cdot x - 1$
3	14	11	14
15	74	59	74
−5	−26	−21	−26
−7	−36	−29	−36

x	$1 + 4 \cdot x - 2$	$(x - 1) + 4 \cdot x$	$4 \cdot x + 1$
3	11	14	13
15	59	74	61
−5	−21	−26	−19
−7	−29	−36	−27

b) Term 1 ist nicht äquivalent zu Term 2, 4 und 6.
Term 2 ist nicht äquivalent zu Term 1, 3, 5 und 6.
Term 3 ist nicht äquivalent zu Term 2, 4 und 6.
Term 4 ist nicht äquivalent zu Term 1, 3, 5 und 6.
Term 5 ist nicht äquivalent zu Term 2, 4 und 6.
Term 6 ist zu keinem anderen Term äquivalent.
Begründung: Trotz gleicher Einsetzungen ergeben sich verschiedene Werte.
c) $-x + 6 \cdot x - 1 = 5 \cdot x - 1$
$(x - 1) + 4 \cdot x = x + 4 \cdot x - 1 = 5 \cdot x + 1$
Die Terme 1, 3 und 5 sind äquivalent.
$7 \cdot x - 1 - 3 \cdot x = 4 \cdot x - 1$
$1 + 4 \cdot x - 2 = 4 \cdot x - 1$
Die Terme 2 und 4 sind äquivalent.
Zu Term 6 gibt es keinen äquivalenten Term. Er lässt sich nicht in die Form eines der anderen Terme bringen.

2 a) $16x + 4$ b) $-8x - 40$ c) $-29x + 70$
d) $-x + 1$ e) $-5y + 13$ f) $-3t + 24$
g) $4x - 8$ h) $-23z + 31$ i) $17r - 39$
j) $-11x - 1$

3 a) $(3 \cdot n + 5) + 10 \cdot n = 3n + 5 + 10n$
$= 3n + 10n + 5 = 13n + 5$,
also sind beide Terme äquivalent.
b) $7 + x \cdot 2 + 15 - x = 7 + 2x + 15 - x$
$= 2x - x + 7 + 15 = x + 22$ und
$2 \cdot (-x) + 22 + 3 \cdot x = -2x + 22 + 3x = 3x - 2x + 22$
$= x + 22$,
also sind beide Terme äquivalent.

c) $7 \cdot s - (3 - 2 \cdot s) = 7s - 3 + 2s = 7s + 2s - 3$
$= 9s - 3$,
also sind beide Terme äquivalent.
d) $5 \cdot x + 3 - 9 \cdot x = 5x - 9x + 3 = -4x + 3$,
also sind beide Terme äquivalent.
e) $2 \cdot (5 - 2 \cdot d) - 13 = 10 - 4d - 13 = -4d + 10 - 13$
$= -4d - 3$ und
$4 \cdot (1 - d) - 7 = 4 - 4d - 7 = -4d + 4 - 7 = -4d - 3$,
also sind beide Terme äquivalent.
f) $(3v + 5) \cdot 5 - v = 15v + 25 - v = 15v - v + 25$
$= 14v + 25$ und
$32 + 7 \cdot (2v - 1) = 32 + 14v - 7 = 14v + 32 - 7$
$= 14v + 25$,
also sind beide Terme äquivalent.

Seite 132

4 a) $4 \cdot s$ b) $5 \cdot x$ c) $5 \cdot t$ d) $-5 \cdot d$
e) 0 f) k g) 6b h) $19 \cdot f$
i) 30g j) 3,6s k) 3,2t l) 20,3y

7 a) Term $2 \cdot a + 2 \cdot (a - 1)$: der Umfang ist die Summe der doppelten Länge mit der doppelten Breite.
Term $4 \cdot a - 2$: die Länge a wird viermal genommen und $2 \cdot 1\,cm = 2\,cm$ werden abgezogen, da zwei der Seiten um 1cm kürzer als a sind.
b) Zum Beispiel: $a + (a - 1) + a + (a - 1)$
c) $a + (a - 1) + a + (a - 1) = a + a + a + a - 1 - 1 = 4 \cdot a - 2$
$2 \cdot a + 2 \cdot (a - 1) = 2 \cdot a + 2 \cdot a - 2 = 4 \cdot a - 2$
Alle Terme lassen sich auf $4 \cdot a - 2$ vereinfachen, sind also äquivalent.

8 a) Bei beiden Termen $2 \cdot n - 1$ und $2 \cdot (n - 1) + 1$ steht die Variable n für die Anzahl der Punkte, die auf einer Linie liegen (das sind 5 Punkte in der linken Figur, 7 Punkte in der rechten Figur).
Beim Term $2 \cdot n - 1$ werden die zwei sich kreuzenden Linien gezählt, der mittlere Punkt, welcher doppelt gezählt wurde, wird dann abgezogen.
Beim Term $2 \cdot (n - 1) + 1$ werden die zwei sich kreuzenden Linien jeweils ohne den mittleren Punkt gezählt, dieser wird am Ende hinzugezählt.
b) $4 \cdot \left[\frac{1}{2} \cdot (n - 1)\right] + 1$; n wie in a) beschrieben
$4 \cdot \left[\frac{1}{2} \cdot (n - 1)\right] + 1 = 4 \cdot \frac{1}{2} \cdot (n - 1) + 1 = 2 \cdot (n - 1) + 1$
$2 \cdot (n - 1) + 1 = 2 \cdot n - 2 + 1 = 2 \cdot n - 1$
Alle Terme lassen sich auf $2 \cdot n - 1$ vereinfachen, sind also äquivalent.

9 a) $4 \cdot s + s - s$, $s \cdot 4$ und $2 + s \cdot 1 + 3s - 2$, denn alle drei Terme kann man zu $4s$ vereinfachen.
$3s + 4 - s$ und $-1 - 5s + 5 + 7s$; denn beide Terme kann man zu $2s + 4$ vereinfachen.
$3 \cdot s - 5$ und $-8 + s + 1 + 2s + 2$, da der zweite Term ebenfalls zu $3 \cdot s - 5$ umgeformt werden kann.
$4s - 5 + s$ ist zu keinem anderen Term äquivalent.
b) $3x + 1 - x$, $x + 1 + x$ und $0{,}8 + 2{,}1 + x \cdot 2 - 1{,}9$; denn alle drei Terme kann man zu $2x + 1$ vereinfachen.
$x + x + x + 5$ und $\frac{5}{2} \cdot x + 7{,}3 + 0{,}5x - 2{,}3$; denn beide Terme lassen sich zu $3x + 5$ vereinfachen.
$x + 10 + x - 5 + 2x$, $4x + 5$ und $-2 \cdot x + 3 + 6x + 2$; denn alle Terme lassen sich zu $4x + 5$ umformen.

10 a) 0, also jeweils 0
b) $-20n$, also -30; 40; 60 bzw. -120
c) $2{,}83 \cdot n$; also 4,245; $-5{,}66$; $-8{,}49$ bzw. 16,98
d) $-13 \cdot n$; also $-19{,}5$; 26; 39 bzw. -78
e) $5 \cdot n$; also 7,5; -10; -15 bzw. 30
f) $-36n$; also -54; 72; 108 bzw. -216
g) $16 \cdot n$; also 24; -32; -48 bzw. 96
h) $16 \cdot n$, also 24; -32; -48; bzw. 96

11 $n + (-3) \cdot n + n \cdot 2$:
Zuerst wird die Schreibweise vereinfacht. $(-3) \cdot n$ sind $-3 \cdot n$ und $n \cdot 2$ kann man als $2 \cdot n$ schreiben.
Daraus ergibt sich der Term $n - 3 \cdot n + 2 \cdot n$.
Zusammengefasst ergibt das 0.
Bei den anderen Termen verfährt man in ähnlicher Weise.

Seite 133

12 a) Hans fasst von oben bis zur Mitte zusammen, dann von unten bis zur Mitte. Am Schluss addiert er die beiden langen Seitenstücke.

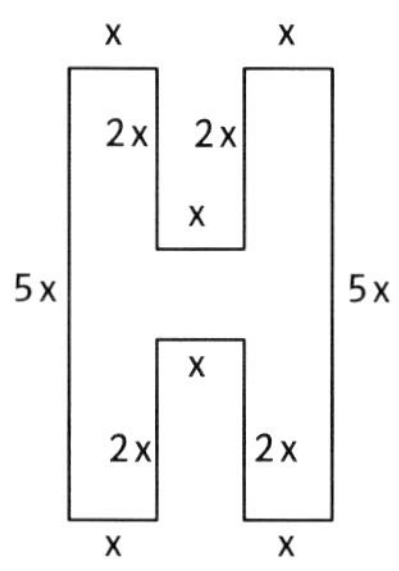

Hendrik geht reihum:
Er beginnt links unten und addiert alle Teilstücke.

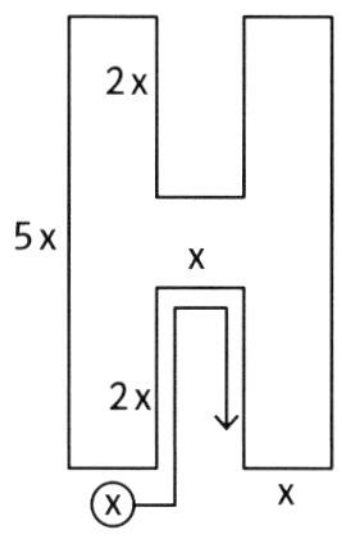

Hanna fasst zuerst die Stücke der Länge x oben und unten zusammen (je 3x), dann alle Stücke der Länge 2x (in der Mitte). Zuletzt addiert sie die beiden Stücke der Länge 5x (rechts und links).

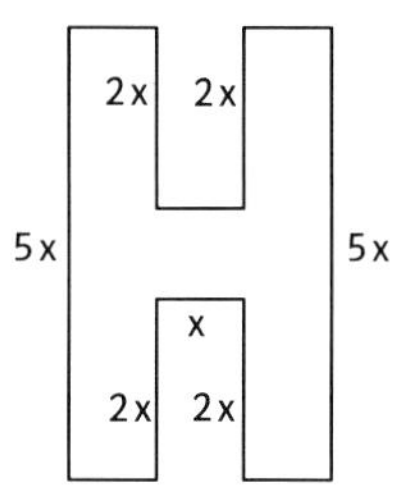

b) Hans
$2 \cdot x + 2 \cdot 2 \cdot x + x + 2 \cdot x + 2 \cdot 2 \cdot x + x + 2 \cdot 5 \cdot x$
$= 2x + 4x + x + 2x + 4x + x + 10x = 24x$
Hendrik
$x + 2 \cdot x + x + 2 \cdot x + x + 5 \cdot x + x + 2 \cdot x + x + 2 \cdot x + x + 5 \cdot x$
$= x + 2x + x + 2x + x + 5x + x + 2x + x + 2x + x + 5x$
$= 24x$
Hanna
$2 \cdot (3 \cdot x) + 4 \cdot 2x + 2 \cdot 5x = 6x + 8x + 10x = 24x$
Alle drei Terme kann man zu 24x umformen. Sie sind äquivalent.

c) Mit dem äquivalenten Term 24x kann man die Drahtlänge für jedes x sehr schnell berechnen.

13

Figur	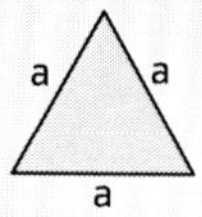	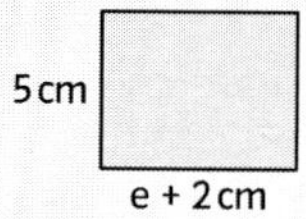	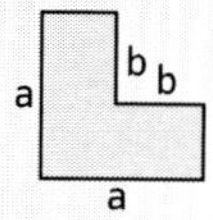
Berechne	Umfang	Flächeninhalt	Umfang
Term dafür	**3 · a**	**(e + 2) · 5**	**2a + 2b + 2(a − b) = 4a**
Maßangaben	a = 3cm	e = 4cm	a = 5cm, b = 3cm
Wert des Terms	**9 (cm)**	**30 (cm²)**	**20 (cm)**

14 $U = 2 \cdot s + 5$; für $s = 4\,cm$ ist $U = 13\,cm$;
für $s = 9\,cm$ ist $U = 23\,cm$

15 Länge des Drahtes =
$10 + 3x + 2 + 9 + x + 1 + x + 3x + 2 = 8x + 24$
oder $2 \cdot 10 + 2 \cdot (3x + 2) + 2x$

16 individuelle Lösung. Mögliche Lösung:

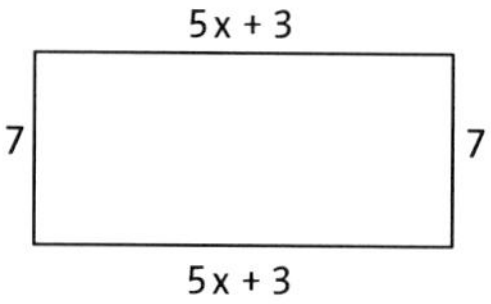

3 Zusammenhänge mithilfe von Termen beschreiben

Seite 134

Impuls
Lea hat erkannt, dass die Hälfte von 100 mit (100 + 1) multipliziert wird und überträgt das auf 25. So erhält sie $1 + 2 + \ldots + 25 = 12{,}5 \cdot 26 = 325$.
Marcs Frage sollte im Unterricht diskutiert werden. An Beispielen kann man den Trick von Gauß finden. Etwa so:

$1 + 2 + \ldots + 10$
$= (1 + 10) + (2 + 9) + (3 + 8) + (4 + 7) + (5 + 6)$
$= 5 \cdot 11 = \frac{10}{2} \cdot (10 + 1)$

$1 + 2 + \ldots + 9$
$= (1 + 9) + (2 + 8) + (3 + 7) + (4 + 6) + 5$
$= 4 \cdot 10 + 5 = 4 \cdot 10 + \frac{1}{2} \cdot 10 = \frac{9}{2} \cdot (9 + 1)$

Man zählt die erste und die letzte Zahl, dann die zweite und die zweitletzte Zahl zusammen usw. So erhält man immer eins mehr als die letzte Zahl. Jetzt überlegt man wie oft man das tun muss.

Seite 135

1 a) ein Quadrat: 4;
zwei Quadrate: $4 + 1 \cdot 3$;
drei Quadrate: $4 + 2 \cdot 3$; …
Anzahl der Streichhölzer bei n Quadraten:
$4 + (n - 1) \cdot 3 = 4 + 3 \cdot n - 3 = 3 \cdot n + 1$
b) Anzahl der Streichhölzer bei 17 Quadraten:
$3 \cdot 17 + 1 = 52$

2

Anzahl der Spitzen	a)	b)	c)
3	$2 \cdot 3 + 1 = 7$	$2 \cdot 3 - 1 = 5$	$3 \cdot 3 - 2 = 7$
4	$2 \cdot 4 + 1 = 9$	$2 \cdot 4 - 1 = 7$	$3 \cdot 4 - 2 = 10$
5	$2 \cdot 5 + 1 = 11$	$2 \cdot 5 - 1 = 9$	$3 \cdot 5 - 2 = 13$
n	$2 \cdot n + 1$	$2 \cdot n - 1$	$3 \cdot n - 2$

3 a)

Anzahl der Sprossen	Anzahl der Hölzer
1	$2 + 1 \cdot 3 = 5$
2	$2 + 2 \cdot 3 = 8$
3	$2 + 3 \cdot 3 = 11$
4	$2 + 4 \cdot 3 = 14$
n	$2 + n \cdot 3$
1008	$2 + 1008 \cdot 3 = 3026$

b) individuelle Lösung

4

Anzahl der Würfel	Anzahl der sichtbaren Seiten
1	5
2	$5 \cdot 2 - 2 \cdot 1 = 8$
3	$5 \cdot 3 - 2 \cdot 2 = 11$
4	$5 \cdot 4 - 2 \cdot 3 = 14$
5	$5 \cdot 5 - 2 \cdot 4 = 17$
…	…
n	$5 \cdot n - 2 \cdot (n - 1) = 3 \cdot n + 2$

6 Jede Figur kann als eine quadratisch angeordnete Anzahl von Plättchen gesehen werden, von der jeweils die vier Eckplättchen weggenommen wurden.
(Es gibt auch andere Möglichkeiten der Berechnung, die zu äquivalenten Termen führen.)

Nummer der Figur	Anzahl der Plättchen
2	$3 \cdot 3 - 4$
3	$4 \cdot 4 - 4$
4	$5 \cdot 5 - 4$
5	$6 \cdot 6 - 4$
…	…
n	$(n - 1) \cdot (n - 1) - 4$

Die Anzahl der Plättchen bei der n-ten Figur beträgt somit: $(n - 1) \cdot (n - 1) - 4$.

7 gedachte Zahl: x
Es wird der Term gebildet: $2 \cdot x + 3 - x + 1 - x$.
Äquivalent dazu ist: $2x + 4 - 2x = 4$

Seite 136

8 a) Mögliche Beispiele:
$5 + 6 + 7 = 18$ ist durch 3 teilbar
$4 + 5 + 6 = 15$ ist durch 3 teilbar
$21 + 22 + 23 = 66$ ist durch 3 teilbar
Die Behauptung stimmt zwar für die gewählten Einsetzungen. Um sicher zu sein, müsste man alle möglichen Einsetzungen prüfen. Die Begründung der Aussage ist daher auf diesem Weg nicht möglich.
b) Sei n die erste der drei aufeinander folgenden Zahlen dann ist die Summe: $n + (n + 1) + (n + 2)$;
vereinfacht ergibt sich $n + n + n + 1 + 2 = 3n + 3$.
Da sowohl $3n$ als auch 3 durch 3 teilbar sind, ist auch die Summe $3n + 3$ durch 3 teilbar.

9 Sei n die Zahl, dann wird die Summe mit dem Term $(n + 3) + 2 \cdot n$. Vereinfacht ergibt sich $3 \cdot n + 3$.
Die Summe ist durch 3 teilbar (vgl. Aufgabe 8 b).

10 a) Bezeichnet man die Anzahl der Runden mit r, so ergibt sich: Für Susanne $9 + 5 \cdot r$, für den Vater $7 + 4 \cdot r$.
b)

Anzahl der Runden	Susannes Geld	Vaters Geld
4	$9 + 5 \cdot 4 = 29$, also 29 €	$7 + 4 \cdot 4 = 23$ also 23 €
5	$9 + 5 \cdot 5 = 34$, also 34 €	$7 + 4 \cdot 5 = 27$, also 27 €
9	$9 + 5 \cdot 9 = 54$, also 54 €	$7 + 4 \cdot 9 = 43$, also 43 €

c) Man muss beide Terme addieren und $r = 7$ einsetzen.
$9 + 5 \cdot r + 7 + 4 \cdot r$. Für $r = 7$ ergibt sich 79. Zusammen erhalten sie 79 €.
d) Petra hat recht, denn $9 + 5 \cdot r + 7 + 4 \cdot r = 9 \cdot r + 16$.
e) Mögliche Antwort:
- $10 + 3 \cdot r$ beschreibt das Sponsorengeld, das Lisa erhält, wenn sie r Runden gelaufen ist: für die Teilnahme erhält sie 10 € und für jede gelaufene Runde 3 €.
- $10 + 3 \cdot r$ beschreibt das Sponsorengeld, welches Peter und Heidi zusammen erlaufen, wenn jeder r Runden läuft. Peter bekommt für die Teilnahme 4 € und für jede gelaufene Runde weitere 2 €. Heidi erhält für die Teilnahme 6 € und für jede Runde 1 €.

11 a) Kantenlänge: k; Term für den Flächeninhalt: k^2.
Kosten für das Holz pro Leinwand: $4 \cdot k \cdot 2$; Kosten für den Stoff pro Leinwand: $k^2 \cdot 4$.
b) Gesamtkosten für 4 Leinwände:
$4 \cdot (8 \cdot k + 4 \cdot k^2) = 32 \cdot k + 16 \cdot k^2$.

Kantenlänge in m	Gesamtkosten in €	
0,4	$32 \cdot 0{,}4 + 16 \cdot 0{,}4^2 = 15{,}36$	also 15,36 €
0,8	$32 \cdot 0{,}8 + 16 \cdot 0{,}8^2 = 35{,}84$	also 35,84 €
1,0	$32 \cdot 1 + 16 \cdot 1^2 = 48$	also 48,00 €

c) Tom benötigt vom Stoff mehr, als er berechnet hat, weil dieser um die Leisten gelegt und dort angeklebt wird. Die größeren Mengen ergeben dann einen höheren Preis.

12 (1) $4 \cdot (n - 1) + 8$ gehört zu Muster (E);
n steht für die Anzahl Punkte des innen liegenden Quadrates (also hier $n = 4$).
(2) $6 \cdot n - 6$ gehört zu Muster (D);
n steht für die Anzahl der Punkte auf einer Seite des Sechsecks (hier $n = 3$).
(3) $3 \cdot n + 1$ gehört zu Muster (B);
n steht für die Anzahl der Punkte auf einen freien Schenkel, ohne den mittleren Punkt (hier $n = 3$).
Der Term (7) $3 \cdot n - 2$ gehört ebenfalls zu Muster (B), ist aber nicht äquivalent zu (3).
n steht hier für die Anzahl der Punkte, die auf einer Linie liegen (also Anzahl der Punkte auf einem freien Schenkel + mittlerer Punkt) (hier $n = 4$).
(4) $3 \cdot n - 3$ und (6) $3 \cdot (n - 1)$ sind äquivalent zueinander. Beide gehören zu Muster (C);
n steht für die Anzahl der Punkte auf einer Seite des Dreiecks (hier $n = 5$).
(5) $4 \cdot n - 4$ gehört zu Muster (A);
n steht für die Anzahl der Punkte auf einer Seite des Quadrats (hier $n = 3$).

Seite 137

13 a) Weg in drei Stücke unterteilt. Betrachte zuerst eines davon. Beachte: n ist Grundlinienzahl außen.

$3 \cdot 2(n - 1) - 3 \cdot 1$
$2(n - 1)$ grau
1 steht an jeder Ecke über

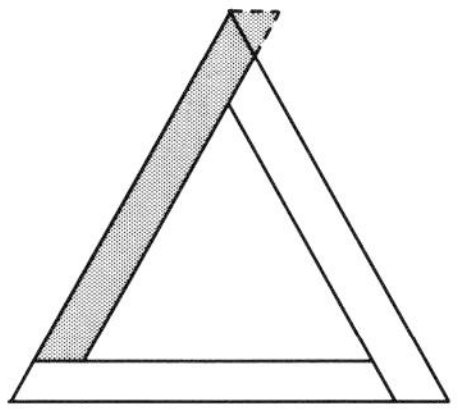

$3 \cdot (2n - 1) - 3 \cdot 2$
$2n - 1$ grau
2 werden in jeder Ecke doppelt gezählt

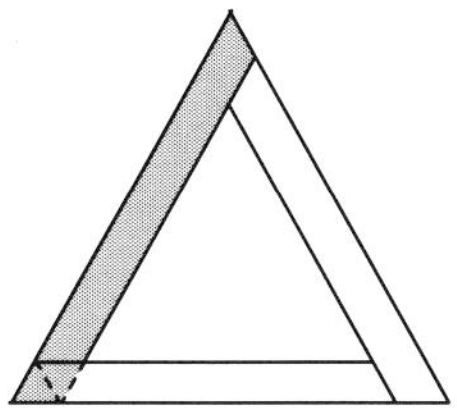

$3 \cdot (2n - 3)$
$2n$ ist grau
2 werden in jeder Ecke doppelt gezählt und 1 steht in jeder Ecke über

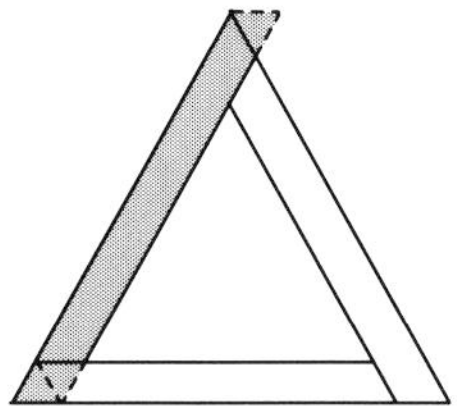

b) $3 \cdot (2n - 3) = 6n - 9$
$3 \cdot (2n - 1) - 3 \cdot 2 = 6n - 3 - 6 = 6n - 9$
$3 \cdot 2(n - 1) - 3 \cdot 1 = 6n - 6 - 3 = 6n - 9$
Damit sind alle drei Terme äquivalent.
c) Kantenlänge der Platten: 2 m
$50 : 2 = 25$. Entlang einer Grundseite der Pyramide können 25 Platten anliegen. Damit liegen an einer Außenseite des Weges 28 Platten an.
Also $n = 28$. Dann ist $6 \cdot n - 9 = 6 \cdot 28 - 9 = 159$.
Man benötigt 159 Platten.
Kantenlänge: 2,50 m
$50 : 2{,}5 = 20$. Also $20 + 3 = 23$ Platten liegen an einer Außenseite des Weges an.
Dann: $6 \cdot 23 - 9 = 129$.
Man benötigt 129 Platten.

14

Größe der Schokolade	Anzahl aller Stücke	Anzahl der Randstücke	gegessener Anteil
3×3	9	8	$\frac{8}{9} \approx 88{,}9\,\%$
4×4	16	12	$\frac{12}{16} \approx 75\,\%$
5×5	25	16	$\frac{16}{25} \approx 64\,\%$
...	...	...	...
n×n	n^2	4(n − 1) = 4n − 4	$\frac{4(n-1)}{n^2}$

Der gegessene Anteil einer Tafel der Größe n×n beträgt:
$p\,\% = \frac{4n-4}{n^2}$

15 a) Für die ersten 500 € erhält Guido (5 % · 500 = 25) 25 €. Für die restlichen 1600 € (2100 − 500 = 1600) erhält er (3 % · 1600 = 48) 48 €.
Insgesamt kann er also mit mindestens (25 + 48 = 73) 73 € Finderlohn rechnen.
b) Sei g der Wert des gefundenen Gegenstandes und f der Finderlohn jeweils in €.
Für Beträge bis 500 €: $f = \frac{5}{100} \cdot g$.
Für Beträge über 500 €: $f = 25 + \frac{3}{100} \cdot (g - 500)$.
25 ist der Finderlohn (in €) für die ersten 500 €.
(g − 500) ist der Restbetrag. Mit $\frac{3}{100} \cdot (g - 500)$ bestimmt man den Finderlohn für diesen Restbetrag.
c) Mit der Formel aus b) ist:
$f = 25 + \frac{3}{100} \cdot (8000 - 500) = 250$
Das Vierfache von 250 € ist 1000 €.
Das sind $\frac{1000}{8000} = 12{,}5\,\%$ des Wertes des Ringes.
d) Der Finderlohn wird mit der Formel
$f = 25 + 0{,}03 \cdot (g - 500)$ berechnet.
Dabei ist $0{,}03 \cdot (g - 500) = 46$.
Also $g - 500 = 46 : 0{,}03 = 1533{,}33$
Der Wert des Ringes beträgt rund
1533 € + 500 € = 2033 €.

16 a) Zeit zwischen Blitz und Donner (in Sekunden): z;
Entfernung des Blitzes (in km): $\frac{z}{3}$.
b)

Zeit in Sekunden	Entfernung in km
12	4
15	5
18	6

c) Es ist $\frac{z}{3} = 21$, das bedeutet z = 63. Zwischen Blitz und Donner vergehen 63 Sekunden.

4 Gleichungen aufstellen und lösen

Seite 138

Impuls
In vier Jahren ist die Elefantenmutter 36 Jahre alt. Wenn sie dann zwölf mal so alt wie ihr Nachwuchs ist, dann wird der Nachwuchs 36 : 12 = 4 Jahre alt sein. Der kleine Elefant muss wohl noch im Bauch sein und kurz vor der Geburt stehen.

Seite 139

1 a) b + 6 = 8; b = 2
b) 15 − g = 7; g = 8
c) 6d = 48; d = 8
d) 5x = −25; x = −5
e) 2x − 8 = 0; x = 4
f) 0 = 3x − 12; x = 4
g) 2x + 4 = 0; x = −2
h) 3x + 12 = 0; x = −4
i) −14 + 3x = 7; x = 7

2 a) 3 · a = 24; a = 8
b) 10 − a = 3; a = 7
c) 15 = 3 · a; a = 5
d) a + a = 10; a = 5
e) 2 · n + 3 = 23; n = 10
f) x + 2 · x = 33; x = 11
g) 28 − 2 · x = 10; x = 9
h) 2 · x = x + 1; x = 1
i) 0 = 3 · x − 12; x = 4
j) 3 · x + 12 = 0; x = −4
k) 2 · x = x + x; für alle x erfüllt, also L = ℚ
l) 2 · (x − 1) = 14; x = 8

3 a) Keine b) Keine c) −5
d) 3 e) 4 f) Keine

4 a) L = {1} b) L = {−1} c) L = {2}
d) L = { } e) L = {0} f) L = {2}
g) L = ℚ h) L = { } j) L = ℚ

Seite 140

5 Sei x die gedachte Zahl. Es gilt: 2 · x + 5 = 25.
Durch „rückwärts rechnen" erhält man
x = (25 − 5) : 5 = 10.
Die gedachte Zahl war also 10.

6 a) Sei x die gesuchte Zahl.
1. Weg: 2 · x + 2; 2. Weg: (x + 1) · 2
Es gilt: 2 · x + 2 = (x + 1) · 2
Die Terme auf beiden Seiten der Gleichung sind zueinander äquivalent. Somit ist sie für alle Zahlen x gültig.
b) 4 · 3 + 1 = 3 + 10 also x = 3
c) Die Gleichung $x^2 + 16 = 0$ hat keine Lösung, weil für alle Zahlen x gilt: $x^2 \geq 0$. Somit ist die linke Seite der Gleichung mindestens gleich 16, kann also niemals gleich null werden.

7 Term: 116 + 7x (Gewicht in kg nach x Wochen)
Gleichung: 116 + 7x = 200
Lösungsweg: 200 − 116 = 84; 84 : 7 = 12
Ergebnis: Chandra wird 12 Wochen nach der Geburt 200 kg wiegen.

10 a) L = {2} für G = ℕ; L = {2; −2} für G = ℚ
b) Es gibt keine solche Gleichung, da ℕ eine Teilmenge von ℚ ist. Hat also die Gleichung eine Lösung aus ℕ, dann ist diese auch eine Lösung aus ℚ.

11 a) Sei p der Preis für einen CD-Rohling.
Dann ist 6 · p + 11 = 20. Durch Ausprobieren oder rückwärts rechnen erhält man p = 1,5.
Ein CD-Rohling kostet demnach 1,50 €.

b) z. B. Im Supermarkt zahlt Anna für 13 Tafeln Schokolade 6,37 €. Wie teuer ist eine Tafel Schokolade?
Lösung: Sei p der Preis für eine Tafel Schokolade.
Dann ist $13 \cdot p = 6{,}37$. Also $p = 0{,}49$. Dann kostet eine Tafel Schokolade 0,49 €.

12 a) Peer wollte zuerst die Punktrechnung umkehren. Dabei hat er zudem noch falsch gerechnet. Richtig ist:
$x = (60 - 7) : 6 = \frac{53}{6}$.
b) Peer hätte im zweiten Schritt durch 4 teilen müssen. Richtig ist: $x = (37 + 3) : 4 - 2 = 8$.

13 a) $G = \mathbb{Q}$; es gilt dann $L = \{-3\}$
Für die Grundmenge $G = \mathbb{N}$ hat die Gleichung daher keine Lösung.
b) Es gilt: $x^2 + 2x + 9 - 2x = x^2 + 9$
Die Gleichung $x^2 + 9 = 0$ hat keine Lösung, da $x^2 \geq 0$ für jede Zahl x gilt (und zwar unabhängig von der gewählten Grundmenge).

5 Gleichungen mit Äquivalenzumformungen lösen

Seite 141

Impuls
Oberes Bild: Auf der linken Seite sitzen drei Kaninchen und drei Mäuse, auf der rechten Seite drei Katzen.
Die Waage steht im Gleichgewicht, damit sind die Tiere auf beiden Seiten gleich schwer.
Aus der Gleichung
Gewicht (3 Kaninchen + 3 Mäuse)
= Gewicht (3 Katzen) folgt:
Gewicht (Katze) = Gewicht (Kaninchen + Maus) (I)
Unteres Bild: Die Waage steht ebenfalls im Gleichgewicht, es müsste dementsprechend gelten:
Gewicht (Kaninchen + Katze) = Gewicht (2 Katzen)
Dies steht im Widerspruch zur Gleichung (I), denn es würde bedeuten, dass ein Kaninchen soviel wie eine Katze wiegt. Die gelbe Katze muss also eine der Mäuse gefressen haben (die zwei anderen wie auch die zwei Kaninchen sind weggerannt), daher lautet die (wirkliche) Gleichung:
Gewicht (Kaninchen + Maus + Katze)
= Gewicht (2 Katzen) (II)
Die Gleichungen (I) und (II) sind zueinander äquivalent.

Seite 142

1 a) $5x - 10 = 25 \quad |+10$
$5x = 35 \quad |:5$
$x = 7$

b) $4k + 12 = 62 \quad |-12$
$4k = 50 \quad |:4$
$4k = 12{,}5$

c) $3{,}4t + 83 = 100 \quad |-83$
$3{,}4t = 17 \quad |:3{,}4$
$t = 5$

d) $8b + 12 = 12 \quad |-12$
$8b = 0 \quad |:8$
$b = 0$

e) $5{,}5p + 10 = 26{,}5 \quad |-10$
$5{,}5p = 16{,}5 \quad |:5{,}5$
$p = 3$

f) $5 - 2{,}5y = 7{,}5 \quad |-5$
$-2{,}5y = 2{,}5 \quad |:(-2{,}5)$
$y = -1$

g) $0{,}1g + 8 = 18 \quad |-8$
$0{,}1g = 10 \quad |\cdot 10$
$g = 100$

h) $d \cdot (-3) = 15 \quad |:(-3)$
$d = -5$

i) $\frac{1}{2}a + 6 = 13 \quad |-6$
$\frac{1}{2}a = 7 \quad |\cdot 2$
$a = 14$

j) $\frac{1}{4} - x = \frac{3}{4} \quad |-\frac{1}{4}$
$-x = \frac{2}{4} \quad |\cdot(-1)$
$x = -\frac{1}{2}$

k) $\frac{3}{4} = \frac{1}{4}b + 3 \quad |\cdot 4$
$3 = b + 12 \quad |-12$
$-9 = b$

l) $7 - \frac{1}{2}x = 1 \quad |-7$
$-\frac{1}{2}x = -6 \quad |\cdot(-2)$
$x = 12$

2 a) $3x + 15 = 15x + 27 \quad |-3x$
$15 = 12x + 27 \quad |-27$
$-12 = 12x \quad |:12$
$-1 = x$

b) $45 - 12x = 4x + 15 \quad |+12x$
$45 = 16x + 15 \quad |-15$
$30 = 16x \quad | 16$
$1{,}875 = x$

c) $16 - 5x = 34 + 9x \quad |+5x$
$16 = 34 + 14x \quad |-34$
$-18 = 14x \quad |:14$
$-\frac{9}{7} = x$

d) $-7x + 45 = -9x - 17 \quad |+9x$
$2x + 45 = -17 \quad |-45$
$2x = -62 \quad |:2$
$x = -31$

e) $38 - 23x = 5x + 16 \quad |+23x$
$38 = 28x + 16 \quad |-16$
$22 = 28x \quad |:28$
$\frac{11}{14} = x$

f) $56 - 6x = -28 + 8x \quad |+6x$
$56 = -28 + 14x \quad |+28$
$84 = 14x \quad |:14$
$6 = x$

g) $23x + 5 = -45x + 39 \quad |+45x$
$68x + 5 = 39 \quad |-5$
$68x = 34 \quad |:68$
$x = \frac{1}{2}$

h) $72x - 24 = 80 - 68x \quad |+68x$
$140x - 24 = 80 \quad |+24$
$140x = 104 \quad |:140$
$x = \frac{26}{35}$

3 a) $5(x + 1) + 3x = 10$
$5x + 5 + 3x = 10$
$8x + 5 = 10 \quad |-5$
$8x = 5 \quad |:8$
$x = 0{,}625$

b) $2(y - 2) + 5 = 17$
$2y - 4 + 5 = 17$
$2y + 1 = 17 \quad |-1$
$2y = 16 \quad |:2$
$y = 8$

c) $3(a + 3) - 9 = 15$
$3a + 9 - 9 = 15$
$3a = 15 \quad |:3$
$a = 5$

d) $6(x-1)+4x-5=9$
$6x-6+4x-5=9$
$10x-11=9 \quad |+11$
$10x=20 \quad |:10$
$x=2$

e) $4(r+1)-r+2=6$
$4r+4-r+2=6$
$3r+6=6 \quad |-6$
$3r=0 \quad |:3$
$r=0$

f) $5(2-x)+7x+5=10$
$10-5x+7x+5=10$
$15+2x=10 \quad |-15$
$2x=-5 \quad |:2$
$x=-2{,}5$

g) $4(x+1)-2(x-1)=4$
$4x+4-2x+2=4$
$2x+6=4 \quad |-6$
$2x=-2 \quad |:2$
$x=-1$

h) $2(y-3)+4(3-y)=12$
$2y-6+12-4y=12$
$-2y+6=12 \quad |-6$
$-2y=6 \quad |:(-2)$
$y=-3$

i) $(-3)\cdot(z+2)-(7-2z)=5$
$-3z-6-7+2z=5$
$-z-13=5 \quad |+13$
$-z=18 \quad |:(-1)$
$z=-18$

4

a) $9b+3=7b+11 \quad |-7b$
$2b+3=11 \quad |-3$
$2b=8 \quad |:2$
$b=4$

b) $5+7x=45+3x \quad |-3x$
$5+4x=45 \quad |-5$
$4x=40 \quad |:4$
$x=10$

c) $5d+4=4+d \quad |-d$
$4d+4=4 \quad |-4$
$4d=0 \quad |:4$
$d=0$

d) $16v+7=15v+1 \quad |-15v$
$v+7=1 \quad |-7$
$v=-6$

e) $8n-15=3n \quad |-3n$
$5n-15=0 \quad |+15$
$5n=15 \quad |:5$
$n=3$

f) $12k=15k-60 \quad |-15k$
$-3k=-60 \quad |:(-3)$
$k=20$

g) $5{,}5+3t=t-2{,}5 \quad |-t$
$5{,}5+2t=-2{,}5 \quad |-5{,}5$
$2t=-8 \quad |:2$
$t=-4$

h) $5{,}5z=-9+4{,}5z \quad |-4{,}5z$
$z=-9$

i) $\frac{1}{2}a+6=13-a \quad |+a$
$\frac{3}{2}a+6=13 \quad |-6$
$\frac{3}{2}a=7 \quad |\cdot\frac{2}{3}$
$a=\frac{14}{3}$

j) $6-\frac{1}{2}x=1+2x \quad |+\frac{1}{2}x$
$6=1+2\frac{1}{2}x \quad |-1$
$5=\frac{5}{2}x \quad |\cdot\frac{2}{5}$
$2=x$

k) $\frac{3}{4}b=\frac{1}{4}b+3 \quad |-\frac{1}{4}b$
$\frac{2}{4}b=3 \quad |\cdot 2$
$b=6$

l) $\left(-\frac{1}{4}\right)\cdot x=\frac{3}{4}x-1 \quad |+\frac{1}{4}x$
$0=x-1 \quad |+1$
$1=x$

5

$2b-3=3b+1 \quad \Rightarrow b=-4$
$10-n=23 \quad \Rightarrow n=-13$
$6d+2(d-13)=d\cdot5-5 \quad \Rightarrow d=7$
$5\cdot(b+3)=25 \quad \Rightarrow b=2$
$8+0{,}5x=2{,}5x \quad \Rightarrow x=4$
$(v-5)\cdot3+5v+3=4v \quad \Rightarrow v=3$
$\frac{4}{7}b=-8 \quad \Rightarrow b=-14$
$x:8=5 \quad \Rightarrow x=40$
$2\cdot(x+1)=10 \quad \Rightarrow x=4$
$3{,}5\cdot(x+1)=10{,}5 \quad \Rightarrow x=2$
$\left(-\frac{3}{4}+k\right)\cdot2+\frac{5}{4}=\frac{1}{4} \quad \Rightarrow k=\frac{1}{4}$

6

a) $32x+43-20x=-25-45x+30 \quad |\text{vereinfachen}$
$12x+43=-45x+5 \quad |+45x$
$57x+43=5 \quad |-43$
$57x=-38 \quad |:57$
$x=-\frac{38}{57}=-\frac{2}{3}$

b) $12-9b+15-5b=14-8b+6 \quad |\text{vereinfachen}$
$27-14b=20-8b \quad |+14b$
$27=20+6b \quad |-20$
$7=6b \quad |:6$
$\frac{7}{6}=b$

c) $-41+26t=2t+20t-53+72 \quad |\text{vereinfachen}$
$-41+26t=22t+19 \quad |-22t$
$-41+4t=19 \quad |+41$
$4t=60 \quad |:4$
$t=15$

d) $4f+49-13f-78+23f=0 \quad |\text{vereinfachen}$
$14f-29=0 \quad |+29$
$14f=29 \quad |:14$
$f=\frac{29}{14}$

e) $3\cdot(a-4)+3\cdot(4-a)+2a-1=3 \quad |\text{ausmultiplizieren}$
$3a-12+12-3a+2a-1=3 \quad |\text{vereinfachen}$
$2a-1=3 \quad |+1$
$2a=4 \quad |:2$
$a=2$

f) $13\cdot(s-5)-4\cdot(s-1)+s=5 \quad |\text{ausmultiplizieren}$
$13s-65-4s+4+s=5 \quad |\text{vereinfachen}$
$10s-61=5 \quad |+61$
$10s=66 \quad |:10$
$s=\frac{66}{10}$

9 a) $32x+43-20x=-25+30-45x \quad |\text{vereinfachen}$
$12x+43=5-45x \quad |+45x$
$57x+43=5 \quad |-43$
$57x=-38 \quad |:57$
$x=-\frac{38}{57}=-\frac{2}{3}$
$L=\left\{-\frac{2}{3}\right\}$

b) $12-9x+15-5x=14-18x+6 \quad |\text{vereinfachen}$
$27-14x=20-18x \quad |+18x$
$27+4x=20 \quad |-27$
$4x=-7 \quad |:4$
$x=-1{,}75$
$L=\{-1{,}75\}$

c) $32y - 50 + 7 - 28y = 5$ | vereinfachen
$4y - 43 = 5$ | $+43$
$4y = 48$ | $:4$
$y = 12$
$L = \{12\}$

d) $-38 + 26t = 2t + 24t - 53 - 72$ | vereinfachen
$-38 + 26t = 26t - 125$ | $-26t$
$-38 = -125$
keine Lösung; $L = \{\ \}$

e) $-48x - 42x + 70 = 25 - 12x - 25$ | vereinfachen
$-90x + 70 = -12x$ | $+90x$
$70 = 78x$ | $:78$
$\frac{35}{39} = x$
$L = \left\{\frac{35}{39}\right\}$

f) $4x + 49 - 13x - 78 + 23x = 0$ | vereinfachen
$14x - 29 = 0$ | $+29$
$14x = 29$ | $:14$
$x = \frac{29}{14}$
$L = \left\{\frac{29}{14}\right\}$

g) $3(2x - 5) + 6 = 5(3 - 5x) + 6x$ | ausmultiplizieren
$6x - 15 + 6 = 15 - 25x + 6x$ | vereinfachen
$6x - 9 = 15 - 19x$ | $+19x$
$25x - 9 = 15$ | $+9$
$25x = 24$ | $:25$
$x = \frac{24}{25} = 0{,}96$

h) $4 - (6x - 15) = 4x - (25 + x)$ | ausmultiplizieren
$4 - 6x + 15 = 4x - 25 - x$ | vereinfachen
$19 - 6x = 3x - 25$ | $+6x$
$19 = 9x - 25$ | $+25$
$44 = 9x$ | $:9$
$\frac{44}{9} = x$
$L = \left\{\frac{44}{9}\right\}$

i) $5 - 2s + (4s - 2) \cdot 3 = 5 + 3(4s - 7)$ | ausmultiplizieren
$5 - 2s + 12s - 6 = 5 + 12s - 21$ | $-12s - 5$
$-2s - 6 = -21$ | $+6$
$-2s = -15$ | $:(-2)$
$s = 7{,}5$
$L = \{7{,}5\}$

j) $-3(8 + 7t) = 2t + 2(4t - 53 - t)$ | ausmultiplizieren
$-24 - 21t = 2t + 8t - 106 - 2t$ | vereinfachen
$-24 - 21t = 8t - 106$ | $+21t$
$-24 = 29t - 106$ | $+106$
$82 = 29t$ | $:29$
$\frac{82}{29} = t$
$L = \left\{\frac{82}{29}\right\}$

k) $-6(-2x + 3 - 4x) + 20 = 5(2 - 14x - 5)$ | ausmultiplizieren
$12x - 18 + 24x + 20 = 10 - 70x - 25$ | vereinfachen
$36x + 2 = -15 - 70x$ | $+70x$
$106x + 2 = -15$ | -2
$106x = -17$ | $:106$
$x = -\frac{17}{106}$
$L = \left\{-\frac{17}{106}\right\}$

l) $4(x + 3) - 5(3x - 8) = 12 - 2(3x + 1)$ | ausmultiplizieren
$4x + 12 - 15x + 40 = 12 - 6x - 2$ | vereinfachen
$-11x + 52 = 10 - 6x$ | $+11x$
$52 = 10 + 5x$ | -10
$42 = 5x$ | $:5$
$\frac{42}{5} = x$
$L = \left\{\frac{42}{5}\right\}$

10 a) (1) $-2b$ (auf beiden Seiten)
(2) ausmultiplizieren; -17
(3) ausmultiplizieren; $+2$
(4) $+c$; -6
Alle Umformungen sind Äquivalenzumformungen.
b) Das beidseitige Addieren oder Subtrahieren führt nicht dazu, dass danach auf einer Seite der Gleichung nur noch eine Zahl oder ein Vielfaches der Variablen steht.

Seite 144

11 a) gesuchte Zahl: x
$x + \frac{1}{7} = 0{,}5$ | $-\frac{1}{7}$
$x = \frac{5}{14}$
Die gesuchte Zahl ist $\frac{5}{14}$.

b) $x - 0{,}7 = \frac{2}{3}$ | $+0{,}7$
$x = \frac{2}{3} + \frac{7}{10}$
$x = \frac{41}{30}$
Die gesuchte Zahl ist $\frac{41}{30}$.

c) Sei x die gesuchte Zahl. Es muss gelten: $x = 2 \cdot x + 8$.
$x = 2x + 8$ | $-2x$
$-x = 8$ | $\cdot(-1)$
$x = -8$
Die gesuchte Zahl ist -8.

d) Es muss gelten: $x = \frac{1}{2} \cdot x - 7$.
$x = \frac{1}{2}x - 7$ | $-\frac{1}{2}x$
$\frac{1}{2}x = -7$ | $\cdot 2$
$x = -14$
Die gesuchte Zahl ist -14.

e) Es muss gelten: $4 \cdot x = x + 2$.
$4x = x + 2$ | $-x$
$3x = 2$ | $:3$
$x = \frac{2}{3}$
Es gibt eine Zahl, welche die Bedingung erfüllt, und zwar $\frac{2}{3}$.

12 a) $4l = 50$, also $l = 12{,}5\,m$
b) $2l + 2(l + 3) = 4l + 6 = 50$, also $l = 11\,m$
c) $2(l + 1) + 2l + 2 = 4l + 4 = 50$, also $l = 11{,}5\,m$
d) $2l + l + 1 + 3 = 3l + 4 = 50$, also $l \approx 15{,}33\,m$

13 a) $s + 6 + s + 4 = s + 4 + s + s + s$ | vereinfachen
$2s + 10 = 4s + 4$ | $-2s$
$10 = 2s + 4$ | -4
$6 = 2s$ | $:2$
$3 = s$
Die Seitenlänge s beträgt 3 Längeneinheiten.

b) $5 + s + 5 + s =$
$s + 2s - 1 + s + 2 + s + 3 + 4$ | vereinfachen
$2 \cdot s + 10 = 5 \cdot s + 8$ | $-2s$
$10 = 3 \cdot s + 8$ | -8
$2 = 3 \cdot s$ | $:3$
$\frac{2}{3} = s$
Die Seitenlänge von s beträgt $\frac{2}{3}$ Längeneinheiten.

14 Seitenlänge der Grundfläche: a;
Gleichung: $8a + 4 \cdot 3a = 5$; Lösung $a = 0{,}25$. Eine Kante der quadratischen Grundfläche ist 25 cm lang. Die Drahtstücke sind 8 mal 25 cm und 4 mal 75 cm lang.

15 Es gilt $7 \cdot a = 3 \cdot (a + 6\,\text{cm})$. Die zweite Seite a ist 4,5 cm lang.

16 a) $4z + 26 = 6 \cdot z$ | $-4z$
$26 = 2z$ | $:2$
$13 = z$
Guido hat sich die Zahl 13 gedacht.
b) z. B. Ich denke mir eine Zahl. Diese Zahl verdreifache ich, subtrahiere sieben und multipliziere das Ergebnis mit vier. Das erhaltene Ergebnis ist genauso groß wie das Achtfache der gedachten Zahl.
Antwort: $(3 \cdot z - 7) \cdot 4 = 8 \cdot z$, also $z = 7$
Die gedachte Zahl war 7 (mögliche Schülerantwort).

17 individuelle Lösung, Beispiele:
a) $2 \cdot x + 3 = 11$
$(x - 2) \cdot 5 = 10$
b) $x \cdot 10 - 15 = x + 48$
$(2 - x) \cdot 3 = -22 + x$
c) $2 \cdot (x + 3) = -4$
$24 = -4 \cdot x + 4$
d) $3 \cdot (x + 5) + 1 = -5 \cdot x$
$\frac{1}{2} \cdot x = -1$
e) $x + 2 \cdot x = 14 - x$
$4 \cdot (x - 0{,}5) = 12$
f) $10 \cdot (-x) = 17$
$x + x = -3{,}4$
g) $20 = 5(3{,}5 + x)$
$\frac{1}{2} \cdot x = \frac{1}{4}$
h) $(4 \cdot x + 2) \cdot 3 = -3$
$x + 6 + x = 4{,}5$
(jeweils 2 mögliche Schülerlösungen)

Seite 145

18 a) $400 - 35m$ beschreibt den Kontostand von Shanon, da sie anfangs 400 € auf ihrem Konto hat und monatlich 35 € abgezogen werden (Reitstunden).
b) Zur Beantwortung löst man die Gleichung.
$400 - 35m = 150 + 15m$ | $+35m$
$400 = 150 + 50m$ | -150
$250 = 50m$ | $:50$
$5 = m$
Nach 5 Monaten haben Kilian und Shanon gleich viel Geld auf ihrem Konto. Der Kontostand beträgt dann 150 € + 15 € · 5 = 225 €.

19 a) Im ersten Schritt müssen 12 subtrahiert werden:
$12 + 2b = 22$ | -12
$2b = 10$ | $:2$
$b = 5$
b) Im zweiten Schritt muss man ein d auf beiden Seiten subtrahieren und nicht durch d dividieren.
$2d + 3 = d + 3$ | -3
$2d = d$ | $-d$
$d = 0$

c) Im ersten Schritt wurde falsch ausmultipliziert und im letzten Schritt wurde x auf der linken Seite der Gleichung falsch subtrahiert.
$-2(x + 3) = x$ | vereinfachen
$-2x - 6 = x$ | $+6$
$-2x = x + 6$ | $-x$
$-3x = 6$ | $:(-3)$
$x = -2$
d) Im ersten Schritt wurde die Minus-Klammer rechts falsch aufgelöst und die Äquivalenzumformungen im zweiten Schritt wurden falsch durchgeführt:
$3 \cdot (2 - s) = 2s - (s + 6)$ | vereinfachen
$6 - 3s = s - 6$ | $+ 6$ | $+ 3s$
$12 = 4s$ | $:4$
$3 = s$

20 a) Wanne A: $20 + 0{,}6t$
Wanne B: $10 + 1{,}6t$
t in Minuten
b) $20 + 0{,}6 \cdot t = 10 + 1{,}6 \cdot t$ | $-10 - 0{,}6 \cdot t$
$10 = 1 \cdot t$ | $:1$
$10 = t$
Nach 10 Minuten sind beide Wannen gleich hoch gefüllt.
c) $20 + 0{,}6 \cdot 10 = 26$ und $10 + 1{,}6 \cdot 10 = 26$
Das Wasser steht dann 26 cm hoch.

21 a) Beide erhalten die Lösung $t = 6$.
b) Wenn man beim Rechnen mit Brüchen Schwierigkeiten hat, wäre der rechte Weg einfacher, weil man hier das Rechnen mit Brüchen umgeht.
c) mögliche Lösungen:
1. Weg: $2 + \frac{1}{3}x = \frac{2}{3}x + 4$ | $-\frac{1}{3}x$
$2 = \frac{1}{3}x + 4$ | -4
$-2 = \frac{1}{3}x$ | $\cdot 3$
$-6 = x$
2. Weg: $2 + \frac{1}{3}x = \frac{2}{3}x + 4$ | $-\frac{2}{3}x$
$2 - \frac{1}{3}x = 4$ | -2
$-\frac{1}{3}x = 2$ | $\cdot(-3)$
$x = -6$
3. Weg: $2 + \frac{1}{3}x = \frac{2}{3}x + 4$ | $\cdot 3$
$6 + x = 2x + 12$ | $-x$
$6 = x + 12$ | -12
$-6 = x$
Bei allen drei Wegen benötigt man drei Rechenschritte. Beim 3. Weg umgeht man die Bruchrechnung, indem die Gleichung zuerst auf beiden Seiten mit dem Wert des Nenners multipliziert wird.

22 Sowohl Simons Idee als auch Ninas Lösungszahl sind richtig. Die Gleichung hat zwei Lösungen.
Simon setzt $3x - 8 = 5$ (I), um die Lösung zu finden, denn $5 \cdot 5 = 25$.
Er hat aber übersehen, dass es noch eine andere Möglichkeit gibt, die 25 als Produkt einer Zahl mit sich selbst zu erhalten, es gilt ebenfalls $(-5) \cdot (-5) = 25$.
Er muss also auch die Gleichung lösen: $3x - 8 = -5$ (II).

Lösen von (I):

$3x - 8 = 5 \quad |+8$

$3x = 13 \quad |:3$

$x = \frac{13}{3}$

Lösen von (II):

$3x - 8 = -5 \quad |+8$

$3x = 3 \quad |:3$

$x = 1$

Die gegebene Gleichung hat somit die Lösungen:

$L = \left\{1; \frac{13}{3}\right\}$.

6 Problemlösen mit Gleichungen

Seite 146

Impuls

Auch für das Problemlösen mithilfe von Gleichungen braucht man Geduld. Wichtig ist, die Situation gut zu analysieren und den richtigen Anfang zu finden.

Seite 147

1 Neuer Preis: p; Gleichung: $100 \cdot 0{,}8 + 200 \cdot p$;
Lösung: $p = 1{,}1$.
Die restlichen Würstchen müssen für 1,10 € verkauft werden.

Seite 148

2 a) Aus der Gleichung $250 + 12 \cdot x = 85 + 45x$, berechnet man $x = 5$. In 5 Jahren sind die Bäume gleich groß.
b) Man setzt $x = 5$ ein: $250 + 12 \cdot 5 = 310$ (Ergebnis in cm). Beide Bäume sind 3,10 m groß.

3 a) Susannes Freundin meint, dass sich der Abstand zwischen dem Alter von Susanne und dem Alter ihrer Mutter von gut 32 Jahren mit jedem Jahr verringert. Dies ist falsch, denn der Abstand bleibt immer derselbe.
b) Sei a die Anzahl der Jahre, bis die Mutter doppelt so alt ist wie ihre Tochter Susanne.
Dann ist: $(13 + a) \cdot 2 = 45 + a$, denn in a Jahren ist Susanne $13 + a$ und ihre Mutter $45 + a$ Jahre alt. Dann soll Susannes Mutter doppelt so alt sein wie Susanne.
Auflösen der Gleichung ergibt:

$(13 + a) \cdot 2 = 45 + a$

$26 + 2a = 45 + a$

$a = 19$

In 19 Jahren ist Susanne 32 und ihre Mutter 64 Jahre alt, demnach ist die Forderung erfüllt.

4 Die Situation kann mit der Gleichung $75 + 14 \cdot k = 650$ beschrieben werden, wobei k die Anzahl der Wasserkisten beschreibt. Durch Auflösen erhält man $k \approx 41{,}07$. Also darf Fritz nicht mehr als 41 Kisten transportieren.

5 a)
- Der Vater fährt mit 1300 m pro Minute. Sei t die Anzahl der Minuten, dann legt der Vater in t Minuten $1300 \cdot t$ Meter Wegstrecke zurück.
- Hannah legt in t Minuten $85 \cdot t$ Meter Wegstrecke zurück.
- Beide zusammen sollen 12 km = 12 000 m zurücklegen, also: $1300 \cdot t + 85 \cdot t = 12\,000$

$1385 \cdot t = 12\,000 \quad |:1385$

$t \approx 8{,}66$

Beide treffen sich nach ca. 8,66 Minuten (8 Minuten 40 Sekunden).
b) Nach ca. 8,66 Minuten hat Hannah $85 \cdot 8{,}66 \approx 736{,}5$ Meter zurückgelegt.

Das sind $\frac{736{,}5}{12\,000} \approx 0{,}0614$, also ca. 6,14 % des Gesamtweges.

c) $1300 \frac{\text{m}}{\text{min}} = 78 \frac{\text{km}}{\text{h}}$ ist zu prüfen $\quad$ 1 km = 1000 m, 1 h = 60 min

also $78 \frac{\text{km}}{\text{h}} = 78 \cdot \frac{1000\,\text{m}}{60\,\text{min}} = \frac{1300\,\text{m}}{\text{min}}$

6 a) $[(4z + 14) \cdot 2 - z]:7 = z + 4 \quad |\cdot 7$

$(4z + 14) \cdot 2 - z = 7 \cdot z + 28$

$8z + 28 - z = 7z + 28$

$7z + 28 = 7z + 28 \quad |-28$

$7z = 7z \quad |:7$

$z = z$

Diese Gleichung ist für alle Zahlen erfüllt, denn $z = z$ gilt immer.

b)
- Vervierfache eine Zahl: $4 \cdot z$
- addiere dann 14: $4 \cdot z + 14$
- verdopple das Ergebnis: $(4 \cdot z + 14) \cdot 2$
- ziehe die gedachte Zahl wieder ab: $(4 \cdot z + 14) \cdot 2 - z$
- das Ergebnis durch 7 dividieren: $[(4 \cdot z + 14) \cdot 2 - z]:7$

$\Rightarrow [(4z + 14) \cdot 2 - z]:7$ $\quad$ durch Termumformungen

$= [8z + 28 - z]:7$

$= [7z + 28]:7$

$= z + 4$

Auf der linken Seite der Gleichung (die auszuführende Rechenvorschrift) steht ein komplex erscheinender Term. Wenn man diesen vereinfacht, erhält man den einfachen Term $z + 4$. Beide Terme sind äquivalent. Daher muss man von dem genannten Endergebnis 4 abziehen, um die Zahl z zu erhalten.
c) Beispiel für individuelle Lösung
$[(5 \cdot z - 8) \cdot 3 + z]:8 = 2z - 3$
„Verfünffache die gedachte Zahl, ziehe 8 ab und multipliziere das Ergebnis mit 3. Addiere dann die gedachte Zahl und dividiere durch 8."
Beim erhaltenen Endergebnis muss man 3 addieren und dann halbieren, um die gedachte Zahl zu erhalten.

7 Sei s die Länge einer Seite des Würfels. Dann benötigt Klaus für ein Paket die Klebebandlänge:

$6 \cdot \left(\frac{1}{2} \cdot s\right) + 3 \cdot s = 6 \cdot s$.

Pro Paket hat er $160\,\text{m} : 70 \approx 2{,}29\,\text{m}$ Klebeband zur Verfügung.
Also: $6 \cdot s \approx 2{,}29$

$s \approx 0{,}38$, demnach ist eine Seitenlänge des Würfels ca. 38 cm lang.

Seite 149

8 a) $n + (n + 1) + (n + 2) = 81$
$n = 26$; Es sind die Zahlen 26, 27, 28.
b) Erste Zahl: x; zweite Zahl: $x + 70$;
Gleichung: $3(x + 70) = 4x$; Lösung $x = 210$.
Die beiden Zahlen heißen 210 und 280.

11 Bei 115 Stufen dauert es 28,75 Sekunden bis er unten angekommen ist. Er ist damit schneller als jemand, der die Treppe regulär von unten nach oben benutzt.

12 a) 0,5 kg ≙ 100 %
0,01 kg ≙ 2 % Fruchtfleisch
Nach einer gewissen Lagerzeit:

0,01 kg ≙ 4 %, da sich der Fruchtfleischanteil verdoppelt hat. Die Fruchtfleischmasse bleibt aber konstant, weil nur das Wasser verdunstet.
(· 25 ↓ · 25 ↓)
0,25 kg ≙ 100 %
Die Gurke wiegt jetzt 0,25 kg.
Mithilfe einer Formel: P ist der Prozentwert, W der Grundwert und p % der Prozentsatz
$P = 0{,}5 \cdot 0{,}02 = 0{,}01\,\text{kg}$
$W = 0{,}5\,\text{kg}$; $p\,\% = 2\,\%$
Der neue Grundwert entspricht der neuen Masse der Gurke:
$P = 0{,}01\,\text{kg}$; $p_1\,\% = 4\,\%$ $\quad W_1 = 0{,}01 : 0{,}04 = 0{,}25\,\text{kg}$
b) $p_2\,\% = 6\,\%$; $P = 0{,}01\,\text{kg}$
$W_2 = 0{,}01 : 0{,}06 \approx 0{,}167\,\text{kg}$

13 a) Sei g das Gewicht des Fisches in Pfund und a der %-Anteil des Mittelstückes des Fisches:
$\frac{1}{3}g + \frac{1}{4}g + 10 = g$
$\frac{7}{12}g + 10 = g$
$10 = \frac{5}{12}g$
$24 = g$
Der Fisch wiegt demnach insgesamt 24 Pfund.
b) a: Anzahl Kaninchen;
Anzahl Fasane: $35 - a$
Gleichung: $4a + 2(35 - a) = 94$. Lösung: $a = 12$.
Es sind 23 Fasane und 12 Kaninchen.
c) Die Formulierung wird heute nicht mehr eindeutig verstanden. Es kann 2,5- oder 1,5-mal die Anzahl der Gesellen gemeint sein.
$2x + \frac{x}{2} = 30$; so $x = 12$. Es waren 12 Gesellen.
$n + (n + 1) + (n + 2) < 96$
$3n + 3 < 96$
$n + 1 < 32$
$n < 31$
Bei allen Zahlen von 0 bis 30 ist die Summe aus der Zahl und ihrer zwei Nachfolger kleiner als 96.
d) $3 \cdot x + \frac{1}{2}(20 - x) = 45$. Es ist 6 Pfund Ingwer und 14 Pfund Safran gewesen.

14 Erste Seite a, zweite Seite 4 a;
Gleichung: $2a + 2 \cdot 4a = 26$; Lösung: 2,6
Die eine Seite ist höchstens 2,6 cm lang, die andere 10,4 cm.

Seite 150

15 a) Die Informationen ergeben die Gleichung
$525 + 1 \cdot c = 8 \cdot c$, wobei c die Anzahl der CDs beschreibt. Auf der linken Seite des Gleichheitszeichens stehen sämtliche Kosten und auf der rechten Seite die Einnahmen jeweils pro CD. Durch Auflösen erhält man: $c = 75$.
Demnach muss Tara mindestens 76 CDs verkaufen, damit die Einnahmen größer sind als die Ausgaben.
b) Man berechnet die Anzahl der CDs, die verkauft werden müssen, um 10 000 € zu verdienen:
Gleichung: $8c - 525 - 1c = 10\,000$; Lösung; $c = 1503{,}6$
Antwort: Sie muss mindestens 1504 CDs verkaufen.

16 a) 10 Sekunden ≙ 2 Liter
1,5 Stunden = 90 Minuten = 5400 Sekunden
5400 Sekunden ≙ $2 \cdot \frac{5400}{10}$ Liter = 1080 Liter
Felix verbraucht jeden Abend ca. 1080 Liter Wasser.
b) Eine Rechnung ist nicht nötig, denn $1\,\text{m}^3 = 1000$ Liter
1000 Liter Wasser kosten 1,95 €.
c) 1000 Liter ≙ 1,95 €
1080 Liter ≙ $1{,}95 \cdot 1{,}08\,€ = 2{,}106\,€ \approx 2{,}11\,€$
Die abendliche Bewässerung kostet demnach 2,11 €.
d) Sei z die Bewässerungsdauer in Sekunden.
Dann wurden $2 \cdot \frac{z}{10}$ Liter Wasser verbraucht (siehe a)).
Die Kosten kann man dann mit dem Term
$1{,}95 \cdot \left(2 \cdot \frac{z}{10}\right) : 1000$ berechnen (siehe c)).
Da 11,70 € bezahlt werden, muss man die Gleichung
$1{,}95 \cdot \left(2 \cdot \frac{z}{10}\right) : 1000 = 11{,}7$ lösen.

Daraus erhält man $z = 30\,000$.
Die Bewässerungszeit ist demnach
30 000 Sekunden = 500 Minuten = 8 Stunden und 20 Minuten.

17 a) Normaltarif:
$4{,}70 + 0{,}1615 \cdot h = \text{Kosten}$
Umwelttarif:
$\frac{49{,}92}{12} + 0{,}2001 \cdot h = \text{Kosten}$
} h steht für die Anzahl der Kilowattstunden
Die Kosten sind jeweils für einen Monat dargestellt.
Mit $h = 206\,\text{kWh}$ ist
$\text{Kosten}_{\text{Normaltarif}} = 4{,}7 + 0{,}1615 \cdot 206 = 37{,}969$
$\text{Kosten}_{\text{Umwelttarif}} = \frac{49{,}92}{12} + 0{,}2001 \cdot 206 = 45{,}3806$
Beim Normaltarif zahlen Janinas Eltern 37,97 € und beim Umwelttarif 45,38 €.
b) $4{,}7 + 0{,}1615 \cdot h = 4{,}16 + 0{,}2001 \cdot h \quad | -0{,}1615 \cdot h - 4{,}16$
$0{,}54 = 0{,}0386 \cdot h \quad | : 0{,}0386$
$13{,}989\ldots = h$
Ab 14 kWh ist der Umwelttarif teurer als der Normaltarif.
Bis 13,99 kWh ist der Umwelttarif günstiger.

Grafische Lösung:

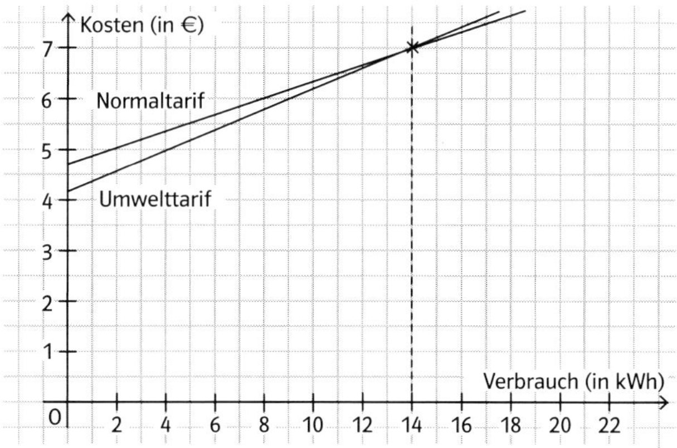

Am Schnittpunkt sind beide Tarife gleich teuer. Dies ist nach ca. 14 Stunden der Fall. Den genauen Wert kann man nur errechnen. Das Ablesen ist ungenauer.

18 Linke Seite: Billignet: 27 € Festkosten
Nochbilligernet: 4,50 € Grundgebühr und p € pro Onlineminute
Behauptung: $27 = 4{,}5 + 15 \cdot p$
Durch Auflösen erhält man: $p = 1{,}5$. Also müsste man beim Anbieter Nochbilligernet pro Onlineminute 1,50 € bezahlen. Dies ist unrealistisch.
Die Probe zeigt, dass kein mathematischer Fehler vorliegt, sondern die Angaben falsch sein müssen.
Rechte Seite:
Michael: $45 \frac{km}{h}$
Behauptung von Achim: bei 10 Minuten Vorsprung würde Michael 20 Minuten benötigen, um ihn einzuholen
Gesucht ist also die Geschwindigkeit von Achim, sei diese mit der Variablen v beschrieben:
Mit der Zeitumrechnung, dass 20 Minuten $\frac{1}{3}$ Stunden und 10 Minuten $\frac{1}{6}$ Stunden entsprechen folgt aus den Informationen die Gleichung:
$45 \cdot \frac{1}{3} = v \cdot \left(\frac{1}{6} + \frac{1}{3}\right)$, also $v = 30$.
Nach den Informationen müsste Achim also mit einer Geschwindigkeit von $30 \frac{km}{h}$ laufen, was recht unwahrscheinlich ist. Allerdings ist eine durchschnittliche Trainingsgeschwindigkeit von $45 \frac{km}{h}$ auch nicht wirklich realistisch.
Die Probe zeigt, dass kein mathematischer Fehler vorliegt, sondern die Angaben falsch sein müssen.

Vertiefen und Vernetzen

Seite 151

1 a) Ja, denn $\frac{n}{2} = \frac{1}{2} \cdot n$
b) Nein, $\frac{2}{n}$ ist der n-te Teil von 2
c) Ja, denn $0{,}5 \cdot n = \frac{1}{2} \cdot n$
d) Nein, $\frac{1}{2n}$ ist der $2 \cdot n$-te Teil von 1
e) Ja
f) Nein
g) Nein
h) Ja, denn $\frac{2}{4} \cdot n = \frac{1}{2} \cdot n$

2 a)

11x + 35			
5x + 18	6x + 17		
2x + 14	3x + 4	3x + 13	
2 · (x + 5)	4	3 · x	13

b)

8 · n + 12			
4 · n + 4	4n + 8		
2n + 1	2n + 3	2n + 5	
n	n + 1	n + 2	n + 3

3 a)

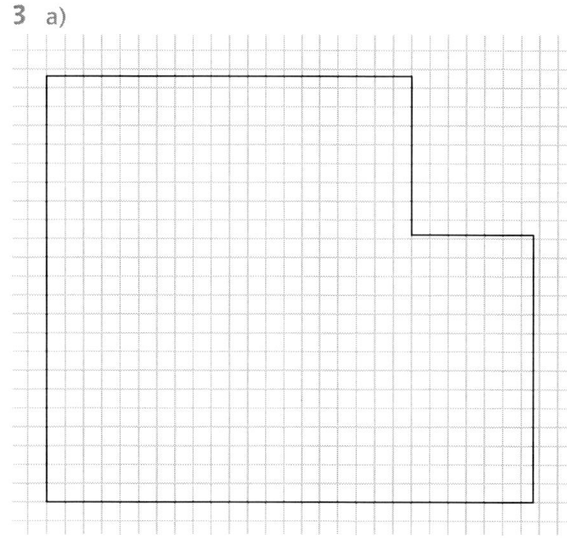

b) Umfang:
11,4 m + 9,9 m + 4,3 m + 3,4 m + 7,1 m + 13,3 m = 49,4 m
c) $11{,}4 + 9{,}9 + 4{,}3 + (x - 9{,}9) + 7{,}1 + x = 2x + 22{,}8$
(Umfang in m bei Seitenlänge x in m)
d) Gleichung: $2x + 22{,}8 = 52$
Lösung: $x = 14{,}6$
e) $13{,}3\,m \cdot 7{,}1\,m + 4{,}3\,m \cdot 9{,}9\,m = 137\,m^2$
oder $11{,}4\,m \cdot 13{,}3\,m - 4{,}3\,m \cdot 3{,}4\,m = 137\,m^2$
f) $x \cdot 7{,}1 + 4{,}3 \cdot 9{,}9 = 7{,}1x + 42{,}57$
(Flächeninhalt in m^2 bei Seitenlänge x in m)
g) Judith: (3); Judith berechnet erst den Gesamtflächeninhalt $11{,}4 \cdot x$ und zieht dann den Flächeninhalt des Rechtecks rechts oben ab.
Pia: (4); Pia berechnet die drei Rechtecke links oben $(9{,}9 \cdot 4{,}3)$, links unten $(9{,}9 \cdot 7{,}1)$ und rechts $(7{,}1 \cdot (x - 9{,}9))$ separat und addiert dann ihre Flächeninhalte.
Katharina: (1); Katharina berechnet zunächst das linke Rechteck $(11{,}4 \cdot 9{,}9)$, dann das rechte $(7{,}1 \cdot (x - 9{,}9))$.
Lukas: (2); Lukas berechnet zunächst das obere Rechteck $(9{,}9 \cdot 4{,}3)$, dann das untere $(x \cdot 7{,}1)$.
h) Alle Terme sind äquivalent zu $7{,}1x + 42{,}47$.
Gleichung: $7{,}1x + 42{,}47 = 129{,}93$; Lösung: $x = 18{,}3$
Die Seite x des Grundstückes ist 18,3 m.

4 a)
1. Was ist gegeben?
- Der Wasserhahn schafft in 1,5 Minuten 10 Liter.
- Der Abfluss schafft in 55 Sekunden 10 Liter.

Was ist gesucht?
- Wie lange dauert es, bis 5 Liter bei geöffnetem Wasserhahn und offenem Abfluss abgeflossen sind?

2. Zerlegen in Teilprobleme, Rechenplan aufstellen
- Variable einführen für die Zeit in Sekunden
- Terme zur Berechnung der abgelaufenen und der zugelaufenen Wassermenge finden.
- Die Differenz der beiden Wassermengen muss 5 Liter betragen. Gleichung aufstellen.
- Gleichung lösen

3. Rechenplan durchführen
- t ist die Zeit in Sekunden
- In t Sekunden sind $\frac{10}{90} \cdot t$ Liter zugelaufen und $\frac{10}{55} \cdot t$ Liter abgelaufen. Mit dem Term $\frac{10}{55} \cdot t - \frac{10}{90} \cdot t$ berechnet man die Wassermenge, die bei offenem Hahn und offenem Abfluss tatsächlich verschwindet.
- Die Gleichung lautet $\frac{10}{55} \cdot t - \frac{10}{90} \cdot t = 5$
- $\frac{10}{55} \cdot t - \frac{10}{90} \cdot t = 5 \quad | \cdot 990$

$$180t - 110t = 4950$$
$$70t = 4950 \quad | :70$$
$$t = 70{,}71$$

4. Ergebnis interpretieren, Antwort
Es dauert etwa 71 Sekunden, bis das Waschbecken leer ist.

b) Mit Lisas Gleichung wird das experimentelle Ergebnis von Otto bestätigt. Es weicht nur gut eine Sekunde ab, was auf Messungenauigkeiten zurückgeführt werden kann.

Seite 152

5 a)

n	Anzahl Kaninchen	Anzahl Zaunelemente	Fläche des Geheges (in m²)
1	1	12	2,25
2	4	24	9
3	9	36	20,25

b) n = 1: $2{,}25 : 1 = 2{,}25\,m^2$ für 1 Kaninchen
n = 2: $9 : 4 = 2{,}25\,m^2$ für 1 Kaninchen
n = 3: $20{,}25 : 9 = 2{,}25\,m^2$ für 1 Kaninchen
Getestet an den 3 Beispielen hat Alina Recht.

c) Anzahl der Kaninchen: $K = n^2$, denn
bei n = 1 gibt es eine Reihe mit 1 Kaninchen;
bei n = 2 gibt es zwei Reihen mit je zwei Kaninchen;
bei n = 3 gibt es drei Reihen mit je drei Kaninchen;
⋮

Anzahl der Zaunelemente: $Z = 12 \cdot n$, denn pro Kaninchen am Zaun gibt es drei Zaunelemente, also $3 \cdot n$. Da es 4 Seiten gibt, kann man die Gesamtanzahl der Zaunelemente mit $4 \cdot 3n = 12n$ berechnen.
Fläche des Geheges: $A = 2{,}25 \cdot n^2$, denn pro Kaninchen am Zaun gibt es drei Zaunelemente je 0,50 m, also $3 \cdot 0{,}5 = 1{,}5\,m$.
Bei n Kaninchen pro Reihe ergibt sich eine Länge von $1{,}5 \cdot n$.
Die Fläche ergibt sich dann aus $1{,}5 \cdot n \cdot 1{,}5 \cdot n = 2{,}25 \cdot n^2$.

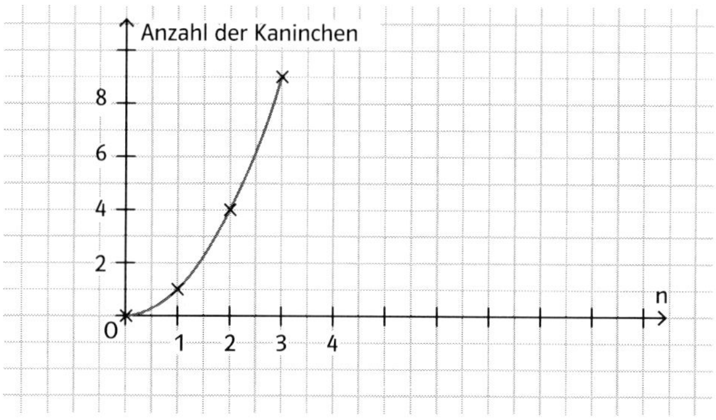

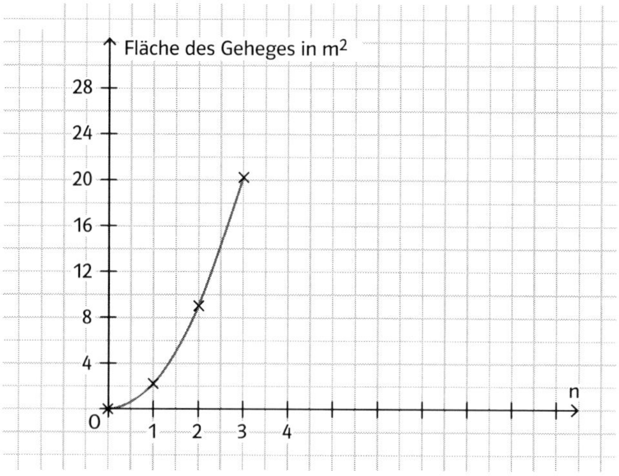

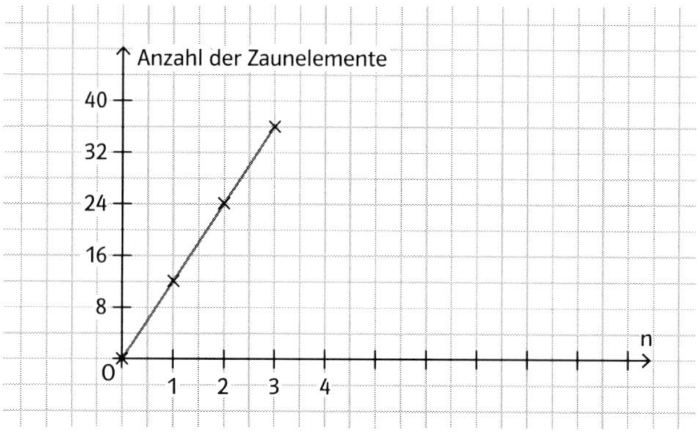

d) An den Graphen der Zuordnungen aus c) kann man erkennen, dass der Graph für die Anzahl der Kaninchen immer steiler wird, wobei der Graph für die Anzahl der Zaunelemente konstant ansteigt (proportionale Zuordnung). Daher nimmt die Anzahl der Kaninchen im Vergleich schneller zu!

6 Sei a die Anzahl der Lotusblüten.

$$\frac{a}{3} + \frac{a}{5} + \frac{a}{6} + \frac{a}{4} = \frac{20}{60}a + \frac{12}{60}a + \frac{10}{60}a + \frac{15}{60}a = \frac{57}{60}a$$

Also ist der Rest: $\frac{3}{60}a = 6 \quad | \cdot \frac{60}{3}$

$$a = \frac{6 \cdot 60}{3} = 120.$$

Das Bündel enthält 120 Lotusblüten.

Oder: $a - \frac{a}{3} - \frac{a}{5} - \frac{a}{6} - \frac{a}{4} = 6$
$$\frac{1}{20}a = 6$$
$$a = 120$$

7 a) $3000:400 = 7{,}5$
Die Teilnehmer müssen 7,5 Runden laufen.
b) Gleichmäßige Laufgeschwindigkeiten sind vorauszusetzen, da man ansonsten nicht kalkulieren kann, ob Linda oder Rebecca eventuell Pausen eingelegt haben, in denen sie langsamer oder sogar gar nicht gelaufen sind, …
Berechnung der Laufgeschwindigkeiten:
Rebecca: $\left(3000:12\frac{32}{60}\right)\frac{m}{min} \approx 239{,}36\,\frac{m}{min}$
Linda: $\left(3000:14\frac{55}{60}\right)\frac{m}{min} \approx 201{,}12\,\frac{m}{min}$
Wenn Rebecca Linda überrundet, läuft sie 400 m weiter.
Also muss am „Treffpunkt" gelten:
$239{,}36 \cdot t = 201{,}12 \cdot t + 400$, wobei t die Anzahl der Minuten angibt.
Auflösen der Gleichung ergibt:
$239{,}36 \cdot t = 201{,}12 \cdot t + 400 \quad | -201{,}12 \cdot t$
$38{,}24 \cdot t = 400 \quad | :38{,}24$
$t \approx 10{,}46$
Nach 10,46 Minuten, also nach 10 Minuten und 27,6 Sekunden, hat Rebecca Linda überrundet.
c) $239{,}36 \cdot 10{,}46 \approx 2503{,}7$
$2503{,}7:400 \approx 6{,}26$
Die Überrundung findet in der 7. Runde von Rebecca statt bzw. in der 6. Runde von Linda.

8 $x = 2$ ist die Lösung der Gleichung, also ist $x - 2 = 0$.
Die Division durch null ist nicht erlaubt, deshalb ist die Division durch $x - 2$ keine Äquivalenzumformung.

Exkursion: Zaubereien

Seite 153

1 a)

Zahl	Ereignis
2	8
4	16
5	20
7	28
10	40

b) Sei z die gedachte Zahl.
$(z + 5) \cdot 4 - 20 = 4 \cdot z + 20 - 20 = 4z$
Das Ergebnis muss man durch 4 dividieren.
c) z. B. „Denke dir eine Zahl, addiere dann 7 und multipliziere das Ergebnis mit 5. Subtrahiere nun 29 und füge die gedachte Zahl hinzu. Dividiere nun durch 6."
$((z + 7) \cdot 5 - 29 + z):6 = (5z + 35 - 29 + z):6$
$= (6z + 6):6 = z + 1$
Vom Ergebnis muss man nun 1 subtrahieren, um die gedachte Zahl zu erhalten.

2 a) Sei z die gedachte Zahl.
Wenn man die Vorschrift übersetzt, ergibt sich folgender Term:
$((z + 4) \cdot 2 + 5) \cdot 4 - 8z = (2z + 8 + 5) \cdot 4 - 8z$
$= 8z + 52 - 8z = 52$
Da das Ergebnis bei allen Zahlen 52 ist, stimmt es mit der Zahl auf dem Zettel überein.
Text: „Der Term $((z + 4) \cdot 2 + 5) \cdot 4 - 8z = 52$ erklärt alles."
b) z. B. $((z - 3) \cdot 3 + 14) \cdot 2 - 6z = 10$
„Denke dir eine Zahl und subtrahiere 3. Multipliziere das Ergebnis mit 3 und addiere 14. Multipliziere nun mit 2 und subtrahiere das Sechsfache der gedachten Zahl. Das Ergebnis steht schon auf dem Zettel."
c) Man sollte diesen Trick mit jeder Rechenvorschrift nur einmal durchführen, weil dies Ergebnis ansonsten immer dasselbe wäre, was sehr auffällig ist.

Streichholzzauberei

1 a) Nach der 2. Anweisung liegen im
linken Stapel 2,
mittleren Stapel 9 und
rechten Stapel 4 Hölzer.
Damit nach der 3. Anweisung im mittleren Stapel 6 Hölzer liegen, müssen noch 3 Hölzer aus dem mittleren Stapel beispielsweise auf den rechten Stapel verschoben werden. Es fällt bei verschiedenen Anfangssituationen auf, dass nach der 2. Anweisung im mittleren Stapel immer 9 Hölzer liegen.
b)

	linker Stapel	mittlerer Stapel	rechter Stapel
Anfangssituation	z	z	z
nach der 1. Anweisung	$z - 3$	$z + 6$	$z - 3$
nach der 2. Anweisung	$z - 3$	$z + 6 - (z - 3)$	$z - 3 + (z - 3)$
		$= 9$	$= 2z - 6$

z beschreibt die Anzahl der Hölzer in jedem Stapel in der Anfangssituation.
c) Wie man in der Tabelle in b) sieht, liegen nach der 2. Anweisung immer 9 Hölzer im mittleren Stapel.
Da die Zauberin die genannte Zahl kennt, weiß sie dadurch auch wie viele Hölzer sie von oder zum mittleren Stapel bei der 3. Anweisung bewegen muss, um die genannte Zahl Hölzer zu erreichen.

VI Kreis

Lösungshinweise zu den Erkundungen

Seite 158

Ein ganz besonderer Kreis

Forschen an Beispielen:

- Für alle Gruppen gilt: Die beiden Teildreiecke AMC und MBC sind gleichschenklig, da jeweils zwei Seiten die Länge des Kreisradius haben. Deshalb sind die Winkel an den Ecken A bzw. B und der entsprechende Teilwinkel an der Ecke C in den Dreiecken gleich groß.
- Winkelgrößen
  Der Winkel bei M wird als innenliegender Winkel bezeichnet; die Winkel in den Punkten, die auf der Kreislinie liegen, werden als außenliegende Winkel bezeichnet.
  Gruppe 1:
  rechtes Dreieck: innen 50°;
  außen je (180° − 50°) : 2 = 65°
  linkes Dreieck: innen 180° − 50° = 130°;
  außen je (180° − 130°) : 2 = 25°
  Gruppe 2:
  linkes Dreieck: außen 70°; innen 40°
  rechtes Dreieck: innen 140°; außen je 20°
  Gruppe 3:
  rechtes Dreieck: außen 40°; innen 100°
  linkes Dreieck: innen 80°; außen je 50°
  Gruppe 4:
  rechtes Dreieck: außen 72°; innen 36°
  linkes Dreieck: innen 144°; außen je 18°
  Gruppe 5:
  linkes Dreieck: außen 54°; innen 72°
  rechtes Dreieck: innen 108°; außen 36°
  Gruppe 6:
  linkes Dreieck: außen 49°; innen 82°
  rechtes Dreieck: innen 98°; außen 41°
  Vermutung: Die außenliegenden Winkel eines Teildreiecks sind immer genau halb so groß sind wie der innenliegende Winkel des anderen Teildreiecks.

Beispiele vergleichen:

- Für alle Gruppen gilt: Addiert man die Größe zweier außenliegender Winkel von verschiedenen Dreiecken, so erhält man 90°, d.h. der Winkel γ beträgt immer 90°.
- Wenn man α verändert, ändern sich alle Winkelgrößen, aber die oben beschriebene Summe bleibt gleich. Es gilt also immer $\alpha + \beta = 90°$ und $\gamma_1 + \gamma_2 = 90°$.

Zum Weiterdenken:

Es gilt $\alpha = \gamma_1$; $\beta = \gamma_2$ und $\gamma_1 + \gamma_2 = \gamma$.
Winkelsumme im Dreieck $\alpha + \beta + \gamma = 180°$, daraus ergibt sich $\gamma_1 + \gamma_2 + \gamma = 180°$
oder $\gamma + \gamma = 180°$. Das bedeutet aber: $\gamma = 90°$. Ganz gleich, wie groß der Winkel α ist, an der Ecke C des großen Dreiecks liegt immer ein rechter Winkel.

Seite 159

Auf der Suche nach Kreisformeln

Messergebnisse auswerten:

- Die Messergebnisse lassen vermuten, dass U zu d proportional ist. Das bedeutet $U = k \cdot d$
  Dabei ist k der Proportionalitätsfaktor. k ist etwa gleich 3 oder 3,1 oder 3,15 (je nach Ausgang des praktischen Versuches).
- Die grafische Auswertung bestätigt die Vermutung. Es entsteht eine Gerade durch den Nullpunkt.
- d = 1 m → U ≈ 3,1 m
  d = 100 m → U ≈ 310 m
- k ist etwa so groß wie die Kreiszahl π.

1 Kreis und Gerade

Seite 160

Impuls

Wenn man den Ball direkt von oben anschaut, sieht man einen Kreis. Dieser Kreis kann die Torlinie schneiden, an einem Punkt berühren oder keine gemeinsamen Punkte mit ihr haben. Nur im letzen Fall zählt das Tor.

Seite 161

1 individuelle Lösung, z.B.:

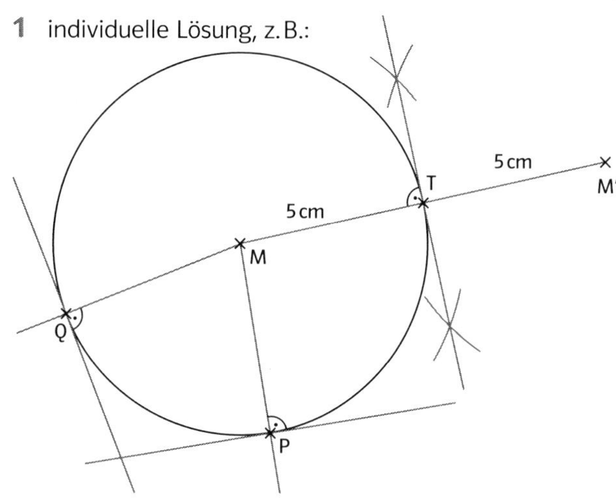

2 Abbildung zu a) bis c)

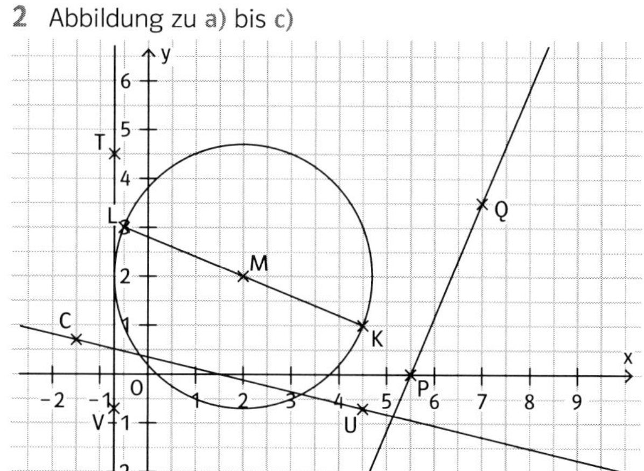

a) Passante; Abstand 4 cm
b) Sekante; Abstand 2,1 cm

c) Tangente; Abstand 2,7 cm
d) individuelle Lösung; z. B. K(4,5 | 1) und L(−0,5 | 3)

3 a) Die Aussage ist wahr, da eine Sekante immer durch das Innere eines Kreises verläuft und ihr Abstand vom Kreismittelpunkt stets kleiner als die Länge des Radius ist. Eine Tangente hat immer den Abstand r (r = Radius) vom Mittelpunkt M.
b) Die Aussage ist falsch, denn zu jeder Sekante kann man beliebig viele Tangenten finden, die nicht zu ihr parallel verlaufen.
c) Die Aussage ist falsch, denn zu jeder Sekante gibt es zwei Tangenten, die zu ihr parallel verlaufen.
d) Die Aussage ist falsch, denn wenn die Punkte P und T so gewählt werden, dass die Sekante ein Durchmesser ist, dann sind die Tangenten in P und T parallel, da sie senkrecht auf der Sekante stehen. Es gibt dann kein Dreieck.

5 a) Wegen der Winkelsumme im Viereck ist
$\alpha + 90° + \beta + 90° = 360°$
$\alpha + 90° + 26° + 90° = 360°$
$\alpha = 154°$
b) $\beta = 75°$, also $\alpha = 105°$.

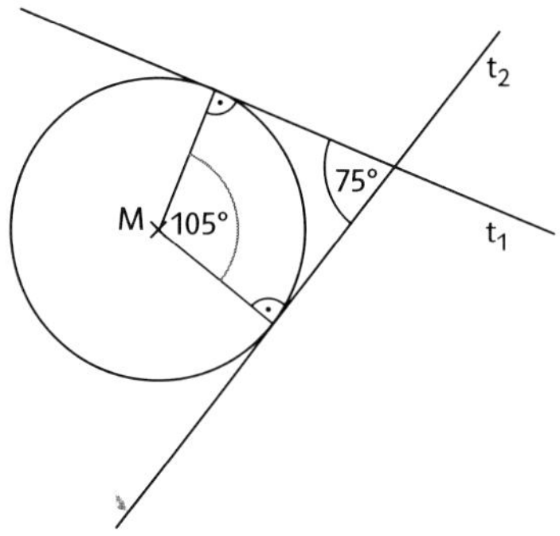

6 Zeichne in den Kreis drei Radien, sodass der Winkel zwischen ihnen gleich groß, also gleich 120° ist. Die zugehörigen Tangenten bilden dann ein Dreieck, das drei gleich große Winkel hat und daher gleichseitig ist.

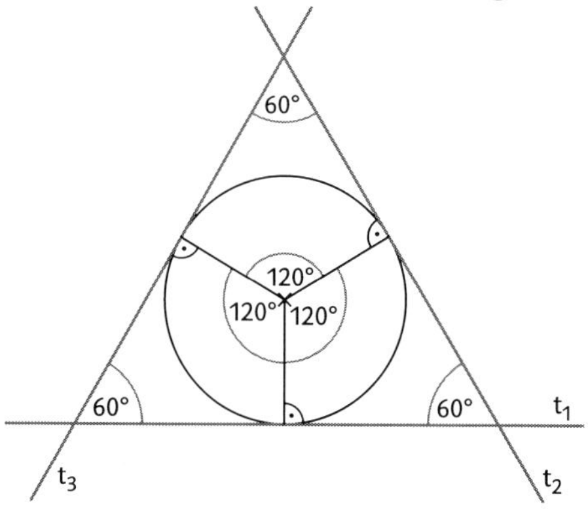

7

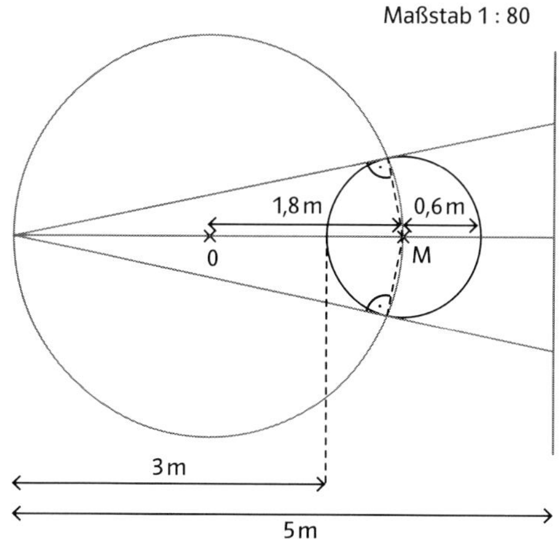

Der Schatten auf der 5 m entfernten Wand hat eine Länge von ungefähr 1,70 m. Rechnerisch: 1,69 m.

8

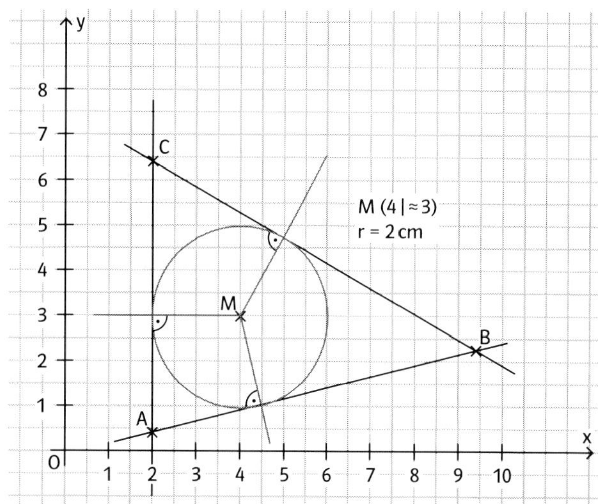

2 Der Satz des Thales

Seite 162

Impuls
Beim Drehen der Postkarte zwischen den beiden Nadeln, wie im Bild angedeutet, beschreibt die Ecke tatsächlich einen Kreis.

Seite 163

1 a) Man zeichnet $\overline{AB} = 5\,cm$ und einen Kreis mit Durchmesser $\overline{AB}$. Dafür muss zuerst der Mittelpunkt M von $\overline{AB}$ bestimmt werden. Man wählt Punkte C_1, C_2, C_3 … auf dem Kreis. Die Dreiecke ABC_1, ABC_2, ABC_3, … haben die geforderten Eigenschaften.

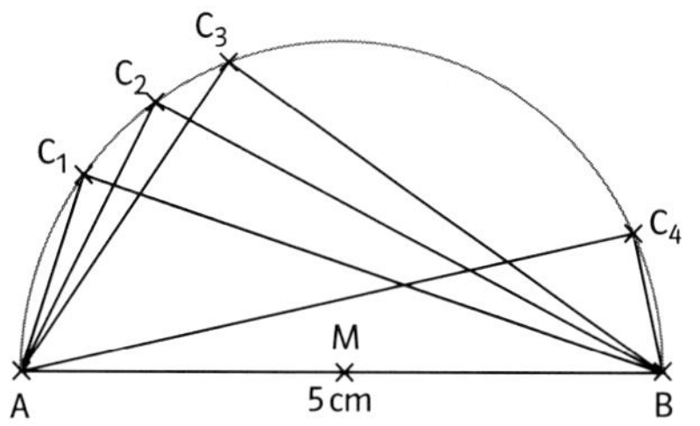

b) Die Strecke $\overline{AB}$ muss durch den Mittelpunkt des Kreises gehen. Sie ist dann ein Durchmesser des Kreises. Nun kann man für C irgendeinen anderen Punkt auf dem Kreis wählen, weil der ursprüngliche Kreis der Thaleskreis zur Strecke $\overline{AB}$ ist.

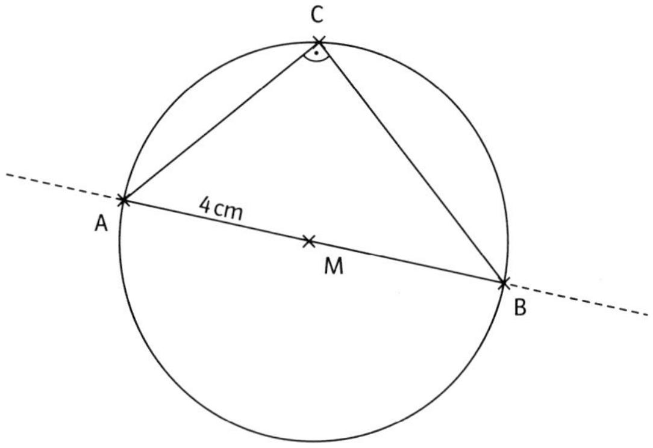

2 Alle Punkte mit der geforderten Eigenschaft liegen auf dem Thaleskreis der Strecke $\overline{AB}$. Gitterpunkte auf dem Kreis sind A und B sowie P(2|7) und Q(2|−3). Ganzzahlige Koordinaten haben etwa auch folgende Punkte: $P_1(-1|6)$, $P_2(-2|5)$, $P_3(-2|-1)$, $P_4(-1|-2)$, $P_5(5|-2)$, $P_6(6|-1)$, $P_7(6|5)$, $P_8(5|6)$

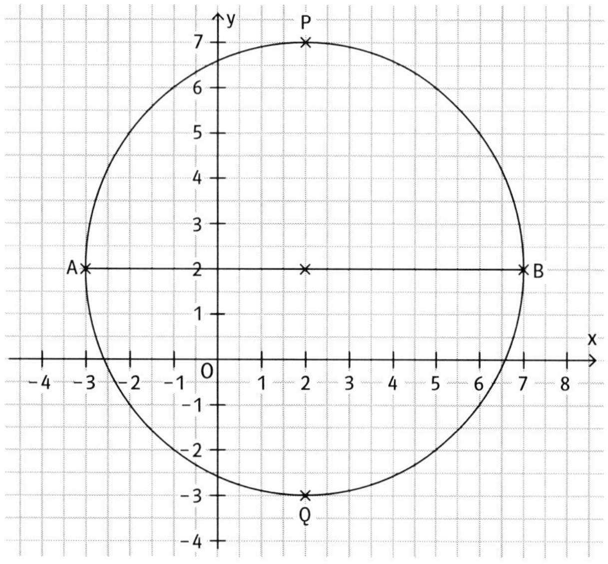

3 a) Wenn C im Inneren des Thaleskreises liegt, ist der Winkel γ größer als 90°. Wenn C auf dem Thaleskreis liegt, ist γ ein rechter Winkel. Wenn C außerhalb des Thaleskreises ist, dann ist der Winkel γ kleiner als 90°.

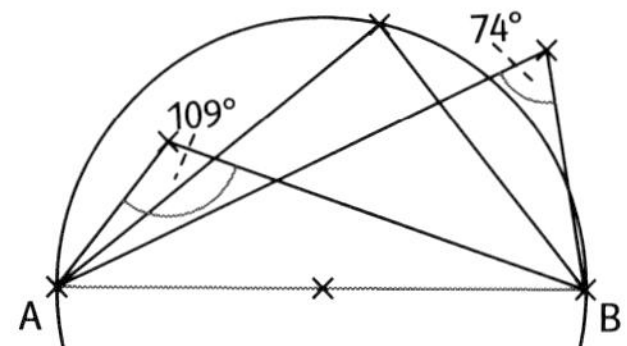

b) Das Dreieck ABC ist rechtwinklig. Wenn man die Lage der Halbgeraden variiert (siehe Pfeil ↶↷), bewegt sich der Punkt C auf dem Thaleskreis der Strecke $\overline{AB}$.

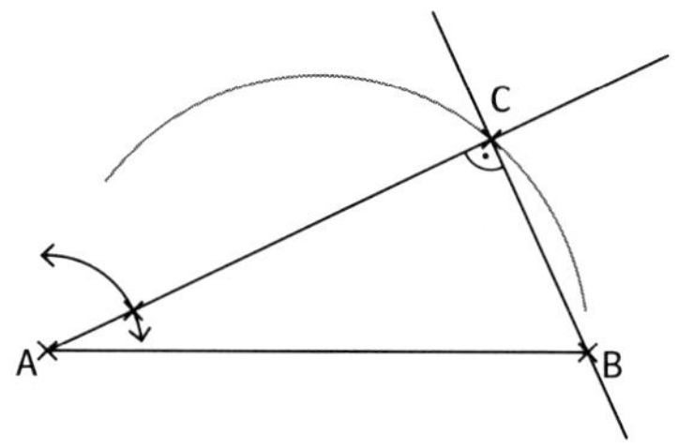

4 a) Konstruktionsbeschreibung mit Thaleskreis:
1. Zeichne die Strecke $c = \overline{AB}$ der Länge 6 cm.
2. Zeichne den Thaleskreis zur Strecke $\overline{AB}$.
3. Trage an c in A den Winkel α = 50° ab.
4. Beschrifte den Schnittpunkt des freien Schenkels von α mit dem Thaleskreis mit C.

Lösung: Dreieck ABC.

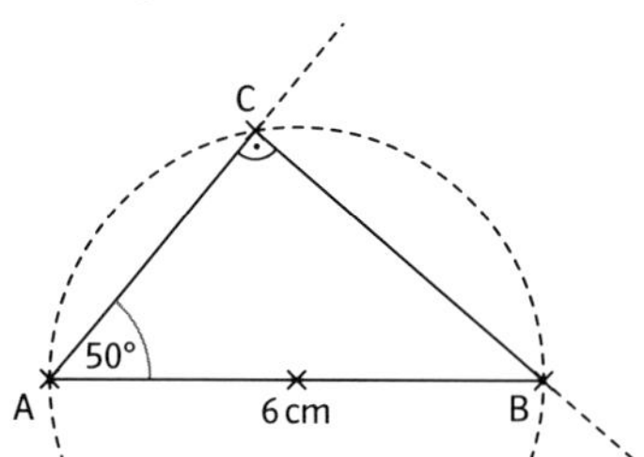

b) β ist der rechte Winkel, also muss ein Thaleskreis über b gezeichnet werden.

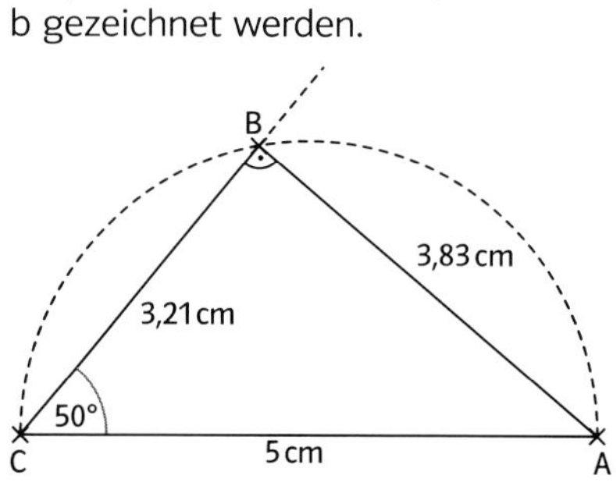

c) Da α und β gleich groß sind, muss γ der rechte Winkel sein; α und β messen dann jeweils 45°. Da die Grundseite c zu γ = 90° gegeben ist, kann man den Thaleskreis über c zeichnen.

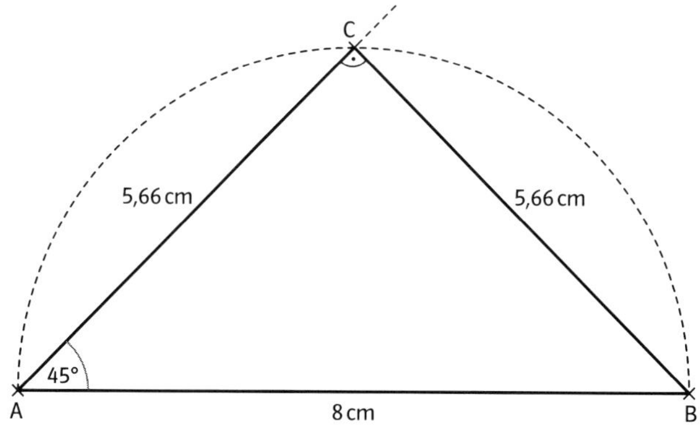

d) Das Dreieck hat einen rechten Winkel bei A. Deshalb liegt der Punkt A auf dem Thaleskreis zur Strecke a.
Konstruktionsbeschreibung mit Thaleskreis:
1. Zeichne die Strecke $a = \overline{BC}$ der Länge 5,2 cm.
2. Zeichne den Thaleskreis zur Strecke $\overline{BC}$.
3. Zeichne eine Parallele zur Strecke $\overline{BC}$ im Abstand von 2,3 cm (auf der gleichen Seite wie den Thaleskreis).
4. Der Thaleskreis schneidet die Parallele an zwei Punkten, A_1 und A_2.

Lösung: Man erhält zwei kongruente Dreiecke A_1BC und A_2BC.

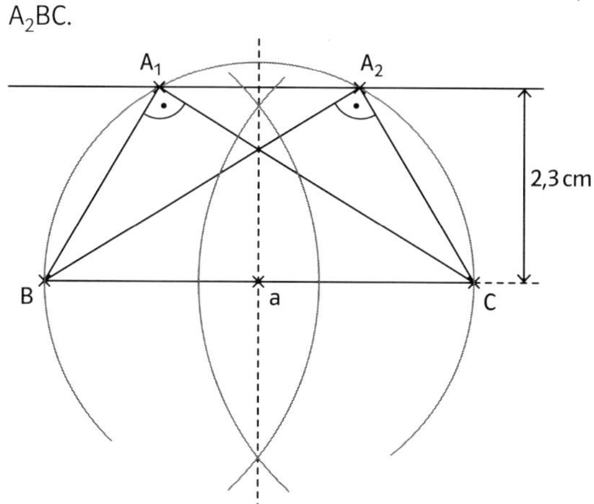

Seite 164

5 (ohne Planfigur)
a) Das Dreieck hat einen rechten Winkel bei C. Deshalb liegt der Punkt C auf dem Thaleskreis der Strecke c.
Konstruktionsbeschreibung:
1. Zeichne die Strecke $c = \overline{AB}$ der Länge 6 cm.
2. Zeichne den Thaleskreis zur Strecke $\overline{AB}$.
3. Zeichne eine parallele Gerade g zu c im Abstand 2 cm.
4. Beschrifte die Schnittpunkte von g mit dem Thaleskreis mit C_1 und C_2.

Die Dreiecke ABC_1 und ABC_2 erfüllen beide die Bedingungen.

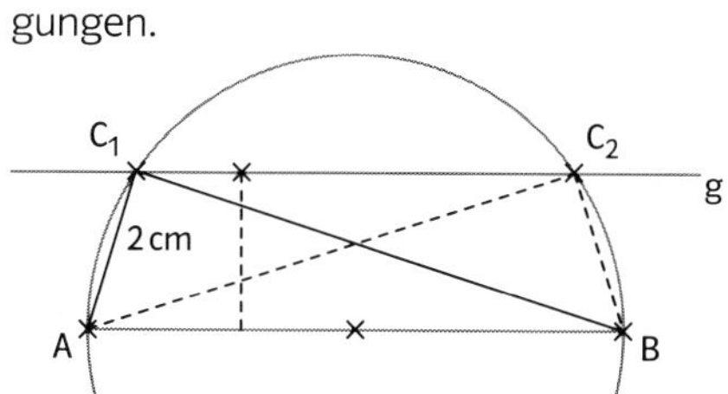

b) Da α ein rechter Winkel ist, gilt $h_c = b$.
Konstruktionsbeschreibung:
1. Zeichne die Strecke $a = \overline{BC}$ der Länge 5 cm.
2. Zeichne den Thaleskreis zur Strecke $\overline{BC}$.
3. Zeichne einen Kreis um C mit Radius 1,5 cm.
4. Beschrifte die Schnittpunkte des Kreises mit dem Thaleskreis mit A_1 und A_2.

Lösung: Die Dreiecke A_1BC und A_2BC erfüllen beide die Bedingungen.

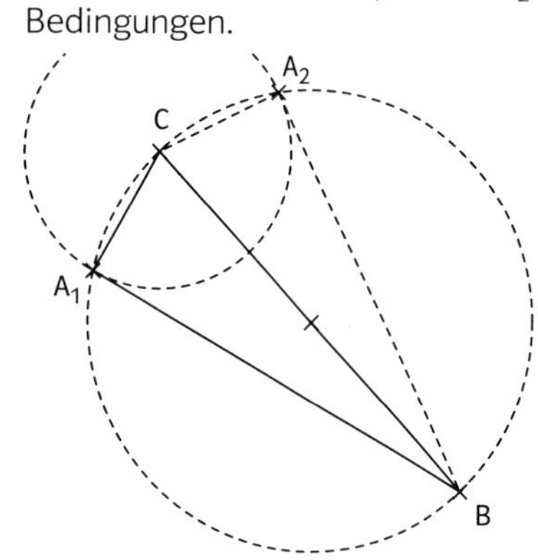

c) Im Punkt B hat das Dreieck einen rechten Winkel. Deshalb liegt B auf dem Thaleskreis zur Strecke b.
Konstruktionsbeschreibung:
1. Zeichne die Strecke $b = \overline{AC}$ der Länge 7,8 cm.
2. Zeichne den Thaleskreis zur Strecke $\overline{AC}$.
3. Zeichne eine parallele Gerade g zu b im Abstand 3,2 cm.
4. Beschrifte die Schnittpunkte von g mit dem Thaleskreis mit B_1 und B_2.

Die Dreiecke AB_1C und AB_2C erfüllen beide die Bedingungen.

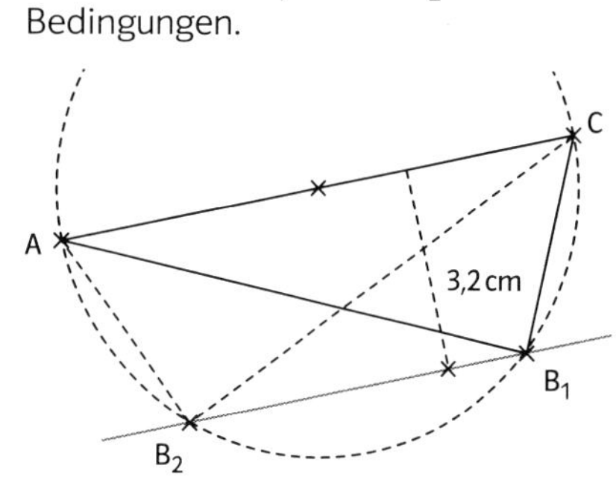

d) Der Punkt C liegt auf dem Thaleskreis zu c, weil γ 90° misst.
Konstruktionsbeschreibung:
1. Zeichne die Strecke $c = \overline{AB}$ der Länge 5,4 cm.
2. Zeichne den Thaleskreis zur Strecke $\overline{AB}$.
3. Trage in B an c den Winkel $\beta = 35°$ an.
4. Beschrifte den Schnittpunkt des freien Schenkels von β mit dem Thaleskreis mit C.

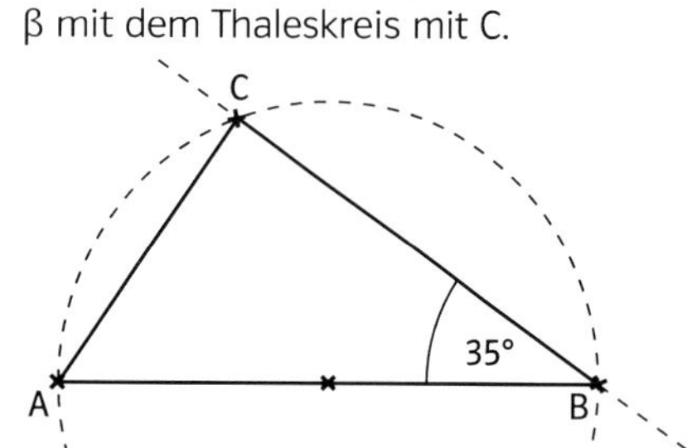

6 a) Die Höhe zur Seite $\overline{AB} = 6\,cm$ muss 2 cm lang sein (s. Punkt C_a in der Zeichnung unten).
Dann berechnet sich der Flächeninhalt mit
$(6 \cdot 2) : 2 = 6\,cm^2$.
Um das Dreieck zu zeichnen, vgl. Aufgabe 5 a).

b) Bei dem gesuchten Dreieck muss der Punkt C auf dem Thaleskreis über der Strecke $\overline{AB}$ liegen. Aus der Zeichnung erkennt man, dass ein solches Dreieck die größtmögliche Höhe hat, wenn der Punkt C_b auf der Mittelsenkrechten der Strecke $\overline{AB}$ liegt (s. Punkt C_b in der Zeichnung).
Größtmöglicher Flächeninhalt: $(6 \cdot 3\,cm^2) : 2 = 9\,cm^2$

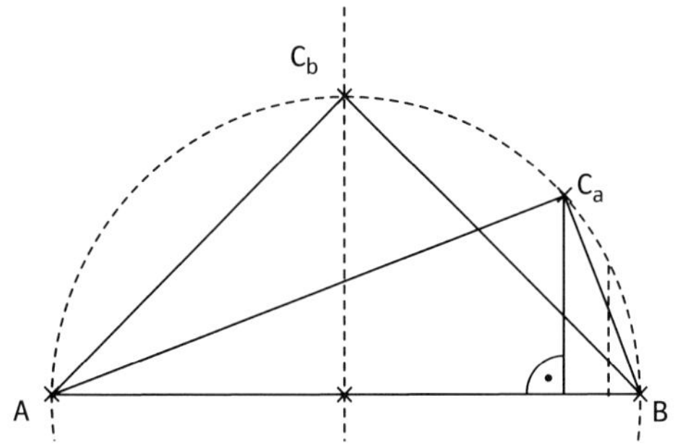

7 (ohne Zeichnung)
a) Wenn in einem rechtwinkligen Dreieck ein weiterer Winkel 45° misst, muss auch der dritte Winkel 45° messen (Winkelsumme). Das gesuchte Dreieck ist dann rechtwinklig und gleichschenklig. Konstruktion: Man beginnt mit einer Strecke $\overline{AB}$ und dem zugehörigen Thaleskreis. Dann konstruiert man die Mittelsenkrechte zur Strecke $\overline{AB}$. Ein Schnittpunkt C mit dem Thaleskreis ergibt das gesuche Dreieck ABC.
b) Wenn in einem rechtwinkligen Dreieck ein weiterer Winkel 30° misst, muss der dritte Winkel 60° messen (Winkelsumme). Das gesuchte Dreieck ist dann die Hälfte von einem gleichseitigen Dreieck.
Konstruktion: Man konstruiert ein gleichseitiges Dreieck ABC und die Mittelsenkrechte einer Seite. Dabei entstehen zwei kongruente Dreiecke mit der gesuchten Eigenschaft.

8 (Lösungsvorschläge ohne Zeichnung)
Vorschlag 1: Man zeichnet die Diagonale $\overline{AC}$ der Länge 6 cm mit dem zugehörigen Thaleskreis. Dann zeichnet man einen Kreis um A mit dem Radius 5 cm und erhält beim Schnittpunkt mit dem Thaleskreis die Ecke B des Rechtecks. Auf die gleiche Art kann man mit einem gleich großen Kreis um den Punkt C den noch fehlenden Eckpunkt D konstruieren.
Vorschlag 2: Man beginnt wie in Teilaufgabe a) und erhält die Eckpunkte A, B und C. Dann spiegelt man den Punkt B am Mittelpunkt der Diagonalen $\overline{AC}$ und erhält den Eckpunkt D.
Vorschlag 3: Man beginnt mit einem Kreis mit dem Radius 3 cm um den (späteren) Mittelpunkt M des Rechtecks. Dann bestimmt man zwei Punkte A und B auf dem Kreis mit dem Abstand 5 cm. Die zu den Punkten gehörenden Durchmesser des Kreises sind die Diagonalen des gesuchten Rechtecks.

11 Die Zuschauer der ersten Reihe sehen die Durchmesser der kreisförmigen Bühne unter einem Blickwinkel von 90°.

12 Uta hat für die Strecke $\overline{AB}$ nicht den Durchmesser des Kreises verwendet.

13 Der Winkel oberhalb von δ ist so groß wie α, denn er ist ein Stufenwinkel zu α. Zusammen mit dem Winkel δ ergibt er einen rechten Winkel, weil der Scheitel von δ auf dem gezeichneten Thaleskreis liegt. Deshalb hat δ die Größe 60°, wenn α die Größe 30° hat. Allgemein: $\delta = 90° - \alpha$.

Seite 165

14 Da die Winkel $\sphericalangle\, MB_1P$ und $\sphericalangle\, PB_2M$ gleich 90° sind, findet man die Berührpunkte B_1 und B_2 als Schnittpunkte des Thaleskreises über der Strecke $\overline{PM}$ mit dem Kreis um M. Die Geraden PB_1 und PB_2 sind die gesuchten Tangenten. Die Berührpunkte der Tangenten haben die Koordinaten $B_1(4{,}5\,|\,2)$ und $B_2(0{,}6\,|\,4{,}6)$ (durch Ablesen).

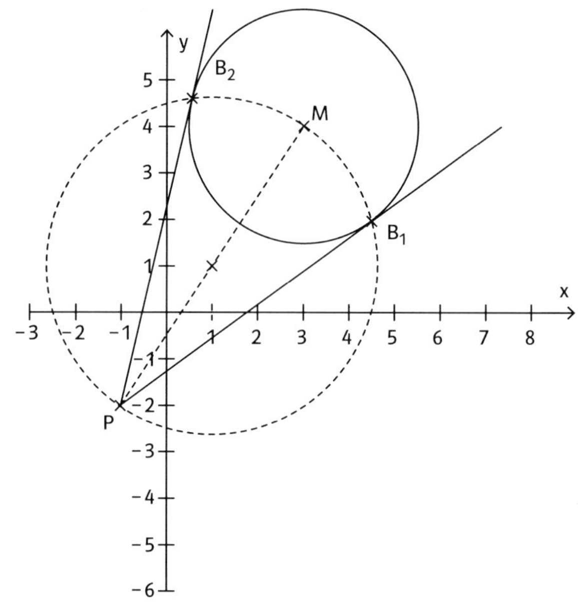

15

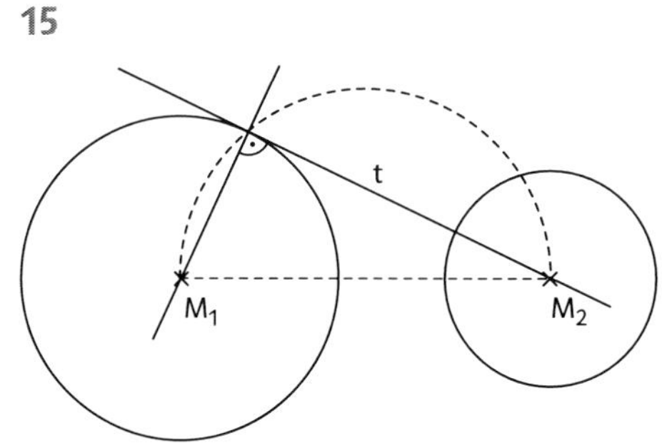

3 Umfang eines Kreises

Seite 166

Impuls
Der Umfang des Rades hängt vom Durchmesser ab. Kennt der Kilometerzähler den Durchmesser, so kann er den Umfang berechnen. Damit kann er über die Anzahl der Radumdrehungen die Fahrstrecke bestimmen.

Seite 167

1 a) Umfang: $U \approx 25{,}1\,cm$
b) Neuer Umfang: $U \approx 50{,}3\,cm$, also doppelt so groß.
c) Neuer Umfang: $U \approx 31{,}4\,cm$.
Der Umfang vergrößert sich um 2π, also etwa 6,3 cm.

2 a) Durchmesser: $d \approx 25\,m$; Radius: $r \approx 12{,}5\,m$
b) Neuer Durchmesser: $d \approx 12{,}5\,m$, also halb so groß.
c) Neuer Durchmesser: $d \approx 23{,}4\,m$.
Er wird um 1,6 m kleiner.

3 a) $\pi\,cm + 2\,cm \approx 5{,}14\,cm$ b) $\pi\,cm + 4\,cm \approx 7{,}14\,cm$
c) $2\pi\,cm + 6\,cm \approx 12{,}28\,cm$ d) $2\pi\,cm + \pi\,cm \approx 9{,}42\,cm$

5 a) Länge: $l \approx 7{,}85\,m$
b) Flächeninhalt: $A \approx 0{,}55\,m^2$

6 Durchmesser: $d \approx 66{,}04\,cm$
Umfang des Rads: $U \approx 2{,}075\,m$
Anzahl der Umdrehungen im Verlauf der Tour:
$40\,000 : 2{,}075 \approx 19\,300$

7 Umfang der ASTRA-Bahn:
$2 \cdot \pi \cdot (6370 + 35\,900)\,km \approx 265\,600\,km$
Strecke pro Stunde: $\approx 11\,070\,km$

4 Flächeninhalt eines Kreises

Seite 168

Impuls
Der Impuls kann als Anregung genommen werden, einmal praktisch auszuprobieren, wie groß so ein Kreis wirklich ist. In einer Klasse gibt es meist etwa 30 Schüler. Die stellen sich im Kreis auf und man kann so sehen, ob der Kreis in ein Klassenzimmer passt. Das kann man auch im Freien ausprobieren und den Durchmesser bestimmen. Der Durchmesser kann auch rechnerisch ermittelt werden. Bei durchschnittlich 1,70 m pro Schüler erhält man einen Durchmesser von rund 8 m. Daraus kann man schließen, dass die Baumscheibe tatsächlich fast den ganzen Boden des Klassenzimmers bedecken würde.

Seite 169

1 a) $A \approx 113\,cm^2$ b) $A \approx 154\,cm^2$
c) $A \approx 1257\,km^2$ d) $A \approx 491\,m^2$

2 a) Sendegebiet: $A \approx 6360\,km^2$
b) Nördlinger Ries: $A \approx 490\,km^2$

3 Radius: $r \approx 6\,cm$; Flächeninhalt: $A \approx 113\,cm^2$

4 Radius: $r = 0{,}9\,m + 0{,}2\,m = 1{,}1\,m$
Flächeninhalt: $A \approx 3{,}8\,m^2$

6 a) $A = 1{,}5^2 \cdot \pi \cdot \frac{3}{4}\,cm^2 \approx 5{,}3\,cm^2$
b) $A = 1{,}5^2 \cdot \pi \cdot \frac{1}{2}\,cm^2 \approx 3{,}5\,cm^2$
c) $A = 9\,cm^2 - 2 \cdot \pi \cdot 1\,cm^2 \approx 2{,}7\,cm^2$

7 Er muss den Umfang durch 2 und den Flächeninhalt durch 4 dividieren.

8

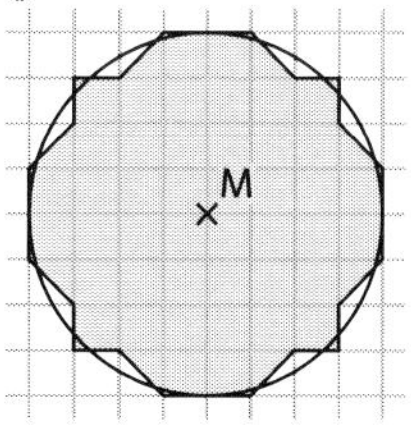

Der Kreis mit dem Radius 2 cm umfasst etwa 48 Kästchen. Da 4 Kästchen $1\,cm^2$ entsprechen, beträgt der Flächeninhalt des Kreises also etwa $12\,cm^2$. Aus der Flächeninhaltsformel für den Kreis folgt damit $\pi \approx \frac{12}{4} = 3$.

9 Die Fläche der Figur und ihr Gewicht sind proportional.
Mögliche Vorgehensweise:
- Berechne den Flächeninhalt des Quadrates und bestimme sein Gewicht.
- Berechne das Gewicht für einen Quadratzentimeter Pappe.
- Wiege den Kreis und bestimme seinen Flächeninhalt, indem du das Gewicht des Kreises durch Gewicht pro Quadratzentimeter Pappe teilst.
- Teile das Ergebnis durch r^2. So erhältst du einen Näherungswert für π.

Wenn man in einer Gruppe arbeitet, kann jeder zuerst seinen eigenen „π-Wert" bestimmen. Dann kann man einen Durchschnittswert berechnen. Auf diese Art gleichen sich Wiege- und Schneidefehler aus und der Näherungswert für π wird besser.

5 Kreisausschnitt und Kreisbogen

Seite 170

Impuls
Der Radius der Viertelpizza ist etwa gleich so groß wie der Durchmesser der kreisförmigen Pizza.
Für die Flächeninhalte gilt:

$A_{Viertelstück} = \frac{1}{4} \cdot \pi \cdot r^2$; $A_{Kreis} = \pi \cdot \left(\frac{1}{2} \cdot r\right)^2 = \pi \cdot \frac{1}{4} \cdot r^2$

Beide Portionen sind somit etwa gleich groß.

Seite 171

1 a) $b \approx 4{,}71\,cm$, $A \approx 21{,}2\,cm^2$ b) $b \approx 9{,}42\,cm$, $A \approx 42{,}4\,cm^2$ c) $b \approx 18{,}85\,cm$, $A \approx 169{,}6\,cm^2$
d) $b \approx 5{,}65\,cm$, $A \approx 50{,}9\,cm^2$ e) $b \approx 15{,}7\,cm$, $A \approx 47{,}1\,cm^2$ f) $b \approx 25{,}04\,cm$, $A \approx 159{,}0\,cm^2$
g) $b \approx 1{,}55\,dm$, $A \approx 1{,}86\,dm^2$ h) $b \approx 0{,}990\,cm$, $A \approx 0{,}416\,cm^2$ i) $b \approx 15{,}36\,cm$, $A \approx 24{,}57\,cm^2$

2 $\alpha = \frac{180°}{\pi} \approx 57{,}3°$; $A = 0{,}5\,m^2$

3 a) $\alpha \approx 63{,}7°$ b) $\alpha \approx 40{,}9°$ c) $\alpha \approx 163{,}7°$

4 a) $b \approx 2{,}09\,cm$, $A \approx 4{,}19\,cm^2$ b) $\alpha \approx 23{,}9°$, $A = 7{,}5\,cm^2$ c) $\alpha \approx 36{,}1°$, $A \approx 8{,}70\,cm^2$

5 $A \approx 10{,}82\,cm^2$ $U \approx 14{,}82\,cm^2$

6 a) Fig. 2: $r = 4\,cm$; $A = \frac{26}{9}\pi\,cm^2 \approx 9{,}08\,cm^2$;

$U = 8\,cm + \frac{13}{9}\pi\,cm \approx 12{,}54\,cm$

Fig. 3: $r = 2\,cm$; $A = 2{,}48\pi\,cm^2 \approx 7{,}78\,cm^2$;
$U = 12\,cm + 2{,}48\pi\,cm \approx 19{,}78\,cm$
Fig. 4: $2{,}8\,cm$; $A = \frac{1}{4} \cdot \pi \cdot (2{,}8\,cm)^2 \approx 6{,}2\,cm^2$;

$U = \frac{1}{4} \cdot 2 \cdot \pi \cdot 2{,}8\,cm + 4 \cdot 2{,}8\,cm \approx 15{,}6\,cm$

Fig. 5: $r_1 = 3\,cm$; $r_2 = 2\,cm$; $r_3 = 1{,}5\,cm$;

$A = 16\,cm^2 - \frac{529}{288}\pi\,cm^2 \approx 10{,}23\,cm^2$;

$U = 16\,cm + \frac{127}{72}\pi\,cm \approx 21{,}54\,cm$

b) individuelle Lösung

7 a) Radius von Mars: 3397 km
Radius der Umlaufbahn der Sonde:
3397 km + 313 km = 3710 km
Umfang der Umlaufbahn: $U \approx 23\,310{,}6\,km$
Zeit für den Umlauf: 112 Minuten $= \frac{112}{60}h = \frac{28}{15}h$

Geschwindigkeit der Sonde: $\frac{23\,310{,}6\,km}{\frac{28}{15}h} \approx 12\,490\,\frac{km}{h}$

b) individuelle Lösung
Z.B.: Die Sonde umkreist den Mars nicht in einer kreisförmigen sondern einer elliptischen Bahn.

Seite 172

10 a) $A = a^2 - \frac{\pi}{4}a^2$

b) Eine weiße Fläche: $A_{weiß} = a^2 - \frac{\pi}{4}a^2$

Gefärbte Fläche:

$A_{gefärbt} = a^2 - 2\left(a^2 - \frac{\pi}{4}a^2\right) = \frac{\pi}{2}a^2 - a^2$

c) Die weißen Flächen lassen sich zu einem Rechteck mit den Seitenlängen a und $\frac{a}{2}$ ergänzen.

Daher gilt: $A_{gefärbt} = \frac{1}{2}a^2$

d) Für jeden der vier Teile der gefärbten Fläche gilt:

$A = \frac{\pi}{8}a^2 - \frac{a^2}{4}$.

Für die gesamte gefärbte Fläche gilt daher:

$A_{gesamt} = \frac{\pi}{2}a^2 - a^2$.

11 a) $A_{Kreis} = \pi \cdot \left(\frac{3}{2}a\right)^2 = \frac{9}{4}\pi a^2$

$A_{gefärbt} = \frac{1}{2}\pi a^2 + \frac{1}{2}\pi(2a)^2 - \pi\left(\frac{1}{2}a\right)^2$

$= \left(\frac{1}{2} + 2 - \frac{1}{4}\right)\pi a^2 = \frac{9}{4}\pi a^2$

b) Die vier Flächen sind gleich groß, denn: $A_{rot} = \pi \cdot r^2$

$A_{grün} = \frac{1}{2}(2r)^2\pi - \pi \cdot r^2 = \pi \cdot r^2$

$A_{blau} = A_{gelb} = \frac{1}{2} \cdot (\pi \cdot (2r)^2 - A_{grün} - A_{rot})$

$= \frac{1}{2} \cdot (4\pi \cdot r^2 - 2\pi \cdot r^2) = \pi \cdot r^2$

12 a) $A = \frac{5}{12} \cdot \pi \cdot r^2 - \frac{5}{12} \cdot \pi \cdot (20\,cm)^2 \approx 4190\,cm^2$

Es werden durch den Scheibenwischer ca. $4190\,cm^2$ Glasfläche überstrichen.

b) Umfang der gewischten Fläche:
$U = 2 \cdot 40\,cm + \frac{5}{6} \cdot \pi \cdot 60\,cm + \frac{5}{6} \cdot \pi \cdot 20\,cm \approx 290\,cm$

13 a) $A = \frac{5}{6}\pi \cdot r^2 \approx 15{,}08\,cm^2$,

$U = \frac{5}{6} \cdot 2 \cdot \pi \cdot r + 2r \approx 17{,}36\,cm$

b) individuelle Lösung

Seite 173

14 Länge des Schaukelarms = Radius r = 22 m
d = 2 · r = 44 m ⇒ Breite stimmt etwa (kommen 0,8 m hinzu – eventuell ist die Länge des Schaukelarms ohne Achse berechnet)

$U = \frac{2}{3} \cdot 2\pi r \approx 92{,}15\,m$ ⇒ maximaler Schaukelweg stimmt

Die Flughöhe des Schaukelarms setzt sich etwa wie folgt zusammen: Flughöhe $h \approx 2\,m + r + a$
Die Strecke a ist eine Seite im rechtwinkligen Dreieck und liegt einem 30°-Winkel gegenüber (s. Skizze). Das Dreieck ist somit ein halbes gleichseitiges Dreieck. Also gilt für a: $a = \frac{1}{2}r$ (da r Seite des ganzen gleichseitigen Dreiecks ist).

Damit ist $h = 2\,m + \frac{3}{2}r = 2\,m + \frac{3}{2} \cdot 22\,m = 35\,m$.

Das ist deutlich weniger als die angegebenen 45 m.

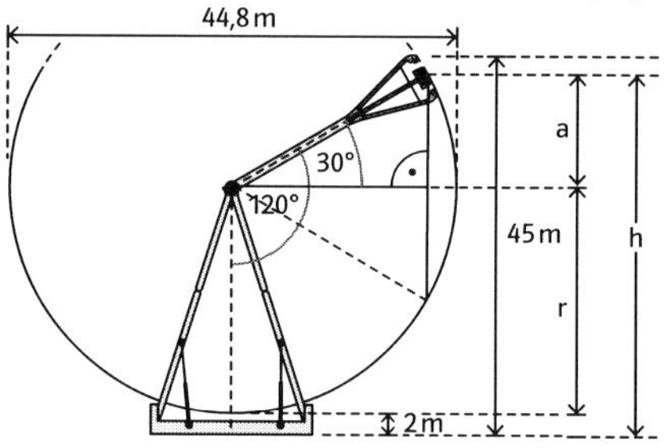

15 a) Der Winkel α, der aus den Sonnenstrahlen und dem lotrecht aufgestellten Stab entsteht, wurde gemessen. Wenn man beide Linien (Stab und Sonnenstrahlen verlängert) entstehen die gestrichelten Linien im oberen Teil von Fig. 2 im Buch. Der dort eingezeichnete Winkel α ist Scheitelwinkel zum Winkel zwischen Stab und Sonnenstrahlen und daher genauso groß. Da man davon ausgeht, dass die Sonnenstrahlen etwa parallel zueinander verlaufen, sind die beiden mit α bezeichneten Winkel in Fig. 2 Wechselwinkel und gleich groß. Der Mittelpunktswinkel entspricht demnach dem Winkel, den die Sonnenstrahlen und das Lot in Alexandria bilden. Mithilfe des Dreisatzes kann man ausrechnen, wie groß der Erdumfang ist.

b) 7,2° entspricht 5000 Stadien

1° entspricht $\frac{5000}{7{,}2}$ Stadien.

360° entspricht $\frac{5000}{7{,}2} \cdot 360$ Stadien, als 250 000

Stadien. Dies sind 39 300 000 m = 39 300 km.

c) Der Erdumfang beträgt 40 000 km. Der Wert aus b) entspricht 98,25 % von 40 000 km. Er weicht also um 1,75 % von dem tatsächlichen Erdumfang ab.

16 a) Halbkreis: $b = \pi r$; $a = 180°$

Mit beiden Formeln ist $A = \frac{1}{2}\pi r^2$.

Viertelskreis: $b = \frac{1}{2}\pi r$; $a = 90°$

Mit beiden Formeln ist $A = \frac{1}{4}\pi r^2$.

b) Aus $b = 2\pi r \cdot \frac{\alpha}{360°}$ folgt

$b \cdot r = 2\pi r^2 \cdot \frac{\alpha}{360°} = 2 \cdot A$, also $A = \frac{1}{2} b r$.

Vertiefen und Vernetzen

Seite 174

1 a) Konstruktion der beiden Tangenten mithilfe des Thaleskreises der Strecke $\overline{PM}$.
(auf 50 % verkleinert)

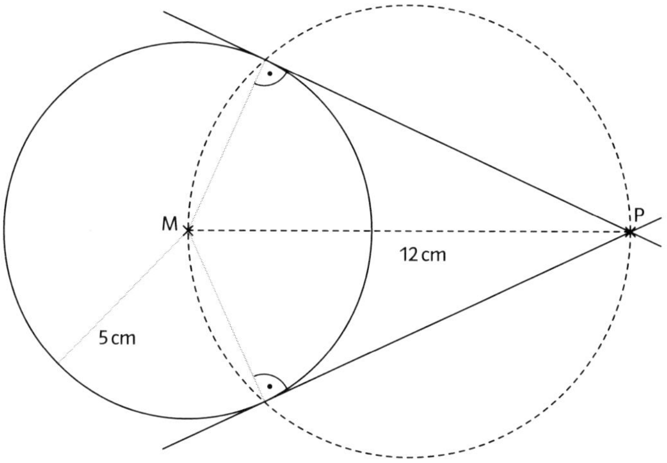

b) $\alpha = 49{,}2°$. Wenn P näher bei M liegt, wird der Winkel α immer größer und die beiden Berührpunkte rücken näher zusammen.

2 Es ist a = 50 cm + 14 cm = 64 cm. Mit einer Zeichnung im Maßstab 1:10 ergibt sich für b die Strecke 4,8 cm. Deshalb ist b 48 cm lang.

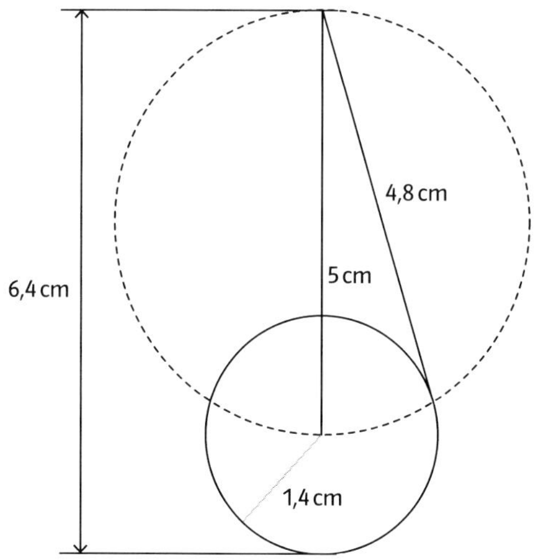

3 a) Das Viereck ist ein Drachen, wenn es zwei Paare gleich langer benachbarter Seiten hat, also wenn $\overline{MQ} = \overline{MP}$ und $\overline{SQ} = \overline{SP}$ gilt. Es gilt $\overline{MQ} = \overline{MP} = r$.
Die Dreiecke MQS und SPM sind kongruent, denn sie sind rechtwinklig, haben die Seite $\overline{MS}$ gemeinsam und $\overline{MQ} = \overline{MP} = r$. Also gilt für die jeweils dritte Seite $\overline{SQ} = \overline{SP}$.
Das Viereck MQSP ist damit ein Drachen.
b) 1. Fall: ∢QMP < 180°. Die Punkte QSPM bilden ein Drachenviereck.
2. Fall: ∢QMP = 180°. Es entsteht kein Drachenviereck mehr, da die beiden Tangenten parallel zueinander verlaufen.
3. Fall: ∢QMP > 180°. Die Tangenten schneiden sich in Punkt S_1 und die Punkte Q, M, P und S_1 bilden ein Drachenviereck. S_1 liegt dann dem Punkt S gegenüber.

4 Der Mittelpunkt eines Kreises hat den gleichen Abstand zu den Punkten auf der Kreislinie. Deshalb liegt der Mittelpunkt eines Kreises auf der Mittelsenkrechten zu jeder Sehne. Der Schnittpunkt der Mittelsenkrechten zweier Sehnen ist dann der gesuchte Mittelpunkt des Kreises. Man benötigt dazu mindestens drei verschiedene Punkte eines Kreises.

5 a) Die Abbildung in Fig. 2 im Lehrbuch zeigt ein gleichschenkliges Dreieck ABC und einen Thaleskreis über der Strecke $\overline{AB}$. Die Gerade h geht durch B und den Schnittpunkt E des Thaleskreises mit der Strecke $\overline{AC}$.
Mit dem Winkelsummensatz erhält man $\alpha = 62°$ im rechtwinkligen Dreieck ABE. Im gleichschenkligen Dreieck ABC gilt $28° + \beta_1 = \alpha$ und $\gamma = 180° - 2 \cdot \alpha$, also $\beta_1 = 34°$ und $\gamma = 56°$. Für δ_1 gilt:
$\delta_1 = 180° - 146° = 34°$ (Nebenwinkel).
b) Das Dreieck EBC ist rechtwinklig. Das bedeutet $\gamma + \delta_1 = 90°$, also $\gamma + \beta_1 = 90°$
c) Der Winkel δ_1 ist der Nebenwinkel zum Winkel der Größe 146°. Deshalb gilt $\delta_1 = 34°$. Weil δ_1 und β_1 gleich groß sind, sind die Geraden g und h parallel (Stufenwinkel).

6 a) Durchmesser ca. 89 cm, er passt also nicht durch die Tür.
b) Querschnittsfläche ca. 0,204 m^2
(gerechnet mit Taschenrechnerwert für π).
Mit 3 für π: Abweichung ca. 4,7 %;
mit 3,1 für π: Abweichung ca. 1,3 %.
c) ca. 212 Wicklungen
Die Wicklungen auf der Spule könnten zum Teil übereinander liegen und hätten dann unterschiedliche Durchmesser. In Fig. 1 sieht es so aus, als ob die Wicklungen, die außen liegen, einen Durchmesser von 15 cm haben. Es wird daher vermutlich viele Wicklungen mit kleinerem Durchmesser geben. Das Ergebnis ist somit ungenau (wahrscheinlich gibt es mehr als 212 Wicklungen).

7 a) U = 223 cm; Umdrehungen $\approx \frac{1000\,m}{2{,}23\,m} \approx 448{,}43$

Das Rad macht pro km ca. 448 Umdrehungen.
b) Hakim hat Recht.
Der Umfang des großen Rades ist dreimal so groß wie der des kleinen, denn Umfang und Durchmesser sind

proportional. Also muss sich das kleine Rad dreimal drehen, wenn sich das Große einmal dreht.

c) Radumfang = 60 cm · π ≈ 188,5 cm = 1,885 m

$130\,\frac{km}{h} = 2166,\overline{6}\,\frac{m}{min}$

$\frac{2166,\overline{6}}{0,6\,m \cdot \pi} \approx 1149,4$

Das Rad dreht sich in einer Minute etwa 1149-mal.

d) Radumfang = π m; $280\,\frac{km}{h} = 4666,\overline{6}\,\frac{m}{min}$

$\frac{4666,\overline{6}}{\pi} \approx 1485,4$

Das Rad dreht sich pro Minute etwa 1485-mal.

Seite 175

8 a) Der große Kreis hat den Radius R = x + y.
Weg entlang des großen Halbkreises:
$\frac{1}{2} \cdot 2\pi R = \pi(x + y)$
Weg entlang der 2 kleinen Halbkreise:
$\frac{1}{2} \cdot 2\pi \cdot x + \frac{1}{2} \cdot 2\pi \cdot y = \pi(x + y)$
Die Wege sind gleich lang, da die Summe der Radien der kleinen Kreise genau so groß ist wie der Radius des großen Kreises.

b) Es werden nun drei Halbkreise mit den Radien x, y und z in den großen Kreis gezeichnet. Der Radius des großen Kreises beträgt dann R = x + y + z:
Weg entlang des großen Halbkreises:
$w_1 = \frac{1}{2} \cdot 2\pi R = \pi(x + y + z)$
Weg entlang der 3 kleinen Halbkreise:
$w_2 = \frac{1}{2} \cdot 2\pi \cdot x + \frac{1}{2} \cdot 2\pi \cdot y + \frac{1}{2} 2\pi \cdot z = \pi(x + y + z)$

c) An den Termen im Teil b) erkennt man, dass zur Berechnung beider Weglängen die Summe der Radien der kleinen Kreise mit π multipliziert werden muss, denn der Radius des großen Kreises ist immer genau so groß wie die Summe der Radien der kleinen Kreise. Bei vier oder noch mehr Kreisen ändert sich daran nichts. Ganz gleich, wie viele kleine Kreise man zeichnet, die beiden Weglängen sind immer gleich.

9 Der Umfang setzt sich aus vier Halbkreisen zusammen.
Es gilt: $U = \frac{1}{2}a\pi + \frac{1}{2}b\pi + \frac{1}{2}a\pi + \frac{1}{2}b\pi = a\pi + b\pi = \pi(a + b)$

10 Es handelt sich um ein günstiges Angebot, denn eine Pizza mit doppeltem Durchmesser hat einen viermal so großen Flächeninhalt.

11 a) individuelle Lösung
Ist l die Länge des Fadens, so berechnet sich der Durchmesser d des Tellers durch die Formel $d = \frac{l}{\pi}$.

b) $l' = l + 1\,m$
Für den Durchmesser d' des neuen Kreises gilt:
$d' = \frac{l'}{\pi} = \frac{l + 1}{\pi}$ (in Metern)
Abstand des Fadens vom Teller (unter der Voraussetzung, dass dieser gleichmäßig ist):
$\frac{1}{2} \cdot (d' - d)\,m = \frac{1}{2} \cdot \frac{l + 1}{\pi}m - \frac{l}{\pi}m = \frac{1}{2} \cdot \frac{l + 1 - l}{\pi}m = \frac{1}{2\pi}m$
≈ 15,9 cm
Der Abstand des Fadens vom Tellerrand ist also unabhängig vom Durchmesser des Tellers, er ist immer gleich $\frac{1}{2\pi}m \approx 15{,}9\,cm$

c) Der Abstand ist in diesem Fall etwa 15,9 cm (s. Teilaufgabe b).

12 a) $A_{Abfall} = a^2 - \frac{1}{4}\pi a^2$; für a = 20 cm: $A_{Abfall} \approx 85{,}8\,cm^2$
Flächenanteil des Abfalls: $\frac{A_{Abfall}}{A_{Quadrat}} \approx \frac{85{,}8}{400} = 21{,}45\,\%$

b) Der Abfall beträgt $a^2 - \left(\frac{a}{2}\right)^2 \cdot \pi = \left(1 - \frac{\pi}{4}\right)a^2$

c) Man erhält genauso viel Abfall wie in b), denn für den Abfall gilt hier: $a^2 - 4 \cdot \left(\frac{a}{4}\right)^2 \cdot \pi = a^2 - \frac{a^2 \cdot \pi}{4} = \left(1 - \frac{\pi}{4}\right)a^2$

13 a) $A_R = \pi \cdot 4^2\,cm^2 = 16\pi\,cm^2$
$A_R = \pi \cdot r^2\,cm^2 = \frac{1}{3} \cdot 16\pi\,cm^2$
$\Rightarrow r^2\,cm^2 = \frac{1}{3} \cdot 16\,cm^2 \Rightarrow r^2 = \frac{16}{3}$. Benutzt man die Wurzeltaste auf dem Taschenrechner, so erhält man r = 2,3 cm.

b) $A_R = \pi \cdot R^2$; $A_R = \frac{1}{3} \cdot \pi R^2$, also $\pi \cdot r^2 = \frac{1}{3} \cdot R^2$, also ist $r^2 = \frac{R^2}{3}$.

Exkursion: Sehnen- und Tangentenvierecke mit DGS

Seite 176

1 Man konstruiert einen Kreis mit beliebigem Radius, wählt vier Punkte auf dem Kreisumfang und verbindet sie zu einem Viereck.

2 a) Der Mittelpunkt des Umkreises eines Dreiecks ist der Schnittpunkt der drei Mittelsenkrechten.

b) Für ein Sehnenviereck trifft dies ebenfalls zu.
Ein Viereck ist ein Sehnenviereck, wenn die Mittelsenkrechten der vier Seiten sich in einem Punkt schneiden.

3 a) bis d) In einem Sehnenviereck sind gegenüberliegende Winkel zusammen immer 180° groß.

4 a) Konstruiere ein Sehnenviereck ABCD mit $\overline{AB} = 3\,cm$; $\overline{BC} = 2{,}5\,cm$; $\overline{CD} = 3{,}5\,cm$; α = 100°.
Maßstab 1:1,5

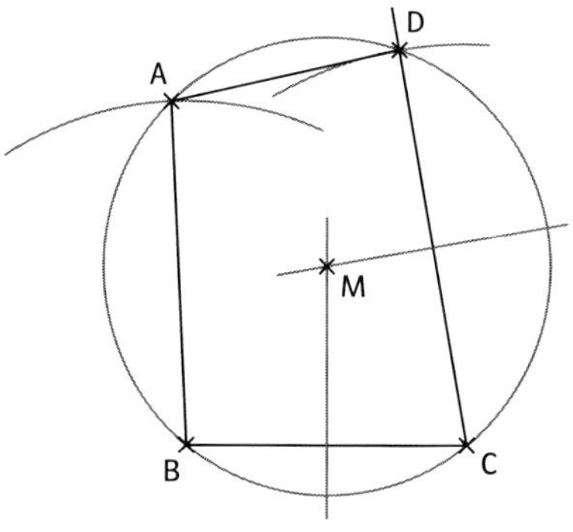

Beschreibung der Konstruktion (für b) und c) entsprechend):
γ = 180° − α = 180° − 100° = 80°

1. Zeichne die Strecke $\overline{BC}$ mit $\overline{BC} = 2{,}5\,cm$.
2. Trage bei C den Winkel γ mit γ = 80° an.
3. Zeichne einen Kreis um C mit dem Radius 3,5 cm.
4. Der Kreis und der zweite Schenkel von γ schneiden sich im Punkt D.

5. Zeichne die Mittelsenkrechten von $\overline{BC}$ und $\overline{CD}$; ihr Schnittpunkt ist M.
6. Zeichne den Kreis um M mit dem Radius $\overline{MB}$ und den Kreis um B mit dem Radius $\overline{AB}$ = 3 cm.
7. Der Schnittpunkt der Kreise, der auf dem Kreis mit Mittelpunkt M zwischen B und D liegt, ist A.

b) Maßstab 1:2

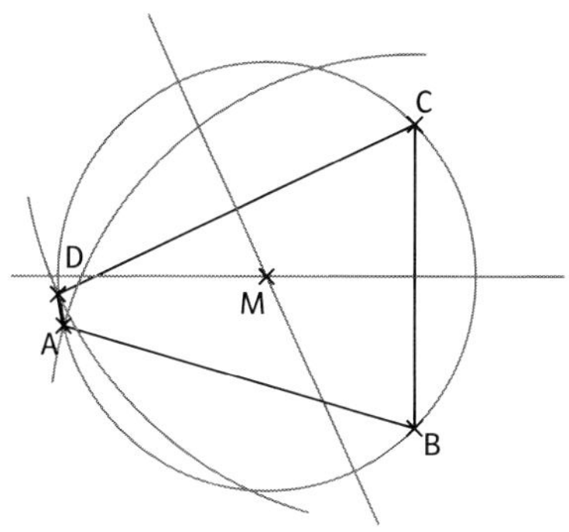

c) Maßstab 2:3

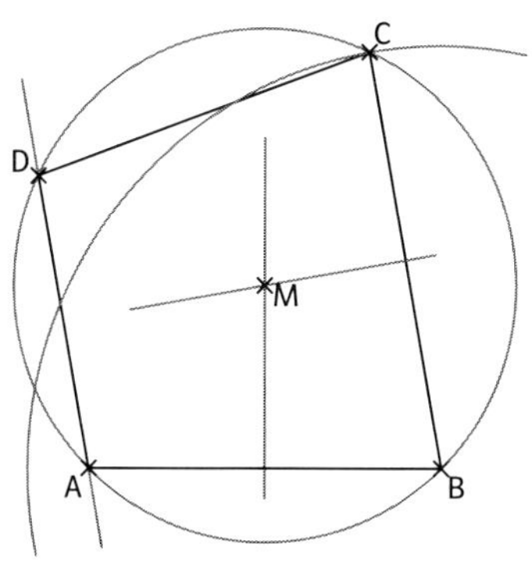

d) 1. Zeichne die Strecke $\overline{AB}$ mit $\overline{AB}$ = 5 cm
2. Zeichne einen Kreis um A mit dem Radius 7 cm und einen Kreis um B mit dem Radius 6 cm. Sie schneiden sich im Punkt C.
3. Zeichne die Mittelsenkrechten von $\overline{AB}$ und $\overline{BC}$.
4. Zeichne den Kreis um M mit dem Radius $\overline{MA}$.
5. Zeichne einen Kreis um C mit dem Radius 4 cm, dort liegt der Punkt D.

Maßstab $1:\frac{5}{3}$

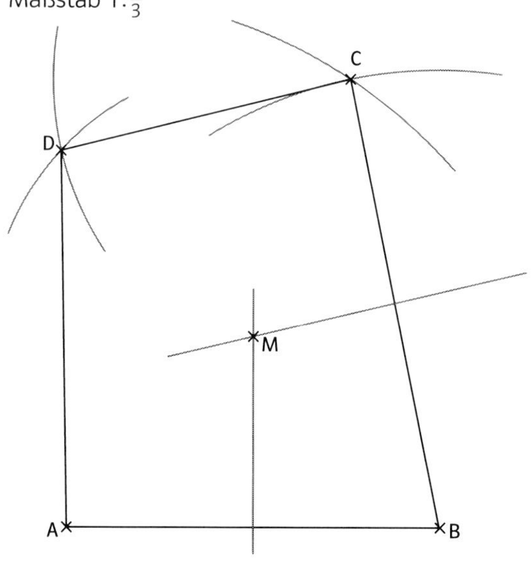

5 Es entsteht ein Drachenviereck (vgl. auch 6 b)) oder ein Quadrat.

6 a) Lösung durch Konstruktion
b) Rechteck und gleichschenkliges Trapez sind Sehnenvierecke. Ein Drachenviereck ist dann ein Sehnenviereck, wenn die gleichen Winkel des Drachens rechte Winkel sind. Man erkennt dabei den Thaleskreis.

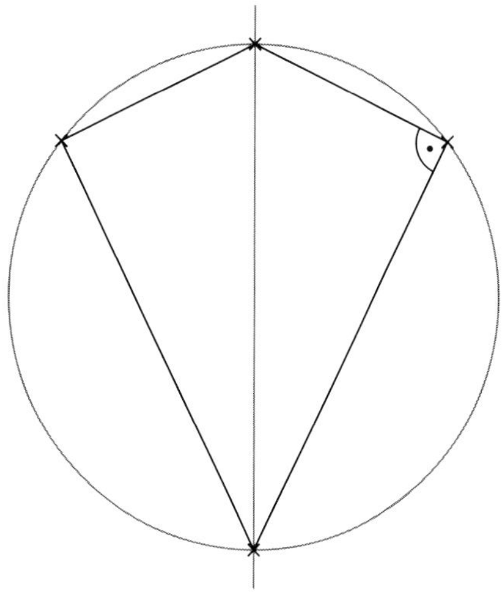

7 Überprüfung der Aussage des Satzes durch Konstruktion sowie entsprechende Berechnungen.

8 a) und b) Für das Sehnenviereck ADEF gilt:
$\alpha_2 = 180° - \varepsilon$. Für das Sehnenviereck ABCD gilt:
$\alpha_1 = 180° - \gamma$.
Mit $\alpha_1 + \alpha_2 = \alpha$ folgt $180° - \varepsilon + 180° - \gamma = \alpha$.
Somit gilt $360° = \alpha + \varepsilon + c$. Der Nachweis ist erbracht.
Analog kann gezeigt werden, dass auch
$360° = \delta + \varphi + \beta$ erfüllt ist.

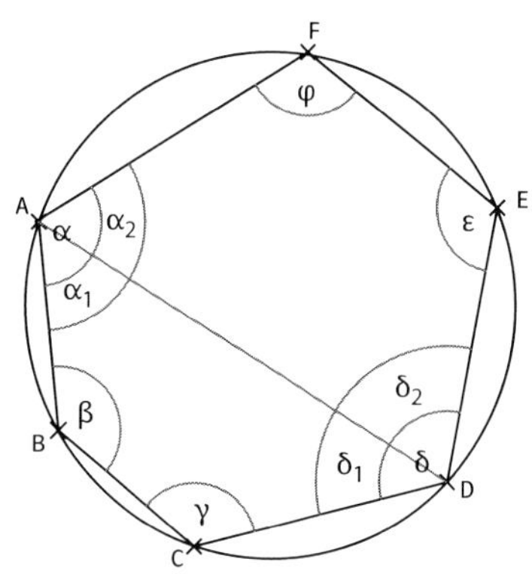

Seite 177

9 Es entsteht ein Rechteck.

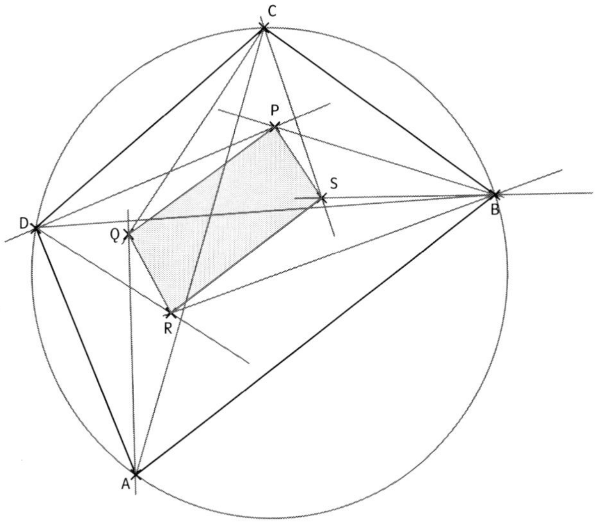

10 Markus hat Recht. Die Diagonale teilt das Viereck in zwei Dreiecke, welche diese Diagonale als gemeinsame Seite haben. Der Schnittpunkt der Mittelsenkrechten der Diagonalen mit der Mittelsenkrechten einer Seite des ersten Dreiecks legt den Umkreismittelpunkt des ersten Dreiecks fest. Verläuft die Mittelsenkrechte einer Seite des zweiten Dreiecks ebenfalls durch diesen Punkt, sind die Umkreise beider Dreiecke identisch, es handelt sich also um den Umkreis des Vierecks. Das Viereck ist ein Sehnenviereck.

11 a) Die Aussage ist richtig. Nach dem Winkelsatz über Sehnenvierecke ist die Summe gegenüberliegender Winkel gleich 180°. Die Umkehrung dieses Satzes gilt ebenfalls. $\overline{BD}$ bildet eine Diagonale, sie ist Durchmesser des Umkreises, der Thaleskreis der Dreiecke ABC und BCD ist. Damit ist ein Viereck mit einem Paar rechter Gegenwinkel ein spezielles Sehnenviereck.

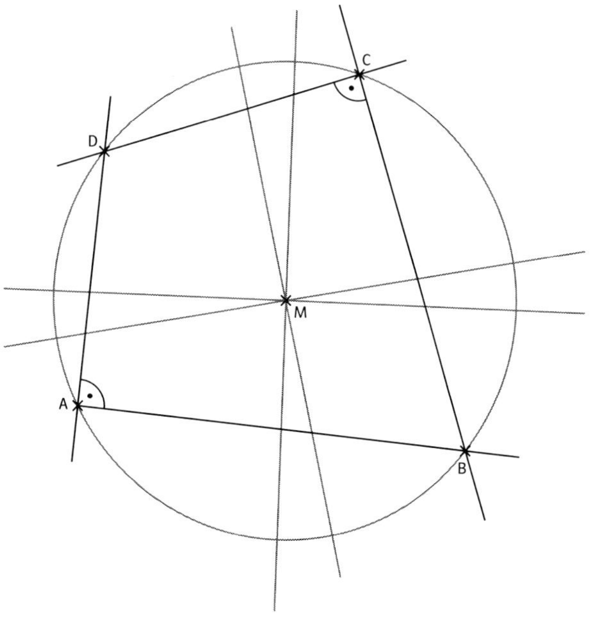

b) Die Aussage ist richtig.

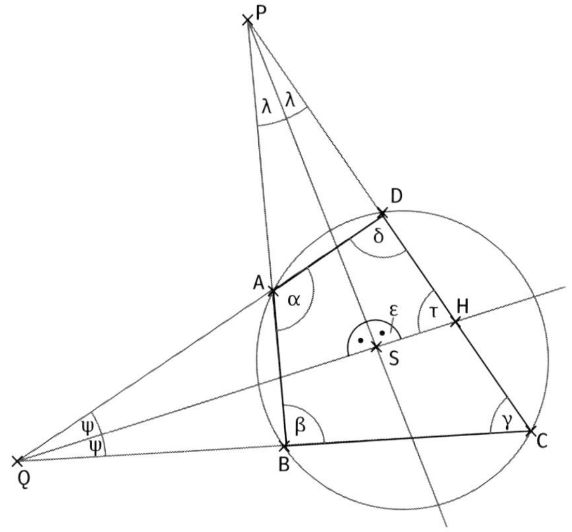

Der Schnittwinkel der beiden Winkelhalbierenden sei ε.
Wir zeigen $\lambda + \tau = 90°$ und wissen dann: $\varepsilon = 90°$.
Im Dreieck PBC ist $2 \cdot \lambda = 180° - (\beta + \gamma)$.
Im Dreieck QCD ist $2 \cdot \varphi = 180° - (\gamma + \delta)$.
Im Dreieck QHD ist $\tau + \varphi = 180° - \delta = \beta$, d.h. $\tau = \beta - \varphi$.
Also gilt

$$2 \cdot (\lambda + \tau) = 180° - (\beta + \gamma) + 2 \cdot \beta - (180° - (\gamma + \delta))$$
$$= \beta + \delta = 180°.$$

Somit $\lambda + \tau = 90°$, daher $\varepsilon = 180° - (\lambda + \tau) = 90°$.

12 Zur Konstruktion eines beliebigen Tangentenvierecks beginnt man mit dem Kreis und konstruiert vier Tangenten an den Kreis. Die Schnittpunkte der vier Tangenten sind die Ecken des Tangentenvierecks.

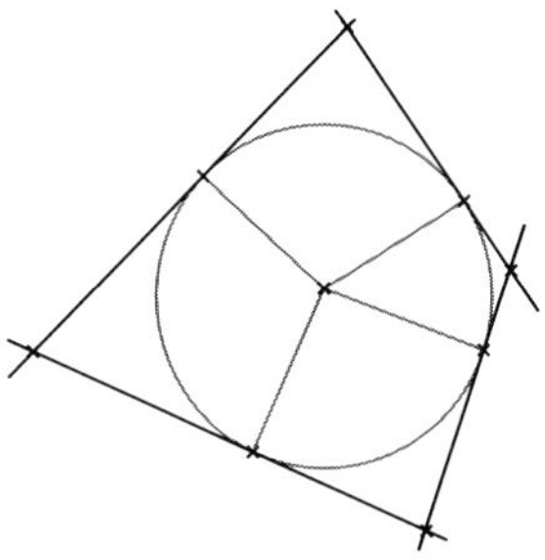

13 a) Der Mittelpunkt des Inkreises eines Dreiecks ist der Schnittpunkt der drei Winkelhalbierenden.
b) Für ein Tangentenviereck trifft dies ebenfalls zu. Ein Viereck ist ein Tangentenviereck, wenn sich die Winkelhalbierenden der Innenwinkel in einem Punkt schneiden.

14 Im Tangentenviereck sind die Summen der Längen gegenüberliegender Seiten gleich groß.

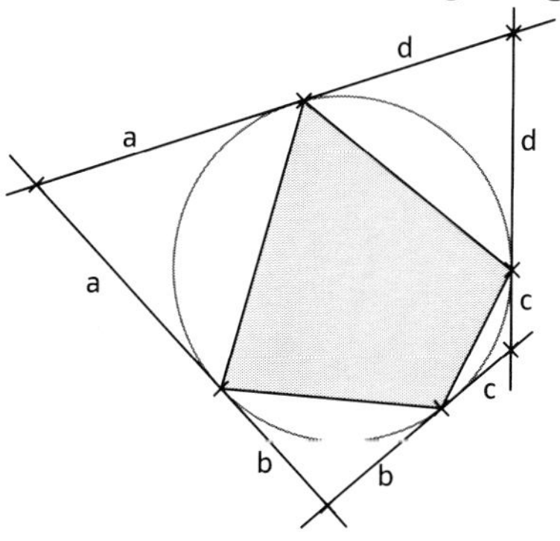

Die Ecken des Tangentenvierecks bilden zusammen mit den Berührpunkten jeweils gleichschenklige Dreiecke. Die Summe gegenüberliegender Seiten des Tangentenvierecks beträgt also jeweils a + b + c + d.

15 a) Bei einer Raute schneiden sich die Winkelhalbierenden der Innenwinkel aufgrund der Symmetrieeigenschaften der Raute in einem Punkt. Die Raute ist damit ein Tangentenviereck.
b) Die Dreiecke FBM und BGM sind kongruent nach Ssw, denn $\overline{MF} = \overline{MG}$ (Radius), gemeinsame Seite $\overline{MB}$, $\overline{MB}$ gegenüber liegt jeweils ein 90°-Winkel.
Es gilt: $\overline{FB} = \overline{BG}$ und somit ist das Dreieck FBG gleichschenklig. Analog ist der Nachweis für die anderen Dreiecke zu führen.

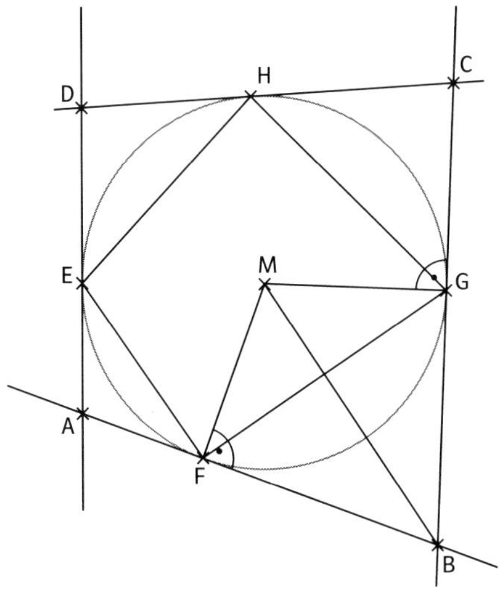

16 a) 1. Zeichne die Seite $\overline{AB}$.
2. Trage an der Seite in A den Winkel α mit 78° und in B den Winkel β mit 57° an.
3. Zeichne einen Kreis um B mit der Länge 5 cm. Der Kreis schneidet den freien Winkel von β in C.
4. Konstruiere die Winkelhalbierenden von α und β. Ihr Schnittpunkt ist der Mittelpunkt M des Inkreises.
5. Zeichne einen Thaleskreis über der Strecke $\overline{MC}$. Der Kreis schneidet $\overline{BC}$ im Punkt R. $\overline{MR}$ ist der Radius des Inkreises.
6. Zeichne den Inkreis mit Mittelpunkt M und Radius $\overline{MR}$. Der Inkreis schneidet den Thaleskreis über $\overline{MC}$ in R und in einem zweiten Punkt S.
7. Verlängere die Strecke $\overline{CS}$. Ihr Schnittpunkt mit dem freien Schenkel von α ist D.

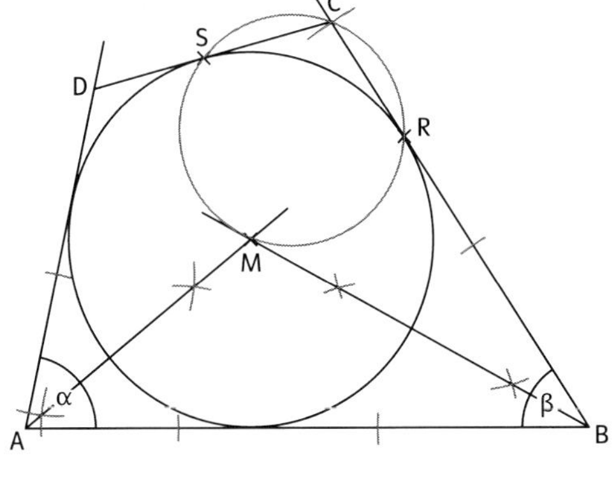

b) 1. Zeichne die Strecke $\overline{AB}$ mit der Länge 4,2 cm.
2. Trage an die Strecke $\overline{AB}$ in A den Winkel α und in B den Winkel β an.
3. Konstuiere die Winkelhalbierenden zu α und β. Sie schneiden sich im Inkreismittelpunkt M.
4. Fälle das Lot von M auf $\overline{AB}$. Der Lotfußpunkt Q ist ein Berührpunkt des Inkreises.
5. Zeichne den Inkreis mit Mittelpunkt M und Radius $\overline{MQ}$.
6. Der Inkreis berührt den freien Schenkel von β im Punkt R. Da das Dreieck RSC gleichschenklig ist und γ = 75°, beträgt der Winkel ∢ CRS 52,5°. Trage den Winkel in R an den freien Schenkel von β an. Der andere Schenkel des Winkels schneidet den Inkreis im Punkt S.
7. Kostruiere die Tangete an den Inkreis in S. Die Schnittpunkte mit den freien Schenkeln von β bzw. α sind die Eckpunkte C bzw. D des Tangentenvierecks.

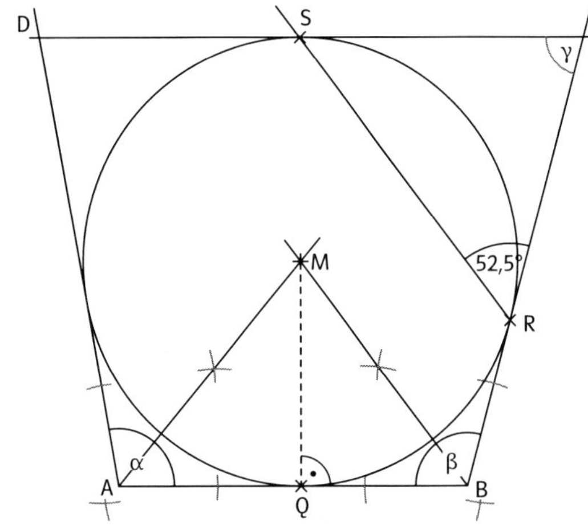

17
1. Zeichne einen Kreis mit Mittelpunkt M_1 und beliebigem Radius.
2. Wähle einen Punkt P auf dem Kreis und konstruiere die Tangente durch P.
3. Konstruiere eine zweite Tangente an den Kreis durch Q, sodass diese Tangente senkrecht zur ersten verläuft. (Beachte dabei, dass die Radien $\overline{PM_1}$ und $\overline{QM_1}$ senkrecht zueinander sein müssen). Der Schnittpunkt der Tangenten ist A.
(Mit dieser Konstruktion erreicht man, dass der Winkel α im Tangentenviereck 90° beträgt. Da sich im Sehnenviereck gegenüberliegende Winkel zu 180° ergänzen, erreicht man so, dass auch der Winkel γ 90° betragen muss).
4. Wähle einen Punkt auf der Verlängerung von $\overline{AP}$ als B. Konstruiere die Tangente an den Kreis durch B.
5. Konstruiere wie in 3. eine weitere Tangente, die senkrecht zur Tangente aus 4. verläuft. Die Tangentenschnittpunkte ergeben die Eckpunkte C und D des Vierecks.
6. Den Umkreismittelpunkt M_2 findet man über den Schnittpunkt zweier Mittelsenkrechten.

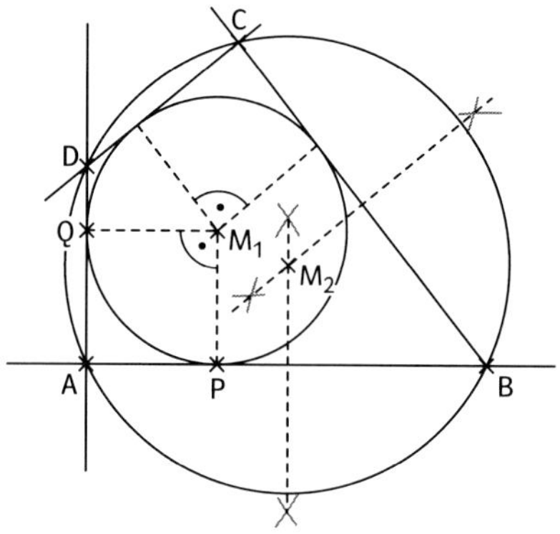
C
D
Q
M1
M2
A
P
B

VII Prozente und Zinsen

Lösungshinweise zu den Erkundungen

Seite 182

Mit Prozenten zoomen
- Die Länge des Striches wird halbiert.
- 80 %: Der Strich ist 4 cm lang.
  35 %: Der Strich ist 1,75 cm lang.
- Bei 60 % ist er 8 cm lang, bei 10 % etwa 1,3 cm lang.
- Er wird 1,5-mal so lang.
- Individuelle Lösung; die Länge in cm gibt den Vergrößerungsfaktor.

Seite 183

Zinsen
- Zweimalbank: Legt man 1000 € an, so bekommt man ein halbes Jahr später 10 € Zinsen. Lässt man dieses Geld auf die Bank, so hat man am Ende des Jahres 10,10 € dazu, also insgesamt 20,10 € Zinsen. Hebt man die 10 € nach einem halbem Jahr ab, so bekommt man am Ende des Jahres noch mal 10 € Zinsen, also insgesamt 20 €.
  Einfachbank: Nach Ende des Jahres erhält man 20 € Zinsen.
  Bonusbank:

	Eingezahlter Betrag	Bonus
nach 1 Monat	100 €	1 €
nach 2 Monaten	200 €	2 €
nach 3 Monaten	300 €	3 €
nach 4 Monaten	400 €	4 €
nach 5 Monaten	500 €	5 €
nach 6 Monaten	600 €	6 €
nach 7 Monaten	700 €	7 €
nach 8 Monaten	800 €	8 €
nach 9 Monaten	900 €	9 €
nach 10 Monaten	1000 €	10 €
Summe		55 €

  Nach 10 Monaten und eingezahlten 1000 € erhält man 55 € Zinsen.
  Das Angebot der Bonusbank ist bei weitem das Günstigste.
- individuelle Lösung

1 Prozentsätze über hundert Prozent

Seite 184

Impuls
Auf zehn Jahre kommt man, wenn man 10 % mit 10 multipliziert (= 100 %). Dabei wird aber nicht berücksichtigt, dass die Steigerung im dritten Jahr 10 % des Umsatzes des zweiten Jahres beträgt. Der Grundwert hat sich verändert. Die Steigerung im dritten Jahre ist höher als 10 % des ersten Jahres.
Daher muss man die Firma gar nicht kennen, um zu behaupten, dass die Umsatzverdopplung schon in weniger als 10 Jahren erfolgt.
Allerdings setzt dies voraus, dass die Umsatzsteigerung auch in Zukunft 10 % pro Jahr beträgt. Das lässt sich aber nicht mit Sicherheit vorhersagen.

Seite 185

1 a) 9,00 € b) 6,00 €

2 Im LMG beträgt der Prozentsatz etwa 53 % Mädchen, im WBG etwa 51 % Mädchen. Am LMG ist der Anteil der Mädchen also etwas größer, als am WBG.

3 a) 336 Schülerinnen und Schüler
b) 39 Chormitglieder

4 a) 2011 waren es 2,9 % Schüler mehr.
Also ist $p\% = 102{,}9\% = 1{,}029$. $G = 156\,700$
$W = 156\,700 \cdot 1{,}029 = 161\,244{,}3$
2011 besuchten etwa 161 240 Schüler das Gymnasium, das sind 4540 Schüler mehr.
b) $\frac{4540}{161\,240} \approx 0{,}028 = 2{,}8\%$
Die Anzahl der Gymnasiasten hat um ca. 2,8 % abgenommen.
(Hier ergibt sich ein leicht veränderter Prozentsatz als der ursprüngliche, denn dieser bezieht sich auf eine andere Grundmenge.)

5 Um 122,40 €

6 Feingold 750: 4,5 g Gold;
Feingold 585: 3,51 g Gold;
Feingold 333: 1,998 g ≈ 2 g Gold

9 a) Anteile vor dem Kochen: 86,8 %. Anteile nach dem Kochen 31,1 %. G = 68,8; W = 31,1 % ergibt p % = 0,358.
Die Anteile verringern sich etwa um 64,2 %, weil die Spaghetti sehr viel Wasser aufnehmen.
b) 500 g

10 a) $60\% \cdot 30\% = \frac{60}{100} \cdot \frac{30}{100} = \frac{18}{100} = 18\%$
b) Es bleiben 20 % übrig, das sind 27 Kinder.
c) 20 % ≙ 27 Kinder, daraus folgt 18 % ≙ 24,3 Kinder.
Das muss bedeuten, dass 24 Kinder zwei Instrumente spielen. Das entspricht 17,8 %. Der Wert 18 % ist aufgerundet.

Seite 186

11 a) Endpreis: $420\,€ \cdot 0{,}9 \cdot 0{,}8 = 302{,}40\,€$
b) $\frac{420\,€ - 302{,}40\,€}{420\,€} = 0{,}28$ (oder $1 - 0{,}9 \cdot 0{,}8 = 0{,}28$)
Der Preis wurde insgesamt um 28 % gesenkt.

12 p% = 1,1
3-malige Erhöhung: 1,1 · 1,1 · 1,1 = 1,331
Die Gesamterhöhung nach 3-mal beträgt 33,1%, also erhält Tanja 133,1% des ursprünglichen Taschengeldes.

13 a) 600 g
b) Die Lösung hängt vom Grundwert ab. Entweder noch einmal 20% von 600 g, also insgesamt 840 g, oder 20% von 720 g, also 864 g.

14 Jonas täuscht sich. 100% Gefälle entspricht einem Winkel von 45°. 15% Gefälle entspricht einem Neigungswinkel von ca. 8,5°. 115% ist steiler als 45° (entspricht einem Winkel von 49°), also ist keinesfalls mehr als senkrecht.

15 Spendenbetrag: 82,50 €
a) 33 €　　b) 27,5%
c) 8,25 €; 5,5%　　d) 46,20 €; 27,5%
e) Der prozentuale Anteil bleibt gleich, der gespendete Geldbetrag verändert sich proportional zum Gewinn.

16 a) $\frac{39\,600}{1{,}1 \cdot 1{,}2} = 30\,000$
b) 1,15 · 1,15 = 1,3225; Steigerung um 32,25%
c) Z.B. je 20% oder $p_1 = 10\%$ und $p_2 \approx 31\%$
(Produkt $(1 + p_1)(1 + p_2)$ muss 1,44 ergeben)
d) 1. Jahr: $p_1\% = 1{,}3$; 2. Jahr: $p_2\% = x$
insgesamt: p% = 100% − 9% = 91% = 0,91
Aus 1,3 · x = 0,91 folgt x = 0,7
Also sank die Zuschauerzahl im 2. Jahr um 30%.

2 Prozente und Zinsen

Seite 187

Impuls
Wenn man sein Geld auf der Bank spart, also „anlegt", erhält man Zinsen. Diese unterscheiden sich in der Höhe je nach Bank bzw. Anlageform.
Behält man sein Geld zuhause, so ist es zwar einerseits jederzeit zugänglich, erhält man aber andererseits keine Zinsen. Das Geld „verliert" außerdem aufgrund der Inflation mit der Zeit seinen Wert.

Seite 188

1

	a)	b)	c)	d)	e)	f)
Guthaben (in €)	500	500	**4000**	2400	7124	**4866**
Zinssatz (in %)	3	**4**	5	**2,5**	1,5	3,5
Jahreszinsen (in €)	**15**	20	200	60	**106,86**	170,31

2 Zinssatz Frau Helmich: $7\frac{1}{3}\%$
Zinssatz Herr Gerlich: 7,5%
Frau Helmichs Kredit ist günstiger.

3 Zinsen pro Jahr: 12,25 €
Nach 4 Jahren hat sie 49 € Zinsen erhalten.

5 a) 2,5%　　b) 4%
c) 8,61 €; bei 10-fachem Guthaben 86,10 €
d) 3000 €　　e) 6000 € bzw. 2500 €

6 a) 8,5%　　b) 690 €

7 K = 5000 €; p = 0,085 ergibt Z = 425 €. Monatliche Belastung: knapp 35 €. Das ist deutlich weniger als 50 €. Er sollte das Angebot annehmen.

3 Tageszinsen und Zinseszinsen

Seite 189

Impuls
Herr Wombat würde bei dieser Anlagemöglichkeit nach einem Jahr 45 € Zinsen bekommen. Nach 4 Monaten, also $\frac{1}{3}$ Jahr, bekommt er $\frac{1}{3} \cdot 45\,€ = 15\,€$. Nach Zahlung der Kontoeröffnungsgebühr von 10 € blieben ihm 5 € übrig. Die Anlage lohnt sich also für ihn nicht wirklich.

Seite 190

1 Gerechnet wurde mit 360 Tagen im Jahr.

	a)	b)	c)
Kapital	360 €	6120 €	**3840 €**
Zinssatz	3,5%	**7,47%**	7,5%
Zinsen	**0,74 €**	53,33 €	96 €
Laufzeit	21 Tage	42 Tage	4 Monate

	d)	e)	f)
Kapital	8640 €	2700 €	**960 €**
Zinssatz	**16,25%**	7,5%	2,5%
Zinsen	780 €	**70,31 €**	10,20 €
Laufzeit	200 Tage	4 Monate und 5 Tage	153 Tage

2 24%

Seite 191

3 a) 29,25 €　　b) 92,63 €　　c) 243,75 €
d) 300,74 €　　e) 600,84 €

4 a) 1,74 €　　b) 1,18 €

5 480 €

6

	a)	b)	c)	d)	e)
Kapital (in €)	300	1000	5000	1200	3000
Zinssatz	3,5%	1,5%	4,12%	2,8%	4%
Jahre	2	3	4	6	4,5
Endkapital (in €)	321,37	1045,68	5876,34	1416,25	3579,77

7 Spartakus-Bank: $2000\,€ \cdot 1{,}03^2 = 2121{,}80\,€$
Rhodos-Bank:

Jahr	Quartal	Anfangskapitel (in €)	Zinsen (in €)	Endkapitel (in €)
1	1	2000,00	13,75	2013,75
	2	2013,75	13,84	2027,59
	3	2027,59	13,94	2041,53
	4	2041,53	14,04	2055,57
2	1	2055,57	14,13	2069,70
	2	2069,70	14,23	2083,93
	3	2083,93	14,33	2098,26
	4	2098,26	14,43	2112,69

Das Angebot der Spartakus-Bank ist besser.

11 a) Rechnung (auf Cent gerundete Werte) bei einem Kapitel von 400 €:

	Guthaben ohne Zinsen (in €)	Jahreszinsen	Guthaben mit Zinsen (in €)
nach 1 Jahr	400,00	20,00	420,00
nach 2 Jahren	420,00	21,00	441,00
nach 3 Jahren	441,00	22,05	463,05
nach 4 Jahren	463,05	23,15	486,20

b) Rechnung (auf Cent gerundete Werte) bei einem Kapitel von 2000 €:

	Guthaben ohne Zinsen (in €)	Jahreszinsen	Guthaben mit Zinsen (in €)
nach 1 Jahr	2000,00	100,00	2100,00
nach 2 Jahren	2100,00	105,00	2205,00
nach 3 Jahren	2205,00	110,25	2315,25
nach 4 Jahren	2315,25	115,76	2431,01

c) Rechnung (auf Cent gerundete Werte) bei einem Kapitel von 10 000 €:

	Guthaben ohne Zinsen (in €)	Jahreszinsen	Guthaben mit Zinsen (in €)
nach 1 Jahr	10 000,00	500,00	10 500,00
nach 2 Jahren	10 500,00	525,00	11 025,00
nach 3 Jahren	11 025,00	551,25	11 576,25
nach 4 Jahren	11 576,25	578,81	12 155,06

Vereinfachte Rechnung:
a) $400\,€ \cdot 1{,}05^4 = 486{,}2025\,€ \approx 486{,}20\,€$
b) $2000\,€ \cdot 1{,}05^4 = 2431{,}0125\,€ \approx 2431{,}01\,€$
c) $10\,000\,€ \cdot 1{,}05^4 = 12\,155{,}0625\,€ \approx 12\,155{,}06\,€$

In allen drei Fällen wird der Grundwert (400 €; 2000 €; 10 000 €) mit $1{,}054 = 1{,}2155$ multipliziert. Das ergibt jeweils den Prozentwert. Die Vergrößerung des Kapitals beträgt unabhängig vom Betrag stets 21,55 %.

12 a) 5 Tage → 4,75 €
1 Tag → $\frac{4{,}75}{5}\,€$
360 Tage → $\frac{4{,}75 \cdot 360}{5}\,€ = 342\,€$
Für ein ganzes Jahr hätte er 342 € zahlen müssen.
b) $K = \frac{Z}{p\,\%} = \frac{342\,€}{0{,}12} = 2850\,€$. Das Konto war um 2890 € überzogen.
c) Aus Teil a) ergibt sich: $\frac{Z_t \cdot 360}{t}$.
Eingesetzt in $K = \frac{Z}{p\,\%}$ erhält man $\frac{Z_t \cdot 360}{p\,\% \cdot t}$.

13 Nach 21 Jahren hat sich das Kapital (mehr als) verdoppelt, unabhängig von der Höhe des Anfangskapitals. Begründung: $1{,}035^{20} = 1{,}99$; $1{,}035^{21} = 2{,}06$. Für jedes Anfangskapital K_0 gilt, dass es innerhalb von 21 Jahren auf $K_0 \cdot 1{,}035^{21} = K_0 \cdot 2{,}06$ anwächst und sich somit (mehr als) verdoppelt.

Seite 192

14 a) 50 € (120 €) b) 37,50 € (90 €)
c) Der Skontobetrag ist höher als die Zinsen, die man für einen Kurzkredit zahlen müsste. Sofortige Zahlung und Aufnahme eines Kurzkredits für einen Monat ist also günstiger, als die Zahlung in einem Monat. Genaugenommen müssten die Überziehungszinsen für den Betrag ohne Skonto berechnet werden (also für 2450 € bzw. 5880 €), diese Zinsen sind aber ohnehin geringer.
d) 18 % pro Jahr bedeutet 1,5 % pro Monat. Und das ist deutlich weniger als 2 %. Deshalb hängt die Entscheidung nicht von der Höhe der Rechnung ab.

15 a) Zinsen nach einem Jahr: 781,25 €
Kreditkosten: 906,25 €
Monatliche Rate: 75,52 (letzte Rate: 75,53 €)
b) Die Zahlungen, die sie getätigt hat, machen 7,25 % des Kreditbetrages aus.

16 a) (1) Kosten des Kredits:
$2500\,€ \cdot 1{,}08^3 + 50\,€ = 3199{,}28\,€$
(2) Kosten des Kredits: $2500\,€ \cdot 1{,}085^3 = 3193{,}22\,€$
Angebot (2) ist etwas günstiger.
b) (1) $3000\,€ \cdot 1{,}08^3 + 50\,€ = 3829{,}14\,€$
(2) $3000\,€ \cdot 1{,}085^3 = 3831{,}87\,€$
Angebot (2) ist nun ungünstiger. Ist der Kreditbetrag etwas höher, so macht sich der höhere Zinssatz negativ bemerkbar. Je höher die Kreditsumme wird, desto teurer wird auch Angebot (2) im Vergleich.

17 Restsumme: 599 €
Zuschlag bei Ratenzahlung (1% auf die Restsumme): 5,99 €
Bei der Berechnung der Zinsen beim Bankkredit muss man beachten, dass die einzelnen Monatsraten unterschiedlich lange verzinst werden. Es wird angenommen,

dass die Monatsraten in etwa gleich hoch sind, also fünfmal 100 € und einmal 99 €. Nach einem Monat bezahlt Frau Luschkowski 100 € zurück. Für diese 100 € müssen 30 Tage lang Zinsen bezahlt werden. Nach zwei Monaten werden weitere 100 € zurückgezahlt. Für diese 100 € mussten 60 Tage lang Zinsen bezahlt werden usw. Für die letzten 99 € mussten die gesamte Zeit, also 180 Tage, Zinsen bezahlt werden.

	Betrag (in €)	Zinssatz	zu verzinsen-de Tage	Zinsen (in €)
1. Rate	100	7,25 %	30	0,60
2. Rate	100	7,25 %	60	1,21
3. Rate	100	7,25 %	90	1,81
4. Rate	100	7,25 %	120	2,42
5. Rate	100	7,25 %	150	3,02
6. Rate	99	7,25 %	180	3,59
Summe	599			12,65

Zinsen bei Bankkredit: 12,65 €
Die Ratenzahlung beim Händler ist also günstiger.

18 Preis mit 2 % Nachlass: 1176 €
Kosten für Überziehungszinsen: 2,38 €
Es ist günstiger, den Barzahlungsrabatt zu nehmen und das Konto dafür zu überziehen.

19 a) Der Rechnungsbetrag abzüglich Skonto beträgt 4850 €, die Überziehungszinsen für 4850 € betragen für 60 Tage 97 €. Wenn Frau Blume Skonto bezieht, zahlt sie insgesamt 4947 € und spart 53 € gegenüber dem regulären Rechnungsbetrag.
b) Man kann die Aufgabe näherungsweise mit einer Tabellenkalkulation lösen. Dort berechnet man für verschiedene Skontosätze, wie viel Frau Blume insgesamt bezahlen muss. Man sucht den Skontosatz, für den Frau Blume 5000 € zahlen muss.

20 a) Maren hat nicht recht. Bereits ohne Zinseszinsen würde sich das Kapital verdoppeln. Mit Zinseszinsen kommt man auf 259,37 €.
b) Nach einem Jahr erhält man $1{,}05 \cdot 1000$ €, nach zwei Jahren $1{,}05^2 \cdot 1000$ €, nach drei Jahren $1{,}05^3 \cdot 1000$ € usw. Durch Ausprobieren, zum Beispiel mit einer Tabellenkalkulation, findet man, dass sich bei einem Zinssatz von 5 % das Kapital nach 15 Jahren etwa verdoppelt hat: $1{,}05^{15} \cdot 1000$ € ≈ 2078,93 €.
Bei einem Zinssatz von 3 % verdoppelt sich das Kapital nach etwa 24 Jahren: $1{,}03^{24} \cdot 1000$ € ≈ 2032,79 €.

	A	B	C	D	E
1	Kapital:	1.000,00 €		Kapital:	1.000,00 €
2	Zinssatz:	5,00%		Zinssatz:	3,00%
3					
4	Anlagezeitraum (in Jahren)	Kapital		Anlagezeitraum (in Jahren)	Kapital
5	1	1.050,00 €		1	1.030,00 €
6	2	1.102,50 €		2	1.060,90 €
7	3	1.157,63 €		4	1.125,51 €
8	4	1.215,51 €		6	1.194,05 €
9	5	1.276,28 €		8	1.266,77 €
10	6	1.340,10 €		10	1.343,92 €
11	7	1.407,10 €		12	1.425,76 €
12	8	1.477,46 €		14	1.512,59 €
13	9	1.551,33 €		16	1.604,71 €
14	10	1.628,89 €		18	1.702,43 €
15	11	1.710,34 €		20	1.806,11 €
16	12	1.795,86 €		22	1.916,10 €
17	13	1.885,65 €		24	2.032,79 €
18	14	1.979,93 €			
19	15	2.078,93 €			

c) Durch Ausprobieren, zum Beispiel mit einer Tabellenkalkulation, findet man, dass der Prozentsatz etwa 14,9 % betragen muss, denn $1{,}149^5 \cdot 1000$ € ≈ 2002,63 €.

	A	B
1	Kapital:	1.000,00 €
2	Anlagezeitraum (in Jahren)	5
3		
4	Zinssatz	Kapital nach 5 Jahren
5	1,00%	1.051,01 €
6	2,00%	1.104,08 €
7	3,00%	1.159,27 €
8	4,00%	1.216,65 €
9	5,00%	1.276,28 €
10	6,00%	1.338,23 €
11	7,00%	1.402,55 €
12	8,00%	1.469,33 €
13	9,00%	1.538,62 €
14	10,00%	1.610,51 €
15	11,00%	1.685,06 €
16	12,00%	1.762,34 €
17	13,00%	1.842,44 €
18	14,00%	1.925,41 €
19	15,00%	2.011,36 €
20	14,70%	1.985,26 €
21	14,80%	1.993,93 €
22	14,90%	2.002,63 €

Seite 193

21 a)

Jahr	Zinssatz	Kapital
		500,00 €
nach einem Jahr	1 %	505,00 €
nach zwei Jahren	2 %	515,10 €
nach drei Jahren	4 %	535,70 €

Man könnte auch so rechnen:
500 € $\cdot 1{,}01 \cdot 1{,}02 \cdot 1{,}04 =$ 535,70 €
Hannah kann nach dem 3. Jahr 535,70 € abheben.
b) $1{,}01 \cdot 1{,}02 \cdot 1{,}04 = 1{,}0714$. Das Sparguthaben ist um etwa 7,14 % angewachsen.

22 Im Verlauf der fünften Generation würde das Guthaben auf mehr als eine Million Euro anwachsen.

23 Die Lösung wird durch gezieltes Ausprobieren mithilfe des Taschenrechners gefunden.
a) Unabhängig vom Anfangskapital muss man das Kapital bei einem Zinssatz von 10 % (5 %; 3 %) für 8 (15; 24) Jahre anlegen, damit es sich mit Zinseszins verdoppelt.
b) Etwa 14,9 %

24 a) Etwas mehr als 6 Jahre
b) Etwas mehr als 9,5 Jahre
c) Etwa 12 ein Viertel Jahre

25 a) 20 Jahre; 397,96 €   b) 14 Jahre; 395,99 €
c) 10 Jahre; 393,43 €   d) 5 Jahre; 385,08 €

26 a)

Laufzeit in Jahren	Guthaben
5 Jahre	458,11 €
10 Jahre	524,66 €
15 Jahre	600,88 €
20 Jahre	688,17 €

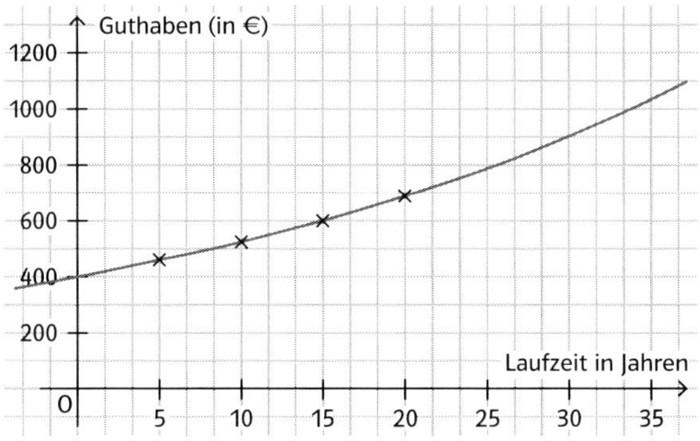

b) nach 8 Jahren: ca. 500 €; nach 18 Jahren: ca. 650 €; nach 30 Jahren: ca. 900 €
c) Nach etwa 25,5 Jahren verdoppelt sich das Kapital. Martin muss also 26 Jahre warten.
d) Martins Freund täuscht sich. Die Zeit, die gebraucht wird, damit sich das Guthaben verdoppelt, hängt nicht vom Anfangsbetrag sondern nur von der Höhe des Zinssatzes ab.
Da der Zinssatz gleich bleibt muss Martin auch bei einem Anfangsguthaben von 800 € 26 Jahre warten, bis er das Doppelte abheben kann.
e) p % = 5,5 %

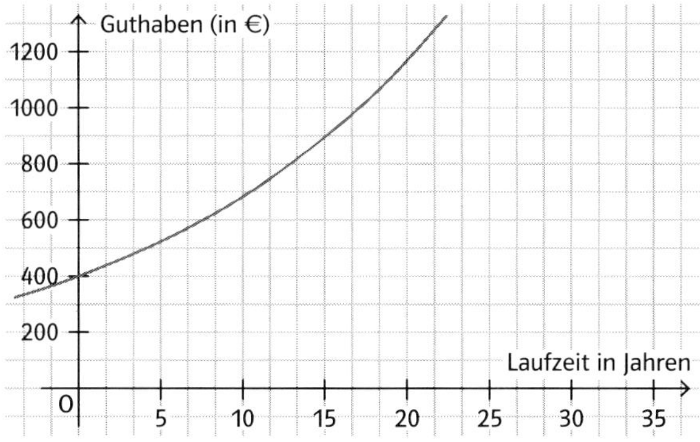

Die Aussage scheint zu stimmen denn der Betrag von 400 € verdoppelt sich bei einem Zinssatz von 5,5 % nach ca. 13 Jahren.

Vertiefen und Vernetzen

Seite 194

1 a) 180° Zucker; 90° Traubenzucker; 72° Kakaopulver und 18° sonstige Zusätze. D.h. das Kreisdiagramm ist richtig gezeichnet.
b) 400 g Zucker; 200 g Traubenzucker; 160 g Kakaopulver und 40 g sonstige Zusätze

2

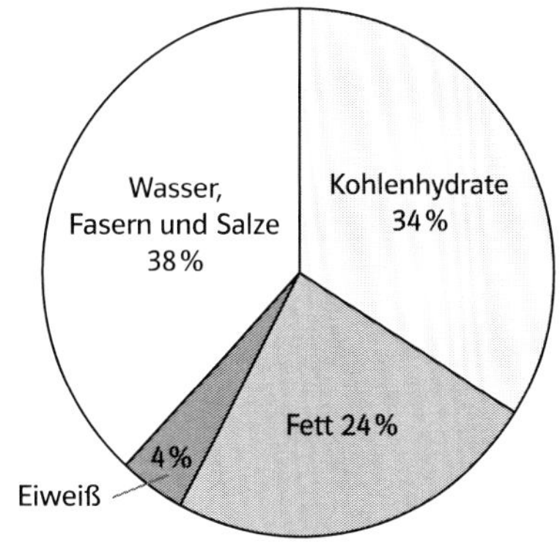

3 Das Angebot des Händlers ist viel günstiger. (12 € zu 31,50 €)

4 a) Zinsen 2013: 4,77 €; Guthaben: 154,77 €
b) 157,09 €   c) Zinsen 2013: 5,53 €

5 a) Neuer Preis: 550 € · 0,9 · 0,8 = 396 €
b) 1 − 0,9 · 0,8 = 0,28. Er ist 28 % billiger geworden.
c) Der Preis ändert sich nicht, denn der Computer wäre dann um 1 − 0,8 · 0,9 = 28 % billiger geworden.
d) 550 € · 0,85 · 0,85 = 397,38 €
Das erste Geschäft ist etwas günstiger.
e) Preis im 1. Geschäft: 660 € · 0,9 · 0,8 = 475,20 €;
Preis im 2. Geschäft: 660 € · 0,75 · 0,95 = 470,25 €
Im zweiten Geschäft ist das Notebook günstiger.
f) ursprünglicher Preis: $\frac{153{,}90\,€}{0{,}9 \cdot 0{,}9} = 190\,€$

6 a) Die Preise sind in beiden Geschäften gleich hoch. Es ist gleich, ob der Nettopreis erst mit 0,97 (100 % − 3 %) und dann mit 1,19 (100 % + 19 %) multipliziert wird oder anders herum.
b) Wenn man in dem Geschäft, das bei Barzahlung 3 % Rabatt gewährt einen Artikel mit einem Mehrwertsteuersatz von 16 % kauft, so beträgt der zu zahlende Bruttopreis das 1,16 · 0,97 = 1,1252-fache des Nettopreises. Der Bruttopreis liegt also um 12,5 % höher als der Nettopreis. In der Regel hat die Art der Bezahlung aber keinen Einfluss auf den Unterschied zwischen Brutto- und Nettopreis. Dieser ist immer genau so hoch wie der Mehrwertsteuersatz.

Seite 195

7 Grundwert 64; Prozentwert 36 ergibt
$p\,\% = \frac{36}{64} = 56{,}25\,\%$.

8 a) ursprünglicher Preis: 30 €; neuer Preis: 25,50 €
b) Ja, denn es gilt: neuer Preis = 0,85 · alter Preis.

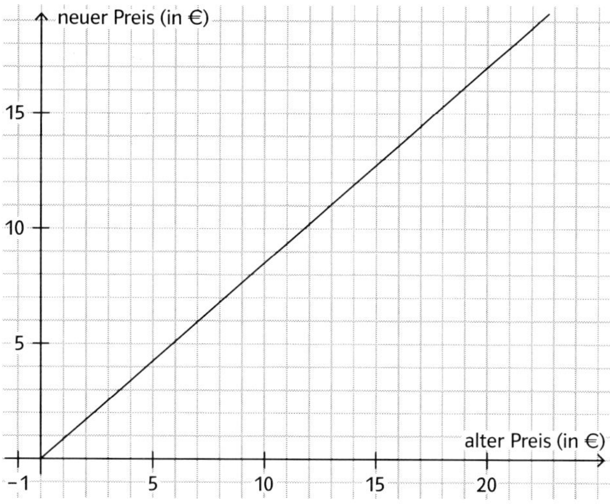

Alter Preis	Neuer Preis
6 €	5 €
13 €	11 €
20 €	17 €

d) Um 11,25 €
e) Preisermäßigung bei 25 €: 3,75 €

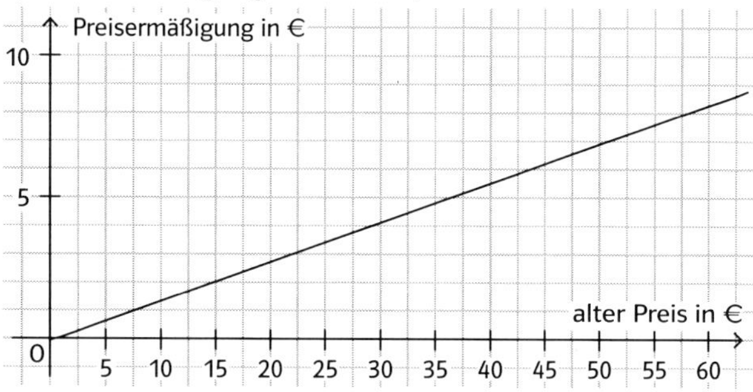

f) Der ursprüngliche Preis beträgt $\frac{209\,€}{0{,}85} \approx 245{,}88\,€$.

Die tatsächliche Ersparnis beträgt also 36,88 €. Wenn man auf ganze Euro rundet stimmt die Aussage auf dem Plakat. Besser wäre es aber, wenn auf dem Plakat „fast 37 €" stünde.

9 a)

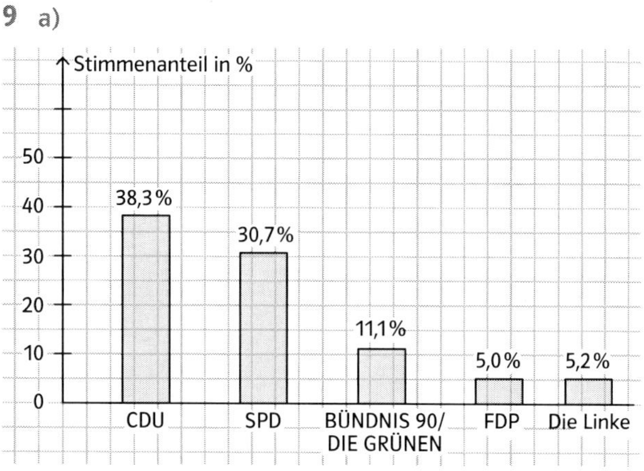

b)

Partei	CDU	SPD	BÜNDNIS 90/ DIE GRÜNEN	FDP	Die Linke
Prozentpunkte	1,1	7	−2,6	−11,2	−0,2

c)

Partei	CDU	SPD	BÜNDNIS 90/ DIE GRÜNEN	FDP	Die Linke
Änderung (in %)	3,0	29,5	−19,0	−69,1	−3,7

10 a) 927,31 €
b) 15,91 %
c) Jährliches Wachstum in Prozent, wenn der Zinssatz gleich bleibt.
d) $4{,}25 : 2{,}25 = 1{,}\overline{8}$. Der Zinssatz ist um etwa 88,9 % höher.
e) 935,55 €
Die Angabe „3,18 %" in der Werbung entspricht nicht dem durchschnittlichen jährlichen Wertzuwachs. Dieser beträgt in Wirklichkeit ca. 3 %. Legt man das Geld bei Fig. 1 an, so erhält man 927,31 €, also weniger als 935,55 €.

11 a) 1338,23 €; der Zuwachs müsste 338,23 € betragen.
b) In der Werbung werden die Zinseszinsen nicht beachtet.
c) In der Rechnung $1000\,€ \cdot \text{Zinsfaktor}^5 = 1300$ ist der Zinsfaktor gesucht. Der Faktor muss weniger als 1,06 sein. 1,05 ist deutlich zu klein. Durch weiteres Probieren findet man $100 \cdot 1{,}5395 = 1300{,}16$. Damit ergibt sich ein Gesamtzuwachs von etwa 5,39 %.

Exkursion: Zinsrechnung mit dem Computer

Seite 196

1 a) individuelle Lösung
b) Beim Festgeld muss Lea mindestens 785 € anlegen, beim Wachstumssparen mindestens 808 €.
c) ca. 15,9 %
d) Mindestens 12 Jahre
Die 900 € werden am Anfang des 13. Jahres erreicht.

2 individuelle Lösung

Seite 197

3 individuelle Lösung

4 a) In der zweiten Spalte steht die jeweilige monatliche Einzahlung, in der dritten Spalte die Anzahl der Monate, für die diese monatliche Einzahlung verzinst wird.
In der Spalte „Zinsen" werden die Zinsen, die durch eine monatliche Einzahlung erzielt werden, vom Zeitpunkt der Einzahlung bis zum Ende des Jahres notiert.
In der letzten Spalte wird jeweils nur die Summe der entsprechenden monatlichen Einzahlung samt ihrer erzielten Zinsen notiert. Das ist das jeweilige „Kapital am Ende des Jahres" wie es sich aus jeder einzelnen Einzahlung ergibt. In der letzten Zeile dieser Spalte werden dann alle Einzahlungen samt ihrer Zinsen miteinander addiert. Das Ergebnis ergibt das Kapital am Jahresende.
b) Individuelle Lösung

5 individuelle Lösung